U0223657

国家出版基金项目
NATIONAL PUBLICATION FOUNDATION

国 家 出 版 基 金 资 助 项 目
"十四五"时期国家重点出版物出版专项规划项目
现 代 土 木 工 程 精 品 系 列 图 书

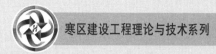
寒区建设工程理论与技术系列

基于微气候与能耗的严寒地区城市住区形态优化设计

Optimal Design of Spatial Configurations of Urban Residential Areas Based on Microclimate and Energy Consumption in Severe Cold Regions

刘哲铭　赵旭东　金　虹　著

哈尔滨工业大学出版社
HARBIN INSTITUTE OF TECHNOLOGY PRESS

内 容 简 介

本书针对严寒地区气候的特殊性与城市住区形态的复杂性,开展提升住区微气候环境与降低建筑能耗的相关研究。目的在于为城市规划与建筑设计提供科学依据,从而营造宜居低碳的城市住区环境。本书通过对严寒地区典型城市——哈尔滨城市住区进行现状调查与实测,归纳梳理了住区形态要素基本特征,系统分析了住区形态要素与微气候及建筑能耗的关系,并对其相互间的关联性进行了科学的量化分析与研究。同时,构建了基于微气候提升与建筑节能的住区形态优化设计模型,并结合典型住区案例介绍了住区形态优化设计技术的应用。

本书图文并茂、内容翔实,调查实验数据充分,详细阐述了以微气候提升和建筑节能为导向的严寒地区城市住区形态优化设计的基础理论与方法,可作为高校相关专业师生、科研人员及设计人员的参考资料。

图书在版编目(CIP)数据

基于微气候与能耗的严寒地区城市住区形态优化设计/刘哲铭,赵旭东,金虹著.—哈尔滨:哈尔滨工业大学出版社,2023.12

(现代土木工程精品系列图书.寒区建设工程理论与技术系列)

ISBN 978 - 7 - 5767 - 0477 - 8

Ⅰ.①基… Ⅱ.①刘… ②赵…③金… Ⅲ.①寒冷地区－居住区－城市规划－建筑设计 Ⅳ.①TU984.12

中国版本图书馆 CIP 数据核字(2022)第 245749 号

策划编辑 王桂芝 林均豫
责任编辑 王 爽 薛 力 刘 威
出版发行 哈尔滨工业大学出版社
社 址 哈尔滨市南岗区复华四道街 10 号 邮编 150006
传 真 0451 - 86414749
网 址 http://hitpress.hit.edu.cn
印 刷 辽宁新华印务有限公司
开 本 720 mm×1 000 mm 1/16 印张 18 字数 358 千字
版 次 2023 年 12 月第 1 版 2023 年 12 月第 1 次印刷
书 号 ISBN 978 - 7 - 5767 - 0477 - 8
定 价 98.00 元

国家出版基金资助项目

寒区建设工程理论与技术系列

编审委员会

 **总　序**

　　寒区具有独特的气候特征,冬季寒冷漫长,且存在冻土层,因此寒区建设面临着极大的挑战。首先,严寒气候对人居环境及建筑用能产生很大影响;其次,低温环境下,材料的物理性能会发生显著变化,施工难度加大;另外,冻土层的存在使地基处理变得复杂,冻融循环可能导致地面沉降,影响建(构)筑物及其他公共设施的安全和耐久性。因此,寒区建设不仅需要考虑常规的建设理念和技术,还必须针对极端气候和特殊地质条件进行专门研究。这无疑增加了工程施工的难度和成本,也对工程技术人员的专业知识和经验提出了更高的要求。"寒区建设工程理论与技术系列"图书正是在这样的背景下撰写的。该系列图书基于作者多年理论研究和工程实践,不仅系统阐述了寒区的环境特点、冻土的物理特性以及它们对工程建设的影响,还深入探讨了寒区城市气候适应性规划与建筑设计、材料选择、施工技术和维护管理等方面的前沿理论和技术,为读者全面了解和掌握寒区建设相关技术提供帮助。

　　该系列图书的内容和特点可概括为以下几方面:

　　(1) 以绿色节能和气候适应性作为寒区城市规划和建筑设计的驱动。

　　如何在营造舒适人居环境的同时,实现节能低碳和生态环保,是寒区建设必须面对的挑战。该系列图书从寒区城市气候适应性规划、城市公共空间微气候调节及城市人群与户外公共空间热环境、基于微气候与能耗的城市住区形态优化设计、建筑形态自组织适寒设计、超低能耗建筑热舒适环境营造技术、城市智慧供热理论及关键技术等方面,提出了一系列创新思路和技术路径。这些内容可帮助工程师和研究人员设计出更加适应寒区气候环境的低能耗建筑,实现低碳环保的建设目标。

(2)以特色耐寒材料和耐寒结构作为寒区工程建设的支撑。

选择和使用适合低温环境的建筑材料与耐寒结构,可以提高寒区建筑的耐久性和舒适性。该系列图书从负温混凝土学、高抗冻耐久性水泥混凝土、箍筋约束混凝土柱受力性能及其设计方法等方面,对结构材料的耐寒性、耐久性及受力特点进行了深入研究,为寒区建设材料的选择提供了科学依据。此外,冰雪作为寒区天然产物,既是建筑结构设计中需要着重考虑的一种荷载形式,也可以作为一种特殊的建筑材料,营造出独特的建筑效果。该系列图书不仅从低矮房屋雪荷载及干扰效应、寒区结构冰荷载等方面探讨了冰雪荷载的形成机理和抗冰雪设计方法,还介绍了冰雪景观建筑和大跨度冰结构的设计理论与建造方法,为在寒区建设中充分利用冰雪资源、传播冰雪文化提供了新途径。

(3)以市政设施的稳定性和耐久性作为寒区高效运行的保障。

在寒区,输水管道可能因冻融循环而破裂,干扰供水系统的正常运行;路面可能因覆有冰雪而不易通行,有时还会发生断裂和沉降。针对此类问题,该系列图书从寒区地热能融雪性能、大型输水渠道冻融致灾机理及防控关键技术、富水环境地铁站建造关键岩土技术、极端气候分布特征及其对道路结构的影响、道路建设交通组织与优化技术等方面,分析相应的灾害机理,以及保温和防冻融灾害措施,有助于保障寒区交通系统、供水系统等的正常运行,提高其稳定性和耐久性。

综上,"寒区建设工程理论与技术系列"图书不仅是对现阶段寒区建设领域科研成果的凝练,更是推动寒区建设可持续发展的重要参考。期待该系列图书激发更多研究者和工程师的创新思维,共同推动寒区建设实现更高标准、更绿色、更可持续的发展。

中国工程院院士

2023 年 12 月

 **前　言**

　　在全球气候变化和能源危机日益加剧的背景下，城市人居环境恶化和建筑高耗能问题已危及居民的生活质量与城市的建设发展。我国严寒地区地域广阔，气候恶劣，加之近年频发的极寒与高温天气，导致居民生活舒适水平下降，建筑能耗水平上升，这无疑给严寒地区城市建设带来了严峻的挑战。住区作为城市居民居住生活的聚居地，其形态特征直接影响着微气候环境质量及建筑能耗水平。因此，亟待针对严寒地区的气候特点与城市住区形态特征，开展改善住区微气候和降低建筑能耗的相关研究，以指导城市规划与建筑设计，为建设健康宜居、绿色低碳的城市住区提供理论基础与科学依据。

　　本书旨在介绍严寒地区城市住区形态对微气候环境及建筑能耗的影响规律，并阐述以综合提升微气候质量和降低建筑能耗为目标的住区形态优化设计技术。首先，通过对严寒地区典型城市 —— 哈尔滨城市住区形态及微气候环境进行调查与实测，得出住区形态要素基本特征以及不同季节气候条件下住区微气候特征；其次，通过数值模拟技术与统计分析方法，针对冬、夏两季住区形态要素与微气候环境及建筑能耗的关联性进行了科学的量化分析与研究；最后，采用智能优化算法，针对冬、夏两季气候特征，从微气候质量与建筑能耗的角度构建平衡冬季气候和夏季气候的住区形态优化设计模型，并通过典型住区案例介绍住区形态优化设计技术的应用。希望本书可为严寒地区城市规划与建筑设计提供理论基础和科学依据，为助力健康中国建设和实现"双碳"目标做出一定的贡献。

本书是在辽宁省社会科学规划基金项目(L22CGL012)、黑龙江省博士后面上资助项目(LBH-Z23196)、辽宁省教育厅高等学校基本科研项目(LJKQZ2021006)、国家自然科学基金重点项目(51438005)和中央高校基本科研业务专项资金资助(N2111001)的支持下,基于作者所取得研究成果撰写而成。在本书的实地调查与现场实测阶段,得到了哈尔滨工业大学绿色建筑设计与技术研究所研究生的大力协助,在此表示感谢。此外,在本书的撰写过程中,参阅了大量的相关文献,同时也向这些作者致以诚挚的谢意。

由于作者水平有限,书中难免存在不足之处,衷心希望广大读者批评指正。

作　者
2023 年 11 月

目　录

第 1 章

绪　论

本章首先阐述基于微气候与能耗的严寒地区城市住区形态优化设计研究的背景,包括城市住区的发展现状、城市住区微气候的重要性以及城市住宅节能的重要性。其次,揭示研究目的及意义。然后,全面梳理国内外相关研究现状,具体涉及建筑集群形态对微气候的影响、建筑集群形态对建筑能耗的影响以及微气候对建筑能耗的影响。最后,界定研究的范畴,并提出研究的结构框架。

1.1 研 究 背 景

1. 城市住区的发展现状

随着城市化进程的不断推进,城市规模迅速扩大,人口数量急剧增加。联合国人口基金会 2015 年的调查结果显示,至 2050 年,城市居住人口将占世界人口总数的 66％。根据《中华人民共和国 2021 年国民经济和社会发展统计公报》,我国城镇常住人口为 9.14 亿,占总人口的 64.72％,比上年末增长 0.83％,预计到 2050 年,城市化率将达到 70％ 左右。

城市居住用地占城市总建设用地的比重一般为 40％ ～ 50％。但随着城市人口的持续增长,居民对城市居住空间需求不断增加,导致居住空间形态发生了巨大变化。在这种城市居住空间需求的压力下,全国开始大规模、高强度地开发住宅用地。许多住区从规划设计到建成几乎在两三年内完成,但由于管理与设计水平相对滞后,城市空间出现了极为混乱的现象。

因此,城市开发者和相关领域学者应将城市住区形态作为重点关注的问题,以切实提升居住环境质量和降低居住建筑用能为目标,探寻优化设计方法,从而有效应对人口增长和城市空间结构变化带来的负面影响。

2. 城市住区微气候的重要性

全球气候变化是 21 世纪人类面临的主要环境问题之一。世界卫生组织(world health organization,WHO)依据美国国家航空航天局戈达德太空研究所的气象资料指出,中国在 2021 年冬季(12 月 ～ 2 月)和夏季(6 月 ～ 8 月)的地表温度比 1990 年同期显著升高。Wang 等研究指出,中国气温上升速度已超过全球,如果变暖幅度从 1.5 ℃ 提升至 2.0 ℃,每年中国城市的热相关死亡个案将增加 2.79 万例。联合国政府间气候变化专门委员会(intergovernmental panel on climate change,IPCC)第五次评估报告指出,全球气候将持续变暖,对自然生态系统和人类社会构成极大威胁。因此,气候变化已成为当前国际环境与健康领域的热点问题。

近年来,由于气候变化,气温变异程度的加剧,极端气温事件(高温热浪和低温寒潮)频繁出现,导致患病和死亡人数显著增加。据WHO估计,自20世纪70年代中期以来,与气候变化相关的居民死亡人数已达150 000。2003年夏季欧洲高温热浪事件导致欧洲近19 000人死亡,其中法国死亡人数最多,有14 082人,意大利有4 175人,葡萄牙和荷兰的死亡人数均在1 300人左右。同年,我国也遭受了高温热浪侵袭,北至东北,南到广东、广西,西至重庆,东到上海,均出现了历史罕见的高温天气。此外,频繁发生的低温寒潮事件同样严重影响了人们的工作生活和身体健康。据BBC NEWS报道,自2016年11月1日以来,意大利、波兰、捷克等欧洲国家持续出现的极寒气候,已经导致20多人死亡,多数地区交通运输暂停。Analitis等对1990~2000年15个欧洲城市极寒气候对死亡率的影响进行研究发现,空气温度每降低1 ℃,日死亡率将升高1.35%,心血管疾病、呼吸道疾病和脑血管疾病的患病率将分别提高1.72%、3.30%和1.25%。

在全球气候变化和城市化进程加快的背景下,城市微气候问题受到了广泛关注。住区作为城市居民居住生活的聚居地,其微气候水平会直接影响居民的生活质量和身心健康。相关研究表明微气候质量直接影响着人们在室外的活动类型、活动时间以及室外空间的利用率。因此,改善城市住区微气候,提高住区环境的热舒适性,对于延长居民室外活动时间,提升居住质量,降低居住建筑能耗至关重要。然而,在过去很长一段时间内,我国住区微气候设计并未得到足够的重视,缺乏规范性的设计标准。直到《城市居住区热环境设计标准》(JGJ 286—2013)的颁布实施,为居住区详细规划阶段的微气候设计提供了参考。该标准主要针对通风、遮阳、渗透与蒸发、绿地与绿化等方面提出了规范设计要求,并将湿球黑球温度(wet bulb globe temperature,WBGT)和热岛强度分别作为控制夏季住区热安全性和热舒适性的指标。然而,由于该标准暂无冬季住区微气候评价性设计要求,因此在指导严寒地区城市住区微气候设计方面存在一定的局限性。

我国严寒地区气候恶劣,加之全球气候变化的影响,近年来极寒和高温天气频繁出现,住区微气候质量明显下降。然而,可供严寒地区参考的城市住区微气候设计方法非常有限。目前已有研究成果多针对冬季寒冷气候特点展开,对于应对夏季频发的高温天气缺乏指导作用,且缺乏对冬、夏两季气候特征的综合考虑。因此,针对严寒地区气候的特殊性和城市住区形态的复杂性展开具有针对性的研究,对于提升城市住区微气候质量,营造健康舒适的生活环境具有重要的意义。

3. 城市住宅节能的重要性

目前,发达国家的建筑能耗约占能源消耗总量的40%,其中伦敦和柏林等大型城市的建筑能耗约占该国城市总能耗的50%～70%,已超过交通和工业能耗,成为了最大的能耗主体。而我国建筑能耗约占全国能源消耗总量的20.6%,已经与工业能耗、交通能耗共同成为三大"能耗大户"。近年来,随着我国城市化的飞速发展,居住建筑总量持续增加,加之人们对环境舒适性的要求日益提高,导致居住建筑能耗大幅攀升。由图1.1可知,居住建筑在全国建筑能耗、建筑面积、建筑碳排放中占比均为最高,其中城镇居住建筑(城镇居建)尤为突出,其能耗和碳排放分别约占总建筑能耗和碳排放量的38%和42%。由此可见,开展居住建筑节能工作是促进我国生态建设与可持续发展的必然选择。

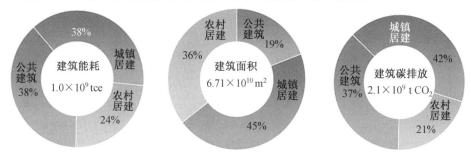

图 1.1　我国不同类型建筑在全国建筑能耗、建筑面积和建筑碳排放中的占比

建筑能耗与地域气候关系密切,北方采暖地区建筑能耗在全国建筑能耗中占比较大。由图1.2可知,北方采暖地区各省市人均建筑碳排放平均值约为2.66 t,约为非采暖地区的2倍。此外,由图1.3可知,严寒地区城市采暖碳排放强度较高,其中黑龙江省数值最大,达到56 $kgCO_2/m^2$[①]。综上分析,严寒地区城市建筑高能耗问题亟待解决,尤其是居住建筑节能问题更为重要。针对严寒和寒冷地区居住建筑节能,国家已采取了一系列措施,并相继制定了《采暖居住建筑节能检验标准(附条文说明)》(JGJ 132—2001)[②] 和《严寒和寒冷地区居住建筑节能设计标准》(JGJ 26—2018),且现已成为北方地区实施居住建筑节能工作的主要依据。现有的节能技术措施均针对的是建筑设计、供暖空调、给排水及电气等方面,且相关研究大多关注的是建筑技术及使用者行为对节能的影响。但是,

①　每平方米排放 56 kg 的 CO_2,表示二氧化碳的排放强度。
②　已作废。

已有研究表明城市形态对控制能耗也起着重要的作用。城市住区作为居民生活的重要载体,其空间形态对建筑能耗的影响更加不容忽视。在我国,已有学者针对寒冷、夏热冬冷、夏热冬暖地区的住区形态对住宅能耗的影响展开了研究,并证明了通过优化住区形态来降低住宅能耗的可行性。但针对严寒地区城市住区的相关研究非常有限。因此,针对严寒地区气候特点及住区空间特征,展开住区形态对建筑能耗作用规律的研究,将有助于推动建筑节能水平的提高与发展。

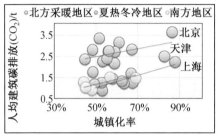

图1.2　城镇人均建筑碳排放与城镇化率的比较(彩图见附录4)

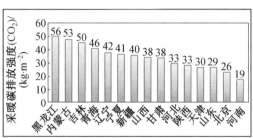

图1.3　城市采暖碳排放强度

1.2　研究目的及意义

1.研究目的

我国严寒地区气候恶劣,同时全球气候变化和能源紧缺问题日益显现,这使得城市环境和住宅建筑节能成为重点关注和亟待研究的问题。住区作为人们居住生活的聚居地,其空间形态对微气候质量及住宅建筑能耗的影响不容忽视。如能改善城市住区微气候状况并降低住宅能耗,将为严寒地区带来显著的社会效益和经济效益。因此,在住区设计过程中,应综合考虑微气候与建筑能耗等因素,探索出综合性能最优的住区形态设计方案。

本书基于严寒地区住区形态现状调查与住区微气候现场实测,掌握了住区形态设计特点与不同季节住区微气候特征及存在的问题,运用数值模拟技术,分析了住区形态要素对微气候及建筑能耗的作用规律。同时,结合多目标智能优化算法,以改善微气候和降低建筑能耗为目标,建立平衡冬季气候和夏季气候的住区形态优化设计模型,寻求出综合性能最优时住区形态的最优参数组合,为严寒地区住区综合性能提升及空间形态优化设计提供参考。

2. 研究意义

本书利用建筑物理、建筑学、城乡规划学、环境心理学、城市气候学和社会统计学等学科知识,以及目前微气候及建筑节能研究的理论成果和技术分析方法,针对基于微气候与能耗的严寒地区城市形态优化设计展开了深入的研究。这不仅丰富和完善了城市住区尺度微气候和建筑节能研究的既有知识体系,而且在提升居民生活质量,节约能源资源,贯彻落实科学发展观等方面,具有重要的理论意义和现实意义。

(1)理论意义。

城市住区环境是一个多因素耦合的复杂系统,在基础数据量化方面存在不足。本书通过大量的设计资料和现场调查采集数据,丰富并完善了严寒地区城市住区形态设计、微气候现状等方面的数据资源。

随着微气候和建筑节能理论研究及模拟技术的发展,数值模拟方法已经能够对大量研究对象的评价指标进行对比研究。但以往研究多基于理想简化模型,由于部分研究对象与实际住区建设情况差异较大,且不符合相关设计规范和标准,导致其研究成果在工程应用中的参考价值相对有限。本书基于156个住区调研案例的实际情况,利用微气候和建筑节能相关理论及模拟技术,揭示了住区形态要素对微气候和建筑能耗影响的显著性及变化规律,并建立了预测模型,完善了城市住区微气候及住宅建筑节能研究的理论体系。

在全球气候变化和严寒地区极端气温事件频发的背景下,综合考虑冬季和夏季气候条件特征,以微气候质量与建筑节能综合性能优化为目标,探索出具有系统化、综合化和普适化特点的城市住区形态设计方法,对气候条件恶劣的严寒地区城市住区空间综合优化体系的建立具有重要的推动作用。

(2)现实意义。

研究城市住区形态要素与微气候评价指标及建筑能耗之间的量化关系,能够帮助设计者在方案设计初期快速掌握微气候质量与建筑能耗水平。这对指导城市住区空间设计,为城市管理者制定可持续发展策略以及构建低碳城市提供参考,具有重要的现实意义。

有研究表明,城市住区形态(建筑密度、容积率、建筑群体平面组合形式等)对居民能源使用产生不同的影响,并且对住区微气候作用显著,从而直接影响居民在室外的活动类型、活动时间以及室外空间的利用率。由此可见,城市住区形态优化设计对于提升居民生活质量,实现住区整体节能目标具有重要的现实意义。

1.3　国内外相关研究现状

1.国外相关研究现状

（1）建筑集群形态对微气候的影响。

早在 1968 年,Carlestam 在研究中指出,微气候水平对于室外空间的使用状况具有直接影响。此后,多名学者在不同气候区域的相关研究中均指出,微气候水平直接影响着室外活动类型、室外活动时间以及室外空间的使用者密度。其中,空气温度和太阳辐射是影响空间使用的主要因素,风速次之,而空气湿度的影响相对较弱。微气候的各参数互不相同,但又密切相关,通过任何单一参数均不足以说明微气候的优劣。因此,通常将人对微气候的反应作为综合评价微气候质量的直接方法。影响人对微气候反应的因素有很多,包括微气候参数及个体参数等。为了避免单一参数改变时无法判断热感觉的变化,因此采用热舒适指标对其进行定量研究,以综合评价微气候。此外,建筑集群形态决定着室外空间环境的整体效果,对各微气候参数及整体微气候水平调控起着重要作用。近年来,国内外学者针对建筑集群形态对微气候的影响展开了大量研究,探索如何通过优化空间形态来提升微气候水平。下面分别介绍建筑集群形态对微气候参数、室外热舒适指标、室外热舒适性的影响的研究现状。

① 建筑集群形态对微气候参数的影响。

现场实测是理论研究与数值模拟研究的基础,是微气候研究的主要手段。Bosselman 等早在 1984 年对美国旧金山市的多处街区开放空间行人高度处微气候进行了现场实测,探讨街区开放空间中风环境与太阳辐射对室外热舒适性的影响机制。Nakamura 等在夏季对日本京都一处街道(东西走向,高宽比为 1) 内的空气温度进行实测,首次全面研究了城市街道内空气温度的时间演变和空间分布。结果显示屋顶处与近地面处的空气温度相差 0.5 ～ 1 ℃;靠近太阳直射区域的空气温度明显高于街道中心处,最高温差可达 2 ～ 3 ℃,且高温区域会随日射区发生转移。Eliasson 的研究则发现街道内空气温度的垂直梯度变化均较小。但 Santamouris 等在炎热的天气条件下对雅典的某步行街(北西北－南东南走向,高宽比为 2.47) 进行了实测,结果发现步行街内外之间的温差及垂直向的空气温度存在明显差异。Coronel 等在对亚热带地区旧城区街道的微气候研究中指出,由于该地区街道空间狭小紧凑,基本处于建筑阴影中,街道内的空气温度与外部自然空气温度相比较低,且温差随街道高宽比的增大而增大。

Emmanuel 等在夏季对科伦坡市多处城市与乡村室外空间的微气候进行现场实测,研究空间形态及海风对微气候的影响。结果发现空气温度随着街道高宽比和离海距离的增大而下降,风速随着街道高宽比的增大而减小,且阴影中与阳光照射下的地表温度差值可达 20 K。Blennow 等通过对瑞典南部地区的空气温度进行移动测试,构建了基于天空视域因子(sky view factor,SVF)、海拔、相对起伏及土壤比例的空气温度预测模型。Meir 等对以色列的两处不同朝向半围合式庭院的空气温度进行现场实测。结果显示,在夏季白天,无论庭院的朝向如何,均会出现过热的现象,但如果基于太阳角度和风向充分考虑庭院的朝向,则可以改善空间微气候。

随着计算科学的发展,数值模拟方法以其高效、便捷、可控等优势,在微气候研究中被广泛应用。Arnfield 的模拟研究分析了不同街道高宽比(0.2 ~ 4.0)及不同街道走向(东西走向和南北走向)对太阳辐射接收量的影响。结果表明,与建筑高度相比,街道高宽比对街道太阳辐射接收量的影响更加显著,且在夏季,街道走向的重要性相比冬季更加突显。此外,冬季高纬度地区的街道内接收的太阳辐射量明显下降,且在东西走向的街道中尤为明显。在南北纬 20° ~ 40° 地区,街道高宽比和走向对太阳辐射接收量的影响在不同季节中差异较大。Bourbia 等引入遮荫因子,研究不同街道走向及街道高宽比对太阳辐射接收量的影响。结果表明,对于东西走向的街道,冬季时太阳辐射接收量较少,夏季时太阳辐射接收量较多,且均受街道高宽比影响较小;对于南北走向的街道,冬、夏两季街道高宽比对遮荫因子的影响并不明显。Andreou 分别对希腊蒂诺斯岛的传统街区和新建街区进行遮阳模拟分析,研究街道空间形态和城市密度对微气候的影响。结果显示,紧凑的城市形态和较大的街道高宽比有助于提升夏季遮荫率;在冬、夏两季,南北走向街道的遮荫率均优于东西走向街道,且两条街道之间的差异随着高宽比的减小而减小。Middle 等利用 ENVI — met 软件模拟研究了菲尼克斯市建筑群体空间形态及景观类型对空气温度的影响,研究表明对流作用对气温分布具有重要影响,低温区域与太阳辐射及局部遮阳模式密切相关。Qaid 等利用 ENVI — met 软件对热带地区非对称街道(不同高宽比)对微气候的影响进行模拟研究,结果表明高层建筑位置对于提升微气候水平和降低热岛效应起到关键作用。对于东北 — 西南走向的街道,当其高宽比为 0.8 ~ 2.0 时,可以有效降低街道内气温及建筑表面温度。Lindberg 等采用 SOLWEIG 模型分析了建筑密度、平均建筑高度、平均植物高度及 SVF 等对微气候及平均辐射温度(mean radiant temperatare,MRT)的影响,结果显示在夏季植被可以有效减弱建筑密集区域的热应力。Yezioro 等研究了城市广场的长宽比、周边建筑高度以及朝向对太阳辐射接收量的影响,结果指出对于北纬26°~34°地区,南—北、西北—东南和东北—西南为广场的最佳朝向,且在该朝向上增大长宽比可增加太阳辐射接收量,但周边建筑最高不可超过广场宽度的一半。

②室外热舒适指标研究。

室外热舒适指标是量化表述人体热状态和微气候关系的主要手段。早在1938年,Büttner在研究中指出,应综合考虑不同的微气候要素,对微气候的冷热程度进行定量评价。在此观点的影响下,学者们对热舒适评价展开了大量研究,并基于不同理论基础相继提出了适用于不同应用范围的多种热舒适指标。Potchter等在2001~2017年间对199个室外热舒适研究案例中不同评价指标的使用频次进行统计,发现生理等效温度(physiological equivalent temperature,PET)、平均热感觉指数(predicted mean vote,PMV)、通用热气候指数(universal thermal climate index,UTCI)及新标准有效温度(new standard effective temperature,SET*)为使用最多的热舒适指标,分别占总数的30.2%、10.1%、8.0%和5.0%,如图1.4所示。

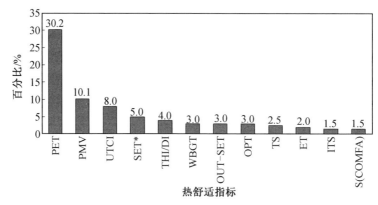

图1.4　室外热舒适研究中热舒适指标的使用频次统计

PMV是Fanger教授在发现皮肤温度和皮肤蒸发换热率会随着代谢率而变化后,综合热环境因素、代谢率和服装热阻提出的热舒适指标。该指标至今仍广泛应用于室内热环境舒适度评价中,但在评价室外热舒适度时,会过高评价室外的不舒适状态。美国暖通空调和制冷工程师协会(American society of health,refrigerating and air-conditioning engineers,ASHRAE)在早期提出了有效温度(effective temperature,ET)指标,并被广泛应用于空调房间设计中。然而,该指标存在一些缺陷,其中之一是过高估计湿度在低温条件下的影响。Gagge等引入皮肤湿润度概念,提出了新有效温度(ET*),之后又考虑了服装热阻及活动状态的影响,提出了标准有效温度(SET),后经修正和发展,又提出了现阶段使用较多的 SET* 。Dear 等以 SET* 为基础,结合太阳辐射强度与室外平均辐射温度模型建立了室外标准有效温度(OUT_SET*)。PET 是 Höppe 等人基于慕尼黑人体能量平衡模型(Munich energy balance model of individuals,MEMI)建立的。它综合考虑了热环境因素、个体因素等的影响,将典型室内环境温度转化为实际环境的生理学等效温度,已经被广泛应用于不同气候区的室外热舒适研究中。进入 21 世纪后,在国际生物学会的组织下,众多学者融合了多个学科的前沿技术知识,基于 Fiala 多节点模型建立了新型综合性指标 UTCI。与 PMV、SET*、PET 相比,UTCI 最大的不同之处在于它是基于非稳态模型而建立的,并且考虑了人体的热适应性,具有较高的真实性,适用于所有气候区的室外热舒适性研究。

此外,部分用于判断冷热风险的指标在热舒适研究中也比较常见。这些指标主要通过对人体在不同环境下的热感受或生理反应进行统计分析而建立。然而,这类指标的适用性受到地域气候条件的限制。适用于寒冷环境的指标主要为风寒温度(wind chill temperature,WCT),它是基于风速和温度对环境寒冷程度影响而被提出的。而适用于炎热环境的指标主要包括湿球黑球温度、热应力指数(heat stress index,HSI)及不舒适指数(discomfort index,DI)等。WBGT 由美国学者 Yaglou 提出,综合考虑了干球温度、湿球温度和黑球温度的权重,主要用于户外高温环境下人员的热安全评估。HSI 由美国匹兹堡大学 Belding 提出,它根据人体热平衡条件,求解出在特定热环境中人体所需蒸发散热量与最大可能蒸发散热量的百分比,在研究过程中考虑了热环境参数的影响。DI 由 Thom 提出,后更名为温湿指数(temperature-humidity index,THI),主要考虑了空气温度与相对湿度对人体舒适度的影响。此外,学者们又相继提出了表面温度(apparent temperature,AT)和酷热指数(heat index,HI)等指标,以评价热湿环境下人体的热感受。

③ 建筑集群形态对室外热舒适性的影响。

近年来,越来越多的学者针对城市特定区域的微气候舒适程度展开实测研究,通过热舒适性研究结果对微气候水平进行综合评价,并探寻提升微气候质量的措施。Johansson 等对摩洛哥费兹市两处不同高宽比的街道微气候进行长期观测,并利用 PET 对热舒适性进行分析。结果显示在夏季高宽比较大的街道热舒适性较高,而在冬季高宽比较小的街道由于可接收更多的太阳辐射,因此热舒适性较高。Krüger 等对巴西多处城市步行街和广场的微气候进行现场实测,结合热感觉问卷调查,提出了热感觉预测模型,并论证了 SVF 与白天行人热舒适度的关系。该研究结论适用于潮湿亚热带气候地区。Ali-Toudert 等通过实测分析发现,城市街道形态会对夏季微气候及热舒适性产生影响。他们利用 PET 指标对热舒适性进行评价,结果表明街道几何形态及走向会直接影响太阳辐射接收量。此外,在夏季时,对行人和建筑表面采取遮阳措施可有效提升热舒适度。Cheng 等对香港居民在不同环境条件下的热感觉进行了调查分析,结果表明空气温度、湿度、风速、太阳辐射强度是影响居民热感觉的主要因素。同时,得出了冬季和夏季室外 PET 的热中性温度分别为 25 ℃ 和 21 ℃。

国外学者利用数值模拟方法定量研究了建筑集群形态与室外热舒适性的关系。Carfan 等运用 ENVI－met 软件对巴西圣保罗市一处高建筑密度区域和一处城市公园的风环境和热舒适性进行模拟研究,结果指出高密度区域的风速明显偏低,而两处研究区域的 PMV 值相近。Huang 等针对夏季高温天气频发的情况,利用计算流体力学(computational fluid dynamics,CFD) 数值模拟了日本东京城市空间微气候,并通过计算 SET* 指标,研究了行人高度处的热舒适性分布。Perini 等利用 ENVI－met 软件模拟研究了高密度城市区域的建筑密度、建筑高度及植被对 PMV 的影响。结果表明,较高的建筑密度会导致温度升高,而地面和屋顶绿化可降低夏季室外温度并提升热舒适性。Thorsson 等模拟研究了瑞典哥德堡市建筑集群体形态对室外热舒适性的影响。结果表明,广场空间夏季温度较高,冬季温度过低,而街道和庭院空间能够减缓平均辐射温度和 PET 的极端波动,提高夏季和冬季的室外热舒适性。Ali-Toudert 等利用 ENVI－met 软件模拟研究了阿尔及利亚城市街道的朝向及高宽比对夏季 PET 的影响。Taleghani 等模拟研究了夏季荷兰城市不同建筑群体平面组合形式对室外热舒适性的影响。他们运用 ENVI－met 软件计算微气候参数,并采用 RayMan 软件计算 PET 指标值,研究结果表明南北走向街道热舒适性高于东西走向街道。Hwang 等利用 RayMan 模型预测了台湾中部地区城市街道未来 10 年的热舒适性。研究表明,SVF 对 PET 有较大影响,在春、夏、秋三季,阴影处的热舒适性最佳。Martinelli 等模拟研究了庭院高宽比和 SVF 对热舒适性的影响。他们采用 PET 作为热舒适指标。结果表明,SVF 对庭院内部太阳辐射入射量影响较大,且在夏季影响更为显著;增大高宽比可有效提高庭院冬季和夏季室外环境的热舒适性。Nasrollahi 等运用 ENVI－met 软件模拟分析了伊朗传统庭院空间形态对热舒适度的影响,并采用 PET 和 UTCI 对热舒适性进行分析。结果指出,具有较大的高宽比且朝南的庭院可在夏季获得更好的遮阳效果,同时在冬季有利于接受太阳辐射和调节风速,从而提高夏、冬两季的热舒适性。Müller 等利用 ENVI－met 软件模拟分析了德国奥博豪森市一个住区的夏季微气候与热舒适情况,研究表明提高风速和增加植被区面积可有效降低 PET 指标值。

（2）建筑集群形态对建筑能耗的影响。

在影响建筑能耗的各种因素中,城市建筑集群形态起着十分重要的作用。从 20 世纪 70 年代末到 80 年代初,国外学者开始对城市形态的节能设计进行研究,如被动式太阳能居住区设计等。Jenks 在 2000 年提出城市空间形态是影响城市总体能耗及当地生产能源潜力的关键因素。剑桥大学教授 Baker 和 Steemers 通过现场实测和数值模拟方法进行研究发现,建筑设计、建筑设备和使用者的用能行为是影响建筑能耗的主要因素,其所占权重分别为 2.5、2.0 和 2.0。如果在建筑设计阶段能够保证建筑节能性合理、建筑设备能效较高及使用者用能行为节能,将能降低 90% 的能耗及碳排放。Ratti 等通过 LT 建筑能耗计算模型和数字高程模型模拟研究了城市建筑群体形态对建筑能耗的影响。结果表明,建筑密度及空间几何形态可解释 10% 的建筑能耗变化。Tereci 等利用 EnergyPlus 软件模拟研究了建筑密度及不同建筑类型组团（单层别墅组团、多层住宅组团、高层住宅组团、行列式组团和庭院式组团）对采暖与制冷能耗的影响,不同建筑类型组团模型如图 1.5 所示。结果表明,当建筑密度由 30% 增加到 60% 时,采暖能源需求将从 17% 增长至 25%,而制冷能源需求将减少 45%。此外,当建筑密度和建筑规模相同时,多层住宅组团采暖能耗最低,庭院式组团采暖能耗最高,如图 1.6 所示。Rode 等对住区形态对建筑能耗影响的研究中发现,与低密度或相对分散布局的住区相比,高密度住区的能源使用效率相对较高。

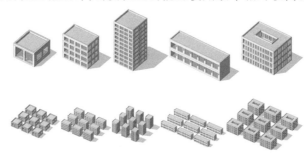

图 1.5　不同建筑类型组团模型

（3）微气候对建筑能耗的影响。

建筑集群的空间布局、绿化及下垫面等因素均会对局地微气候产生影响,进而影响建筑能耗。学者们针对如何通过优化城市空间改善微气候,进而降低建筑能耗展开了相关研究。由于建筑能耗模型采用的气象数据通常来自距离市区较远的气象站,无法反映局地微气候对建筑能耗的影响,因此在研究中常采用现

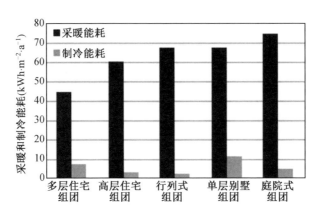

图 1.6　不同建筑类型组团采暖和制冷能耗

场实测或数值模拟的方法获取微气候参数,然后结合能耗模型进行计算。

　　基于实测的研究是通过将城市空间局地微气候实测数据作为能耗模拟的气象边界条件进行计算,以此来考虑局地微气候对建筑能耗的影响。Kolokotroni等基于伦敦市全年空气温度测试数据,分别选取具有极端炎热天气和城市热岛中心典型炎热天气的一周城市气温数据以及乡村气象站气温观测数据作为建筑能耗模拟软件的背景气温条件,模拟研究了高温天气对城市及乡村办公建筑冷负荷的影响。Assimakopoulos等基于夏季空气温度的观测结果,运用 TRNSYS建筑能耗模拟软件对雅典 20 个不同地点典型建筑的能耗进行模拟分析,研究表明城市热岛效应对地中海地区建筑能耗具有显著影响。Santamouris 等基于雅典市 30 个城市与郊区气象站以及 10 个城市街道的气象观测数据,运用 TRNSYS软件模拟研究了城市热岛强度对建筑能耗的影响。结果表明,如果平均热岛强度超过 10 ℃,城市建筑冷负荷将比郊区建筑增加一倍。Krüger 等将城市街道缩尺模型夏季空气温度实测数据输入 IDA ICE 建筑能耗模型,模拟分析了街道室外气温对建筑冷负荷的影响。Wong 等根据新加坡地区空气温度的实测数据,建立了基于建筑密度、建筑高度及绿化覆盖率的局地空气温度预测模型。同时,结合 TAS 建筑能耗模拟软件,模拟研究了热带气候下城市环境温度变化对建筑能耗的影响,结果表明合理的环境配置可节约 4.5% 的能源。

　　基于局地微气候模拟结果对建筑能耗进行模拟计算,可实现定量预测微气候差异对能耗的影响。国外学者相继采用微气候与建筑能耗耦合模拟分析的方法,对城市建筑集群形态与微气候及建筑能耗的关系展开研究。Han 等运用ENVI－met 软件对首尔一处改造街区的夏季微气候进行模拟计算,将基于空气温度和湿度模拟结果插值转化为 TRNSYS 软件气象数据并进行能耗计算,进而对街区改造后微气候变化对建筑冷负荷的影响进行研究。Oxizidis 等运用 MM5 中尺度气象模型对里斯本市各月典型气象日的微气候进行模拟计算。基于城市不同区域的空气温湿度及太阳辐射模拟结果，通过插值计算转化成为 EnergyPlus 能耗模拟软件的气象数据文件，进而研究不同城市区域微气候差异对建筑能耗的影响。Bouyer 等采用 Fluent 软件与 SOLENE 模型对建筑周围微气候对建筑能耗的影响进行耦合模拟计算。在计算过程中，Fluent 软件输出建筑周围空气温湿度及外表面对流换热系数给 SOLENE 模型，用于建筑热平衡计算；同时，SOLENE 模型输出土壤表面水汽通量和植物吸收的热辐射通量给 Fluent 软件，用于热湿交换的计算。Zhang 等将城市微气候模拟软件 ENVI—met 与建筑能耗模拟软件 DesignBuilder 相结合，对校园不同规划布局、建筑单体设计、景观设计对微气候以及制冷能耗的影响进行研究。通过将 DesignBuilder 气象数据中模拟当日的 5：00 ~ 21：00 之间逐时空气温度和相对湿度，替换为 ENVI—met 模拟结果的每小时平均值，以此实现了微气候对制冷能耗影响的定量评价。Kesten 等采用 EnergyPlus、Radiance、Daysim 等软件模拟研究了城市空间形态与建筑照明、采暖及制冷能耗之间的关系。他们在计算过程中考虑了人工照明的热效应对建筑采暖与制冷能耗的影响。

2. 国内相关研究现状

（1）建筑集群形态对微气候的影响。

在城市化加速推进的背景下，我国人居环境日益恶化。如何改善微气候，提升人们的生活品质，已经成为学者们关注的热点问题。近年来，国内学者针对不同气候区开展了建筑集群形态对微气候参数、室外热舒适性以及建筑能耗影响的实测与模拟研究，以探寻改善微气候质量的方法。

① 建筑集群形态对微气候参数的影响。

在现场实测研究方面，张顺尧等对上海市某典型办公建筑群微气候进行现场实测研究。结果显示，场地空间形态要素与场地空气温度、风速和太阳辐射强度均存在显著相关性。其中，冬、夏两季空气温度均与 SVF 呈正相关，但冬季的相关性较弱；对于风速，夏季时其与平面通透率呈正相关，但相关性较弱，而冬季时其与剖面高宽比呈负相关，相关性比夏季显著；冬、夏两季太阳辐射强度均与 SVF 呈正相关，且夏季的相关性比冬季显著。此外，还分别得出了冬季和夏季场地空间形态要素与场地微气候要素的回归模型。李琼则对广州市两个典型建筑组团（居住组团和教学楼组团）的夏季微气候分别进行了现场实测，发现在居住组团内，采用不同的设计手法对降温的作用效果有差异，由大至小依次为树荫、建筑群体平面组合自遮阳、草地、泥土地和混凝土地。此外，在教学楼组团内合理设置天井和首层架空可有效降低气温。刘琳则在冬、夏两季对深圳市华侨城进行微气候移动测试,并研究分析空间布局特性参数对局地热岛强度(local urban heat island intensity,LUHII)的影响。结果表明,建筑密度与LUHII呈显著的线性正相关,建筑平均高度和生态空间面积比率均与LUHII之间呈线性负相关。

在数值模拟研究方面,赵敬源等基于典型街道空间温度场的数值模拟计算结果,定量分析了街道高宽比、街道走向、建筑立面形式等对微气候的影响程度,并得出了高宽比的最佳范围。金建伟则通过整合高光谱遥感、地理信息系统(geographic information system,GIS)及计算流体力学(computational fluid dynamics,CFD)等技术,开发出街区微气候模拟GIS系统,并实现了利用GIS系统对高层住区三维空间微气候进行数值模拟。李琼运用STAR-CD模拟软件对湿热地区夏季建筑组团微气候进行模拟研究,定量分析了规划设计因子与行人高度处微气候参数平均值的相关性。其中,平均风速主要受建筑平均高度、首层架空率和建筑密度的影响,而平均气温则主要受绿地率的影响。王振采用ENVI-met软件模拟分析夏热冬冷地区城市街区层峡的几何特征、布局方式、下垫面物性、绿化和水体等对微气候参数的日变化和分布状态的影响,并提出了基于微气候的街区层峡设计方法。杨峰等采用ENVI-met软件模拟分析了上海地区高层居住区设计方法对微气候的作用效果。结果表明,增加树木数量及冠层叶密度对于提升热舒适度及降低城市热岛效应的效果最为显著。龚晨等采用ANSYS-CFX软件对风向角、布局形式(行列式、错列式、斜列式和混合式)和建筑尺寸对住区风环境的影响进行模拟研究。结果表明,斜列式布局的通风性较好;建筑长度对风场的影响显著,而宽度的影响较弱;当建筑长宽比为3:1时,风环境较为良好。周雪帆运用气象模拟模型WRF对武汉市中心城区微气候参数及热岛强度进行计算,定量研究了容积率、建筑密度及水体面积与中心城区微气候的关系。

② 建筑集群形态对室外热舒适性的影响。

在现场实测研究方面,刘哲铭等在不同季节对哈尔滨市住区微气候进行了现场实测,探究了三种典型室外空间形态(行列式空间、围合式空间、广场空间)及其不同空间形态对微气候的影响,并利用PET指标对热舒适度进行了评价。结果表明,在过渡季时住区微气候较为舒适,而冬、夏两季的舒适性则较差;SVF较小的半围合式空间在冬、夏两季具有较好的热舒适性,高层住宅且南北向建筑间距较大的行列式空间在冬、夏两季也具有较好的热舒适性;广场采用南北向间距较大且南侧建筑较低的形态可提升冬季的热舒适度。杨树红则通过现场实测与问卷调查的方法对北京住区公共空间微气候及热舒适度进行研究。结果表明,水体、植物、铺装材质及小品摆放与住区室外热舒适性具有直接关系度,且建筑阴影对公共空间使用率影响较大。周曾对武汉地区建筑底层架空对室外热舒适度的影响进行了实地调查研究。结果表明,当白天气温高于 35 ℃ 时,架空空间的 SET* 比周围区域低 9 ℃。席天宇等也采用现场实测与问卷调查的方法对校园室外空间热舒适性进行了研究,发现教学楼周边的 SET* 比广场周边低 0.9 ℃。

近年来,国内学者也相继采用数值模拟方法对建筑集群形态与室外热舒适性的关系展开了研究,并取得了一定成果。陈卓伦利用 ENVI－met 软件对行列式和围合式空间的微气候进行模拟计算,研究了绿地率、水体覆盖率、乔木覆盖率等景观设计指标与微气候参数及 HI、MRT、SET 指标之间的量化关系。他还指出,绿地率与微气候评价指标回归方程的判定系数最高。王一等利用 ENVI－met 软件模拟计算上海市两个大中型住区的微气候参数及 PMV 指标值,研究建筑群体平面组合和绿化形式与室外热舒适性的关系。王频运用 ENVI－met 软件模拟研究湿热地区城市中央商务区整体层面因素(轴线数目及方向、不同容积率的街坊布局、绿地布局)和街坊层面因素(容积率、建筑密度、建筑群体平面组合形式和绿化布局形式)对 SET* 和热岛强度的影响。李悦运用 ENVI－met 软件模拟研究了上海中心城街区空间形态对热舒适性的影响,量化分析了街区规模、容积率、建筑密度、建筑平均高度、绿地率等对 PET 的作用规律。殷晨欢利用 Ladybug 等插件模拟分析了干热地区街区容积率、建筑密度等要素以及高层建筑布局、开放空间布局等建筑布局形态与 UTCI 指标的关系,并得出了基于空间形态的 UTCI 指标预测模型。王艺运用 Ladybug 和 Butterfly 插件模拟研究了湿热地区城市公共空间布局对室外热舒适性的影响。结果表明,建筑群高度布局、建筑群体平面组合形式及空间形态控制参数(高宽比、SVF)对热舒适性的影响较大。林波荣利用数值模拟的方法研究分析了不同绿化形式对夏季室外热舒适性的影响。结果表明,在无建筑的情况下,树木提升热舒适性的效果最好,其次为灌木,而草坪较差;在建筑存在的情况下,树木对热舒适性的影响作用会受到建筑朝向的影响。

(2)建筑集群形态对建筑能耗的影响。

国内学者主要采用现场实测与数值模拟的方法对建筑集群形态与建筑能耗的关系展开研究。Li 等通过对宁波市 46 个住区中 534 户居民的用电量进行现场调查,研究了城市形态对用电量的影响。研究发现,住区密度与居民夏季用电量存在关联,而与冬季用电量则没有关联;随着住区密度的增加,板式和塔式住宅建筑内家庭的夏季用电量也会加大;住区密度与独栋别墅家庭的夏季用电量呈负相关,这说明不同类型的住区密度对用电量的影响存在差异。吴巍等基于宁波市 6 个居住社区的形态指标统计数据和 598 户住宅调研问卷数据,对居住社区形态对住宅能耗的影响进行研究。结果表明,居住社区形态和家庭特征均会对住宅能耗产生显著的影响,其中建筑高度、建筑类型、平均容积率、建筑密度、道路密度和道路交叉口密度与月均用电量呈显著负相关;住宅面积、常住人口数、人均居住面积和人均收入与月均用电量呈显著正相关,且住宅面积和类型对住宅能耗的影响程度大于建筑密度。胡姗等采用 DeST 能耗模拟软件对北京市 12 种住宅建筑空间形态对冬季供暖能耗、夏季空调能耗、照明能耗及机械通风能耗的影响进行模拟研究,在能耗模拟计算中,还考虑了建筑由于空间形态造成的自遮阳问题。研究结果表明,不同空间形态主要对供暖、空调和照明能耗产生影响。其中,供暖能耗和空调能耗均与体形系数呈正相关。然而,体形复杂的围合式布局会增加夏季建筑自遮阳效果,从而降低空调能耗,但可能会导致照明能耗的增加。此外,综合考虑这 3 种能耗,应优先选取供暖能耗较低的方案。不过,该研究并未考虑自然通风效果对能耗的影响。各地块建筑空间形态如图 1.7 所示。

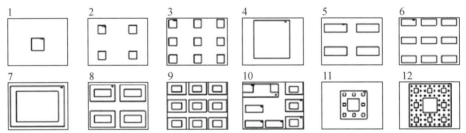

图 1.7 各地块建筑空间形态

王纪武和葛坚等采用部门访谈和专家打分法,整理出控制性详细规划指标(控规指标)与城市住区能耗的相关性。其中,控规指标中的容积率、建筑密度、建筑限高和绿地率等与城市住区能耗具有较强的相关性。此外,以杭州为例,利用 PKPM 能耗模拟软件对城市住区高层住宅比与单位建筑面积能耗的关系进行了模拟分析。结果显示,当容积率为 1.6 时,随高层住宅比的提高,单位建筑面积年平均能耗呈下降趋势。他们还提出在对高层建筑比、空间组合、地下空间利用率等指标节能效果定量研究的基础上,将其补充进控规指标体系中的建议。陈嘉梁等对青岛市 5 个居住小区的家庭特征和住宅能耗的调研数据进行分析,发现影响北方集中供暖地区住宅能耗的 3 个最主要因素为离海距离、建成时间和建筑高度。此外,采用 DesignBuilder 能耗模拟软件对小区规划参数对住宅能耗的影响进行模拟研究,发现随着容积率的升高,采暖能耗和照明能耗增加,而制冷能耗降低。在容积率相同的情况下,建筑密度与建筑能耗呈正相关。该模拟研究仅考虑了行列式布局,且小区建筑高度为 6 层、9 层、12 层的情况。

（3）微气候对建筑能耗的影响。

国内学者针对微气候对建筑能耗影响的研究相对较少。田喆根据天津市多个监测点的空气温度测试数据,利用 EnergyPlus 能耗模拟软件,模拟分析了城市热岛强度对办公、住宅建筑能耗的影响。研究表明,城市热岛效应导致办公建筑与住宅建筑空调能耗增加,采暖能耗减少,同时办公建筑全年能耗上升,而住宅建筑全年能耗略有下降。杨小山基于 ENVI－met 软件和 EnergyPlus 软件,研究了定量评价建筑周围微气候对建筑能耗影响的模拟方法。通过在 BCVTB 软件中建立耦合模块,实现了将微气候模拟结果作为建筑能耗模拟计算的气象边界条件,从而能够定量预测和评价建筑周围空气温湿度及风速等微气候参数对建筑能耗的影响。黄媛采用 Solene 模型和 Coupled Simulation 模型计算建筑太阳能效及建筑采暖制冷能耗,模拟研究了夏热冬冷地区城市街区空间形态对太阳能效与建筑采暖制冷负荷的影响。其中,Solene 模型用于分析街区空间形态指标及建筑表面日照时间,而 Coupled Simulation 模型用于计算建筑太阳能效及建筑采暖制冷能耗。此外,还应用 Star CD 软件模拟计算室外风速及建筑表面风速,为辐射换热分析提供表面对流换热系数。陈卓伦基于 ENVI－met 软件与 EQUEST 建筑能耗模拟软件,采用微气候及建筑能耗耦合模拟体系,研究了建筑群体平面组合形式、绿化类型及组合方式等设计因子对微气候与建筑能耗的影响。其中,应用 ENVI－met 软件对各月典型气象日住宅组团微气候进行模拟,对空气温度、相对湿度及太阳辐射强度模拟结果进行插值计算,生成微气候典型气象年数据,将其应用于 EQUEST 软件进行建筑能耗模拟。

3. 相关研究的局限性

由研究现状可知,国内外学者在城市建筑集群形态对微气候与建筑能耗的影响方面已开展了较多研究,但研究适用区域、研究采用方法、研究对象尺度及研究目的等方面均不尽相同,因此有必要对现有相关研究中的局限性进行说明,具体如下。

（1）在建筑集群形态对微气候与建筑能耗的影响研究中,研究区域多集中在夏热冬冷、夏热冬暖及寒冷地区。然而,由于各区域的气候条件、地域文化及经济技术条件等均存在差异,导致建筑集群形态及其影响均呈现出较大的地域性差异。此外,在相同的气候条件下,不同类型建筑的影响也各不相同。目前,针对严寒地区城市住区建筑的研究仍然相对不足。

（2）在建筑集群形态对微气候影响的研究中,研究尺度多集中在街区层峡、建筑组团及城市尺度上热岛强度的研究,针对住区尺度的研究相对较少。而且,研究对象多采用理想简化模型或欧洲传统城市肌理模型,通过控制单因素变量的方法来分析空间形态要素。虽然研究结果的差异性和趋势性较为显著,但由于研究工况并未充分考虑实际规划设计要求,导致研究结果不能反映目前住区微气候的普遍规律,难以在城市建设项目中得到有效应用。此外,对城市住区微气候的研究中,仍然缺少对空间形态要素与微气候参数及热舒适指标量化关系的研究,这极大限制了当前研究成果对住区建设的指导作用。

(3)在建筑集群形态对建筑能耗影响的研究中,建筑类型多集中在办公建筑和商业建筑,对居住建筑的研究相对较少。而且,国内对居住建筑能耗的研究,主要侧重于建筑单体,以住区这一重要生活载体为研究尺度展开的建筑能耗研究相对匮乏,并且较少关注区域微气候对建筑能耗的影响。此外,由于缺乏对住区形态要素与能耗的定量分析,导致难以从住区规划设计方面为建筑节能提出科学的参考依据。

(4)缺乏以多季节住区微气候与建筑节能综合优化为目标的住区形态定量研究。国内外学者多针对冬季或者夏季,在微气候或建筑能耗单一方面进行研究,这使得相关研究结果缺乏全面性和综合性。

1.4 研究设计

1.研究范畴界定

(1)东北严寒地区。

我国幅员辽阔,南北气候相差悬殊。为明确不同气候条件对建筑规划、设计和施工影响的差异性,实现气候资源的合理利用,有必要对我国不同气候特征区域进行划分。

《民用建筑热工设计规范》(GB 50176—2016)根据冬季保温和夏季隔热等建筑热工设计的实际需要,以冬季和夏季的温度状况作为气候分区的权衡因素,将建筑热工分区划分为两级。一级分区主要依据累年1月和7月平均温度,并结合累年日平均温度不大于5℃和不小于25℃的天数,将全国划分为严寒地区、寒冷地区、夏热冬冷地区、夏热冬暖地区和温和地区5个气候分区。其中,严寒地区最冷月平均温度不大于－10℃,日平均温度不大于5℃的天数不少于145天。而二级分区以采暖度日数(heating degree day based on 18℃,HDD18)和空调度日数(cooling degree day based on 26℃,CDD26)作为判断指标,该指标反映了气候的寒冷和炎热程度,以及寒冷和炎热持续时间的长短。采用该指标将严寒地区细分为3个子气候分区,该分区方法及范围与《严寒和寒冷地区居住建筑节能设计标准》(JGJ 26—2018)中严寒地区细化分区相同,见表1.1。东北严寒地区主要包括黑龙江省、吉林省、辽宁省大部分地区,以及内蒙古东部的赤峰市、通辽市、兴安盟和呼伦贝尔市。本书以黑龙江省哈尔滨市为例展开研究,其位于严寒 B 区。

表 1.1　东北严寒地区二级分区

分区名称	分区指标 /(℃ · d)	主要城镇
严寒 A 区	$6\,000 \leqslant HDD18$	漠河、呼玛、黑河、嫩江、孙吴、伊春、图里河、海拉尔、新巴尔虎右旗、博克图
严寒 B 区	$5\,000 \leqslant HDD18 < 6\,000$	哈尔滨、克山、齐齐哈尔、海伦、富锦、泰来、安达、宝清、通河、尚志、鸡西、虎林、牡丹江、绥芬河、敦化、桦甸、长白
严寒 C 区	$3\,800 \leqslant HDD18 < 5\,000$	沈阳、本溪、长春、四平、延吉、集安、彰武、长岭、宽甸、赤峰、宝国图、临江、通辽

（2）城市住区。

在城市规划中,"住区"并没有统一明确的定义,但它在规划领域中出现的频率很高。众多学者常将其作为研究对象并加以界定,与之相关的概念包括住宅区和居住区。在《城市住宅区规划原理》一书中,将住宅区定义为城市中各种类型和规模的生活居住用地的统称,包括居住区、居住小区、居住组团、住宅街坊和住宅群落等。在《城市规划基本术语标准》(GB/T 50280—98)中将居住区定义为城市中由主要道路或片段分界线所围合,并设有与其居住人口规模相应的公共服务设施的居住生活聚居地区。 在《城市居住区规划设计标准》(GB 50180—2018)中将居住区定义为住宅建筑相对集中的地区,并按照居民在合理步行距离内满足基本生活需求的原则,将居住区分为十五分钟生活圈居住区、十分钟生活圈居住区、五分钟生活圈居住区及居住街坊四级。由此可见,上述两种对居住区的定义在表述上是一种包含关系,并无本质的不同。因此,本书将城市住区界定为城市住宅区,研究范围包括居住区、居住小区和居住组团等。

（3）住区形态。

住区形态是指住区空间结构的外在表现形式,其受到自然生态、社会经济、区位条件和文化要素的显著影响。住区形态包含物质形态和非物质形态两个层面。其中,物质形态是对住区空间实体环境的反映,包括建筑形态、建筑群体的空间组合形式等;而非物质形态则主要包括居民的文化特征、居民的主体性特征、住区内部的商业活动等。本书对住区形态的研究范围主要聚焦于住区的物质形态层面。

2.研究框架(图 1.8)

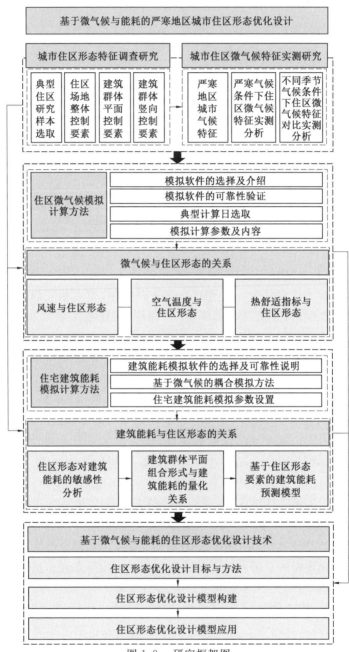

图 1.8 研究框架图

第 2 章

城市住区形态特征调查研究

在全球气候变化和城市化进程加快的背景下，城市住区微气候问题得到了广泛关注。我国严寒地区气候恶劣，城市住区建设密集，其微气候水平对居民的生活品质、身心健康造成直接影响。掌握严寒地区城市住区形态特征是发现问题并进行深入研究的基础。本章采用卫星影像、图纸资料和现场测绘相结合的方式，对哈尔滨市近20年建造的156个住区的空间形态特征进行调查。从住区场地整体控制要素、建筑群体平面控制要素和建筑群体竖向控制要素三个方面，对住区形态现状与设计特点进行量化分析，为构建住区模拟计算物理模型，以及量化分析住区形态与微气候及能耗的关系提供数据支持。

2.1　典型住区研究样本选取

为深入了解严寒地区城市住区形态现状,需对空间形态控制要素的分布特征及阈值范围进行调查分析。本书以哈尔滨市为例展开研究,哈尔滨市地处中国东北,是黑龙江省的省会,也是我国省辖市中陆地管辖面积最大、户籍人口居第三位的特大城市,被国务院批复确定为中国东北地区重要的中心城市。截至2018 年,哈尔滨市总面积为 53 100 km²,其中市区面积为 10 198 km²,市区人口为 550.9 万人。哈尔滨共辖 9 个市辖区,其中 6 个主城区分别为道里区、南岗区、道外区、香坊区、平房区和松北区。

为了确保选取的住区研究样本能够反映城市住区的建设现状,并具备充分的代表性与合理性,在选取住区样本时应遵循以下原则。

第一,住区建成年份在近 20 年间,即 1999～2018 年,住区地点在哈尔滨 6 个主城区区域范围内。

第二,要求住区样本的建筑密度和容积率控制指标符合《黑龙江省控制性详细规划编制规范》(DB 23/T744—2004) 和《哈尔滨市建筑容积率及相关内容管理规定》中的相关要求。其中,对于低层住宅项目,新城区的建筑密度不超过30％,容积率不超过 0.7;旧城区的建筑密度不超过 35％,容积率不超过 0.8。对于多层住宅项目,新、旧城区的建筑密度不得大于 35％,容积率均不超过 2.0。对于高层住宅项目,新城区的容积率不应大于 4.5,旧城区的容积率不宜超过 4.2,建筑密度均不得大于 25％。

按照上述原则,最终选取 156 个住区作为研究样本,其中道里区 39 个、南岗区 31 个、道外区 16 个、香坊区 28 个、平房区 16 个、松北区 26 个。

此外,采用卫星影像、图纸资料和现场测绘相结合的方式对研究样本的空间形态进行调查。各研究样本空间布局示意图,见附录 1。

2.2 城市住区形态特征调查

城市住区形态与微气候及建筑能耗之间的关系密不可分,本节将通过住区场地整体控制要素、建筑群体平面控制要素和建筑群体竖向控制要素对城市住区形态进行量化分析。住区场地整体控制要素包括住区用地规模、住区边界形状和容积率,这些要素直观地反映了住区建设用地面积、用地平面几何特征及居住建筑容量,对住区内建筑群体空间形态产生直接影响。建筑群体平面控制要素和建筑群体竖向控制要素从三维空间角度更具体地描述了建筑群体形态特征。建筑群体平面控制要素包括建筑群体平面组合形式、建筑群体方向、建筑密度和平面围合度。建筑群体竖向控制要素包括建筑平均高度、最大建筑高度、建筑高度起伏度和建筑高度离散度。

2.2.1 住区场地整体控制要素

1. 住区用地规模

地块是构成城市形态在二维平面上的基本单元,明确标示出城市土地的产权线和产权位置。康泽恩在《城镇平面格局分析:诺森伯兰郡安尼克案例研究》一书中提出,地块是城镇平面格局要素之一,是由边界限定的土地单元。他还指出形态学研究思路与地块紧密相关。地块面积和地块形状作为最直观的地块平面特征,直接影响着建筑群体平面组合、建筑密度、建筑高度等住区形态要素。

住区用地规模是表征住区地块几何形态的重要因素,可以准确度量住区土地权属的实际大小范围。图2.1展示了本次调研156个住区用地规模的统计分析结果。由图可知,哈尔滨市住区用地规模主要在 $2.0 \sim 32.0$ hm²(1 hm² $= 10\ 000$ m²)之间,仅有 0.6% 的住区用地规模在 32.0 hm² 以上。其中,用地规模在 $2.0 \sim 4.0$ hm² 之间的住区占比约为 8%;用地规模在 $4.1 \sim 8.0$ hm² 和 $8.1 \sim 12.0$ hm² 范围内的住区数量相近,且最为普遍,分别约占总数的 32% 和 34%;用地规模在 $12.1 \sim 18.0$ hm² 和 $18.1 \sim 32.0$ hm² 范围内的住区占比分别约为 18% 和 7%。

2. 住区边界形状

住区地块由于受到自然地理条件、历史原因、人为划分、开发机制等因素的影响,在平面形态上呈现出不同的边界形状。赵芹按照平面几何定义,将住区边界形状分为长方形、正方形、三角形、L形、梯形和多边形。本书借鉴此分类方法,

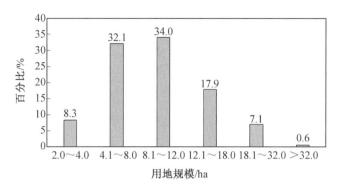

图 2.1　156 个住区用地规模的统计

将住区边界形状分为矩形、梯形、三角形、L 形和多边形。由于实际住区边界形状常会出现部分缺损或增加的情况,所以当其面积小于规则形状面积的 10% 时,均将其视为规则形状的变体。此外,地块边界各边之间的平行和垂直的夹角允许存在 10°的误差。

对哈尔滨市 156 个住区边界形状进行统计分析,结果如图 2.2 所示。不同形状的住区地块数量由多到少依次为矩形、多边形、L 形、梯形和三角形。其中,矩形地块的数量最多,所占比例为 37.8%;多边形地块的数量次之,占比为 35.9%;L 形和梯形地块的数量较少,分别为 20 个和 16 个,共占总量的 23.1%;三角形地块数量极少,占比仅为 3.2%。综上所述,矩形地块形状规则,利于建筑布局,在城市住区地块中最为普遍。

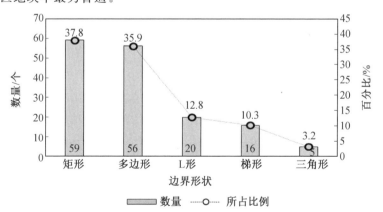

图 2.2　不同边界形状住区的数量和比例

进一步对 59 个矩形地块的长度、宽度和长宽比情况进行统计分析,结果如图 2.3 所示。矩形地块的长度、宽度和长宽比分布较不均匀。其中,地块长度的变

化范围主要为 201～300 m,其地块数量占总数的 30.5％;地块长度在 301～
400 m 和 401～500 m 范围内变化的地块数量次之,占比分别为 23.7％ 和
25.4％;长度大于 500 m 和小于 200 m 的地块较少,占比分别为 13.6％ 和 6.8％,
如图2.4(a)所示。

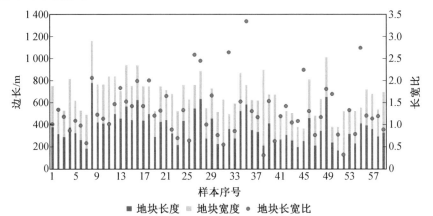

图 2.3　矩形地块长度、宽度和长宽比的统计

地块宽度主要在 201～300 m 的范围内变化,其地块数量占总数的 42.4％;
宽度在 301～400 m 范围内的地块数量次之,占比为 39.0％;宽度大于 400 m 和
小于 200 m 的地块较少,总占比不足 20％,如图2.4(a)所示。矩形地块长宽比的
变化范围主要集中在 1.01～1.50 之间,其地块数量占总数的 40.7％;长宽比在
0.51～1.00 范围内变化的地块数量次之,占比为 27.1％,如图2.4(b)所示。

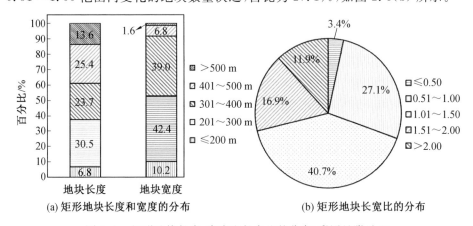

(a) 矩形地块长度和宽度的分布　　　(b) 矩形地块长宽比的分布

图 2.4　矩形地块长度、宽度和长宽比的分布(彩图见附录 4)

3. 容积率

容积率是指在一定用地范围内，建筑物的总建筑面积与用地面积的比值。容积率是城市住区空间开发强度控制的重要技术经济指标之一，能够有效反映土地利用的程度。容积率与建筑密度和建筑高度两项指标紧密相关，但其不能直接描述水平和垂直维度的空间特征，而是反映用地范围内建筑的总容量。显然，提高容积率可以提高土地的利用效率和开发商的经济收益，但容积率过大，即住区内建筑量和人口量过多，会对居民生活质量和住区微气候状况造成负面影响。

为确保住区用地的合理性，做到经济效益、社会效益和环境效益相协调，《城市居住区规划设计标准》(GB 50180—2018) 对不同建筑气候区的各级居住区用地的容积率提出了明确规定。对严寒地区居住街坊用地容积率的限定如下：低层住区不应超过 1.1，多层Ⅰ类住区不应超过 1.4，多层Ⅱ类住区不应超过 1.7，高层Ⅰ类住区不应超过 2.4，高层Ⅱ类住区不应超过 2.8。此外，《黑龙江省控制性详细规划编制规范》(DB 23/T744—2004) 规定城市中心区低层住宅的容积率为 0.6 ～ 1.0，多层住宅的容积率为 1.2 ～ 1.7，高层建筑的容积率可上浮 50% ～ 100%。

本书调研的 156 个住区容积率的分布情况如图 2.5 所示。其容积率主要在 1.00 ～ 4.00 之间变化，容积率在 1.51 ～ 2.50 范围内的住区最为普遍，约占总数的 50.0%；容积率在 2.51 ～ 3.00 范围内的住区数量次之，占比为 16.0%；容积率在 1.01 ～ 1.50、3.01 ～ 3.50 和 3.51 ～ 4.00 范围内的住区数量相近，各约占总数的 10.0%；容积率在 4.01 ～ 4.50 范围内的住区较少，占比约为 5.0%。

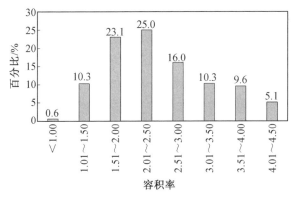

图 2.5　156 个住区容积率的分布

2.2.2 建筑群体平面控制要素

1.建筑群体平面组合形式

建筑群体平面组合的基本形式有行列式、周边式、点群式和混合式,见表2.1。其中,行列式有利于采光和通风,是一种使用较为普遍的建筑群体布局形式。周边式,也称围合式,其特点是建筑沿院落或街坊周边布置,形成较为封闭的内院空间,比较适用于寒冷及多风沙地区。周边式布局可节约用地,增大建筑密度,但部分房屋的朝向较差。点群式是指低层独立式、多层点式和高层塔式建筑自成相对独立的群体布置形式,便于利用地形,通过建筑之间错位布置实现较好的自然通风和自然采光。混合式是指行列式、周边式、点群式三种建筑布局的结合或变形的组合形式,能够灵活结合地块条件布置建筑。

不同建筑群体平面组合形式的分布如图2.6所示。在调研的156个住区案例中,由行列式和周边式相结合的混合式布局数量最多,占总体的31.4%。行列式布局和周边布局的住区数量次之,所占比例分别为27.6%和23.7%。由行列式和点群式、周边式和点群式,以及行列式、周边式和点群式相结合的混合式布局数量较少,共约占总数的17%。在本次调研中,没有住区单纯采用点群式布局形式。综上所述,严寒地区住区最被广泛采用的布局形式为行列式、周边式以及由两者相结合的混合式布局。

表 2.1 建筑群体平面组合的基本形式

基本形式	行列式	周边式	点群式	混合式
图形				

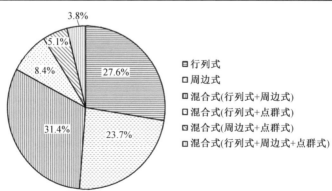

图 2.6 不同建筑群体平面组合形式的分布(彩图见附录 4)

2.建筑群体方向

住区地块方向由城市规划和地块的使用过程决定,与城市道路、土地使用方式等因素密切相关。它直接影响内部建筑布局与建筑朝向,对住区形态分析起着至关重要的作用。在住区规划设计中,建筑朝向对于确保建筑节能和提升居住空间的热舒适性非常重要。但在实际的住区建设中,由于节约用地、经济利益等因素的影响,致使部分住区内建筑布局不合理,甚至无法满足建筑间距的要求,这与地块方向对建筑朝向的限制有一定的关联。

龙瀛等将地块方向作为表征城市形态的一个新指标,将其定义为地块的最长边的方向,其范围为 −90°∼90°(−90° 为正南方向,0° 为正东方向,90° 为正北方向)。赵芹以地块边界与内部建筑布局形态的关系为出发点,根据建筑的适宜朝向角度范围,将地块方向分为两类,即至少有一条地块边界在此范围内和没有地块边界在此范围内。Groleau 等在对街区形态指标与太阳能效之间关联的研究中,采用不同方位角立面面积比例和主要立面朝向来对街区形态的方向特征进行描述。其中,将主要立面朝向定义为街区内建筑群体立面面积比例最大的方向,其研究中选取的三个典型城市街区如图 2.7 所示。

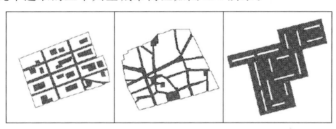

图 2.7　三个典型城市街区

虽然本书调研的住区边界形状以矩形为主,但仍有较多住区边界形状为不规则的多边形,所以很难以某条地块边界作为定义地块方向的标准。本书旨在研究住区建筑群体主要朝向对微气候和能耗的影响。因此,综合前人研究结果,并结合实际住区规划情况,最终借鉴 Groleau 等对街区形态方向特征的表述方法,将建筑群体方向定义为住区内建筑群体立面面积比例最大的朝向,其范围为 −90°∼90°。其中,0° 表示南向建筑立面面积比例最大,−45° 表示南偏西 45° 朝向建筑立面面积比例最大,45° 表示南偏东 45° 朝向建筑立面面积比例最大,如图 2.8 所示。

《严寒和寒冷地区居住建筑节能设计标准》(JGJ 26—2018)将南偏东 30°∼南偏西 30° 确定为严寒地区居住建筑的最佳朝向。《民用建筑绿色设计规范》(JGJ/T 229—2010)综合考虑住宅的朝向、日照时间、太阳辐射强度等因素,确定哈尔滨市居住建筑的最佳朝向范围为南偏东 15°~20°,适宜朝向为南偏东 15°~南偏西 15°。

本次调研的住区建筑群体方向的分布情况如图 2.9 所示。从图中可以看出,建筑群体方向主要在 -30°~45°之间变化,其地块数量约占总数的 95%。其中,多数住区能够达到规范要求,建筑群体方向在适宜朝向范围内(-15°~15°)变化,约占总数的 60%。其中,方向在 0.1°~15.0°范围内变化的住区数量最多,占比约为 36%;方向为南向及在 -15.0°~-0.1°范围内变化的住区,分别占总数的 7.1% 和 16.7%。建筑群体方向在 15.1°~30.0°之间的住区数量占比为 20.5%,在本次调研中其余方向的住区数量相对较少。

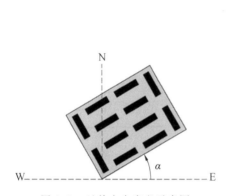

图 2.8　地块方向定义示意图

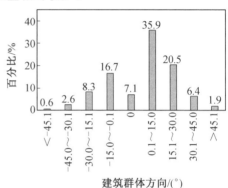

图 2.9　建筑群体方向的分布

3.建筑密度

建筑密度是指在用地范围内总建筑基底面积与用地面积的比率。住区建筑密度不仅影响着建筑覆盖程度和绿化面积,还对住区日照、自然通风及建筑节能等起着至关重要的作用。

《城市居住区规划设计标准》(GB 50180—2018)明确规定了不同建筑气候区的各级居住区用地的建筑密度限值,对严寒地区居住街坊用地建筑密度最大值的规定如下:低层住区为 35%,多层 I 类住区为 28%,多层 II 类住区为 25%,高层 I 类和 II 类住区均为 20%。此外,《黑龙江省控制性详细规划编制规范》(DB 23/T744—2004)规定城市中心区低层住宅的建筑密度为 30%~35%,多层住宅的建筑密度为 25%~28%。

住区建筑密度的分布如图 2.10 所示。在本次调研中,住区建筑密度主要在 10.0%~35.0%之间变化,其住区数量占总数的 98.1%。其中,建筑密度在 15.1%~20.0%之间的住区最多,占比为 26.3%;建筑密度在 20.1%~25% 和 25.1%~30.0% 范围内的住区数量相近,所占比例约为 23%;建筑密度在

10.0％～15.0％之间的住区数量次之，约占总数的 18％。此外，建筑密度在
30.1％～35.0％之间的住区较少，占比为 7.1％。

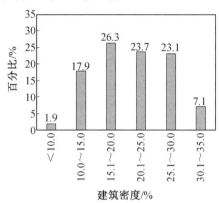

图 2.10　住区建筑密度的分布

4. 平面围合度

在住区建筑群体空间组合中，围合是一种常用的限定外部空间的方式。围
合空间形成的关键在于平面，因此平面围合度为空间开放程度的重要表征，它可
以直观反映建筑边界对整个住区内部空间的围合程度，以及住区内部空间的视
线可达性和公众可达性的综合程度。周俭将平面围合度分为强围合、部分围合
和弱围合，且根据围合的空间比例又将其分为全围合、界限围合和最小围合，但
并未对相应的阈值和计算方法进行具体说明。张涛和钱舒皓在对城市中心区空
间形态的研究中，将平面围合度定义为地块内所有外侧建筑沿路的边长之和与
地块边线周长的比值。该定义与计算方法适用于相对简单、理想的地块及建筑
布局，对于建筑群体平面组合比较复杂的情况，该定义的界限就显得不够清晰
明确。

本研究根据上述研究成果，并借鉴街道界面形态研究中"界面密度"的含义，
将平面围合度定义为，地块范围里外侧的所有后退建筑控制线距离小于建筑高
度三分之一的建筑的投影面宽总和与建筑控制线周长的比值，如式（2.1）所示。

$$C_p = \frac{\sum_{i=1}^{n} W_i}{L} \tag{2.1}$$

式中　　C_p—— 平面围合度；

　　　　W_i—— 第 i 段建筑物沿建筑控制线的投影面宽，m；

　　　　L—— 建筑控制线周长，m；

　　　　n—— 后退建筑控制线距离小于建筑高度三分之一的外侧建筑数目。

住区平面围合度的分布如图 2.11 所示。在本次调研中,平面围合度主要在 0.40~0.90 之间变化,共占总体的 95.6%。其中,平面围合度在 0.61~0.70 之间的住区数量最多,占比达到 35.3%;平面围合度在 0.71~0.80 和 0.51~0.60 范围内的住区数量次之,所占比例分别为 23.1% 和 20.5%;在 0.40~0.50 和 0.81~0.90 范围内的住区数量较少,占比分别为 9.5% 和 7.1%。

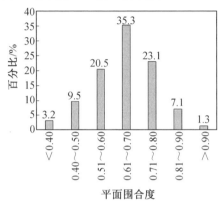

图 2.11　住区平面围合度的分布

图 2.12 给出了不同平面围合度范围内各建筑群体平面组合形式的比例。从图中可以看出,随着平面围合度的增大,行列式布局所占比例呈减小的趋势,且当围合度达到 0.81 之后,已没有住区采用行列式布局形式。周边式布局占比的变化趋势与之相反,且当平面围合度小于 0.5 时,已无周边式布局形式。此外,当平面围合度在 0.40~0.80 范围内时,住区可选择的建筑布局形式较多,且由行列式和周边式相结合的混合式布局所占比例大多接近 30.0%。

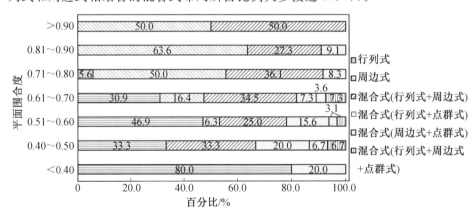

图 2.12　不同平面围合度范围内各建筑群体平面组合形式的比例(彩图见附录 4)

2.2.3　建筑群体竖向控制要素

本次调研的建筑高度（层数）分布和不同建筑类型组合形式分布如下。

（1）建筑高度（层数）的分布。

《民用建筑设计统一标准》（GB 50352—2019）将住宅建筑按照地上层数分为低层住宅（1～3 层）、多层住宅（4～6 层）、中高层住宅（7～9 层）和高层住宅（10 层及以上）。其中，建筑高度在 100 m 以上的住宅为超高层住宅，由于其隶属于高层住宅范畴且数量较少，因此本书将不对其进行单独论述。

为了解严寒地区建筑高度的分布情况，对本次调研的 156 个住区内 3 626 栋住宅建筑的高度进行统计分析，结果如图 2.13 所示。从图中可知，低层住宅数量较少，共 251 栋，占比不足 7%，其中以 3 层住宅最为常见。与低层住宅相比，多层住宅土地利用率高，结构相对简单，通常户型合理，并具有较好的通风和采光条件，且与高层住宅相比，其得房率高，整体性价比较高，因此在住区建设中得到了广泛应用。在本次调研中，多层住宅共 984 栋，约占总数的 27.1%。由于在《住宅设计规范》（GB 50096—2011）中明确规定 7 层及 7 层以上住宅必须设置电梯，所以为降低建造成本，6 层住宅最为常见，约占总数的 23%。6 层住宅兼具多层住宅户型合理和高层住宅结构强度高、景观开阔的特点，但与高层住宅相比，其在容积率与节能性方面存在一些不足，性价比相对较低。在本次调研中，与多层住宅相比，中高层住宅数量相对较少，共 832 栋，占比约为 23%。高层住宅的土地利用率最高，有效缓解了城市用地紧张等问题。此外，高层住宅的上层民居具有良好的采光和通风条件，能够有效提升居住的舒适性，且随着建造技术和建筑材料的发展，高层住宅已成为住宅建筑的主要类型。在本次调研中，其数量最多，共有 1 559 栋，约占总体的 43%，其中以 18 层最为常见。

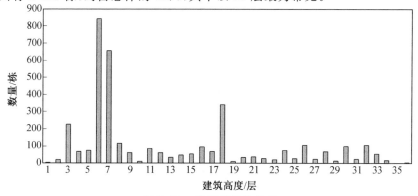

图 2.13　建筑高度的分布

（2）不同建筑类型组合形式的分布。

随着城市住区建设的发展，单一建筑高度的住区由于其单调的群体空间层次及相对过大的建筑密度，不仅降低了住区作为生活场所的活力，而且淡化了居民对住区的社区意识。因此，在城市住区建设中，这种建筑高度单一型的住区建设模式已较少被采用。为适应市场需求，通常将各种不同高度的住宅按照一定的比重和相互间的空间结构进行混合布置。这种建筑高度混合型住区因其适用性及多样化的空间布局方式，不仅高效合理地利用了城市土地资源，而且在改善住区环境，丰富城市空间景观等方面发挥着重要作用。

将本次调研的 156 个住区按照不同建筑类型组合形式进行统计分析，如图 2.14 所示。其中，高层住区因其较大的容积率和住房供应数量已逐渐成为城市住房建设的主要形式，其数量最多，占样本总量的 26.9%。多层与高层混合住区数量次之，占比为 19.9%，这种组合形式既可以通过高层住宅提高容积率和绿地率，同时又可以利用多层住宅平衡高层住宅的高资金投入，增加方案在经济上的可行性。中高层与高层混合住区数量占比为 13.5%。此外，多层住区、中高层住区，以及多层与中高层、高层混合住区数量相近，占比分别为 10.3%、9.0% 和9.0%。低层住宅与其他建筑类型的混合住区数量较少，共占样本总数的5.6%。

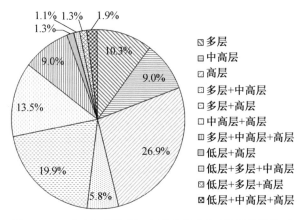

图 2.14　不同建筑类型组合形式的分布（彩图见附录 4）

1. 建筑平均高度

建筑平均高度是指在住区内地上建筑总体积与建筑基底总面积的比值（m）。建筑平均层数是指住区内地上建筑总面积与建筑基底总面积的比值（层）。建筑平均高度充分考虑了建筑物基底面积差异对均值特征的影响，是住区建筑的基底面积加权平均高度,可以反映该住区空间的平均建筑强度和不同的建筑物基底面积影响下建筑群的垂直空间差异。为了使建筑群体竖向控制要素之间更具可比性,本书以层数为单位描述建筑单位和群体的高度差异。

住区内建筑平均层数的分布如图 2.15 所示。其中,建筑平均高度的变化范围在 4 ~ 33 层之间,且在 6 ~ 29 层的住区共 147 个,占总体的 94.2%。建筑平均层数主要集中在 6 ~ 9 层,约占总体的 50.0%。其中,建筑平均层数为 7 层的住区最多,约占总数的 18.0%,建筑平均层数为 6 层、8 层和 9 层的住区分别约占总数的 14.0%、10.0% 和 6.0%。此外,建筑平均层数在 10 ~ 18 层、19 ~ 26 层和 27 ~ 33 层范围内的住区分别约占总体的 25.6%、15.4% 和 10.3%。

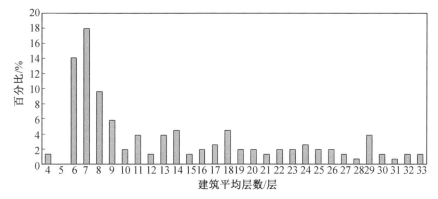

图 2.15　住区内建筑平均层数的分布

2. 最大建筑高度(层数)

最大建筑高度是指研究区域内的建筑高度最大值。该指标反映了建筑群体空间在竖向上的极大值特征以及该区域可达到的最大土地利用效率,即在目前地质条件和建造条件下建筑物可建造的最大高度,可用于衡量住区内部空间的利用潜力。同时,住区最大建筑高度可以作为住区三维空间的最显著特征。此外,最大建筑高度应在不危害公共空间安全、卫生和景观基础上,满足国家和当地城市规划行政主管部门对建筑高度控制的相关规定。

本调研通过研究建筑层数,得到了住区最大建筑高度的分布,如图 2.16 所示。在本次调研中,住区最大建筑高度的范围为 4 ~ 36 层,且主要集中在 6 ~ 34 层,约占总数量的 99.0%。其中,最大建筑高度为 32 层的住区数量最多,占比达到 11.5%。最大建筑高度为 6 层、7 层和 18 层的住区数量相近,所占比例约为 10.0%。最大建筑高度为 8 层、16 层、30 层和 33 层的住区数量次之,占比均约为 5.0%。

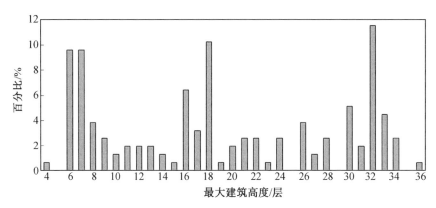

图 2.16   住区最大建筑高度的分布

3. 建筑高度起伏度

建筑高度起伏度指的是研究区域内建筑的最大高度与最小高度的差值。它从宏观上反映了住区竖向空间建筑高度的起伏程度,相对于建筑平均高度而言,相同的建筑平均高度会由于最大建筑高度和最小建筑高度的差异,导致住区立体空间的高低起伏特征有明显的差异。张涛和钱舒皓在城市中心建筑群体空间形态对物理环境影响的研究中,采用错落度指标(最大建筑高度与建筑平均高度的差值)来描述地块内建筑空间在竖向上的差异程度。周鹏在对武汉市居住空间三维测度和地域空间分异的研究中,利用起伏度指标(区域住宅的最大高度与最小高度的差值)来反映城市居住空间的高低差异特征和建筑的垂直变异程度。

本次调研通过研究建筑层数,得到了建筑高度起伏度。建筑高度起伏度的分布如图 2.17 所示。从分析结果可以看出,建筑高度起伏度的范围为 0 ～ 30 层。其中,大约 30.0% 的住区竖向空间起伏程度较小,建筑高度起伏度在 0 ～ 2 层之间。建筑高度起伏度为 0 层的住区约占总体的 17.3%,说明在本次调研中接近 20.0% 的住区内建筑高度完全相同,80.0% 的住区竖向空间存在起伏变化。建筑高度起伏度在 10 ～ 12 层范围内的住区数量次之,约占总体的 20.0%。建筑高度起伏度在 4 ～ 6 层和 7 ～ 9 层范围内的住区数量相近,所占比例分别约为 7.7% 和 9.0%。此外,约有 30% 的住区竖向空间起伏程度极大,建筑高度起伏度在 13 层及以上。

4. 建筑高度离散度

建筑高度离散度指的是研究区域内建筑高度的标准差。它通过计算各建筑高度与平均高度差平方的算数平均数的平方根来得到,能够客观准确地反映住

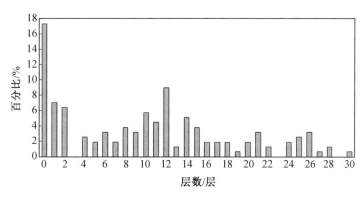

图 2.17　建筑高度起伏度的分布

区内建筑之间高度的差异程度。该控制要素是在建筑平均高度、最大建筑高度和建筑高度起伏度的基础上,对住区内建筑个体之间的差异情况进行较为准确的评估。建筑高度离散度大,表明建筑之间高度差异性显著,空间层次较为丰富;建筑高度离散度小,表明建筑之间高度差异性小,该住区竖向建筑空间较为整齐。建筑高度离散度的计算公式如式(2.2)所示。

$$H_{std} = \sqrt{\frac{1}{n} \cdot \sum_{i=1}^{n} (H_i - H_{avg})^2} \qquad (2.2)$$

式中　　H_{std}——建筑高度离散度,m;

　　　　H_i——第 i 栋建筑的高度,m;

　　　　H_{avg}——建筑平均高度,m;

　　　　n——建筑数量。

　　本次调研通过研究建筑层数,得到了建筑高度离散度。建筑高度离散度的分布如图 2.18 所示。从分析结果中可以看出,建筑高度离散度的范围为 0 ～ 12 层,且主要集中在 0 ～ 6 层,占比为 83.9%。其中,建筑高度离散度为 0 层的住区数量最多,占比达到 25.0%。建筑高度离散度在 1 ～ 3 层和 4 ～ 6 层范围内的住区数量相近,所占比例均约为 30.0%。建筑高度离散度在 7 ～ 9 层之间的住区占总数的 11.6%,其建筑之间高度差异显著。此外,4.5% 的住区内建筑高度变化极为显著,其建筑高度离散度在 10 层及以上。

　　图 2.19 给出了不同建筑高度离散度中各建筑群体平面组合形式的比例。当建筑高度离散度为 0 层时,周边式布局数量最多,约占总体的 50.0%;行列式和混合式(行列式＋周边式)布局数量次之,所占比例分别约为 13.0% 和 31.0%。当建筑高度离散度在 1 ～ 8 层范围内时,住区建筑群体平面组合形式主要采用行列式、周边式和混合式(行列式＋周边式),其中在大多数情况下,行列式和混合

式布局数量相近,而周边式布局则相对较少。

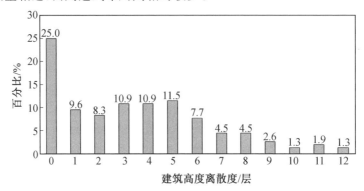

图 2.18   建筑高度离散度的分布

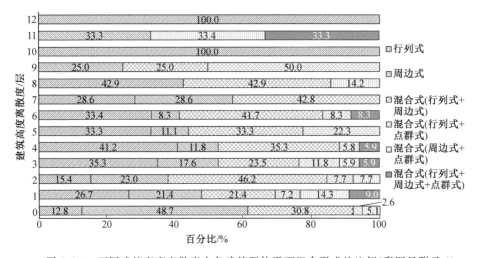

图 2.19   不同建筑高度离散度中各建筑群体平面组合形式的比例(彩图见附录 4)

2.3   本 章 小 结

本章以哈尔滨市为例,针对严寒地区城市住区形态特征展开调查。通过描述性统计,分析了住区形态控制要素的范围及分布特征,为后续研究奠定基础。

本研究利用卫星影像、图纸资料和现场测绘相结合的方式,对住区形态控制要素进行调查,统计分析住区场地整体控制要素、建筑群体水平控制要素、建筑群体竖向控制要素的范围及分布特征,得出了住区用地面积主要集中在 4.1 ～

12.0 hm² 之间,占总数的 65% 以上;住区边界形状主要分为矩形、多边形、L 形、梯形及三角形,其中以矩形和多边形为主;容积率主要集中在 1.51 ～ 2.50 之间,占比约为 50%;建筑群体平面组合形式包括行列式、周边式和混合式,分别占比为27.6%、23.7% 和 48.7%;建筑群体方向主要集中在 −15°～15° 之间,占比约为 60%;建筑密度主要集中在 15%～30% 之间,占比约为 70%;平面围合度主要集中在 0.51～0.80 之间,占比约为 80%;建筑平均层数的范围为 4～33 层,主要集中在 6～9 层之间,占比约为 50%;最大建筑高度的范围为 4～36 层;建筑高度起伏度的范围为 0～30 层,其中 0 层占比约为 17%;建筑高度离散度的范围为0～12 层,且主要集中在 0～6 层之间,占比约为 84%。

第 3 章

城市住区微气候特征实测研究

掌 握严寒地区城市住区微气候现状,是发现问题并进行深入研究的基础。现场实测是描述和评价微气候特征的必要途径,也是数值模拟计算准确性验证的重要依据。本章首先采用资料调查的方法对严寒地区气候特征和哈尔滨市 1999 ～ 2018 年的气象数据进行统计分析;其次,通过对哈尔滨市典型住区微气候进行现场实测,得出严寒气候条件下和不同季节气候条件下住区微气候特征以及不同空间类型的微气候差异,为后文住区微气候和建筑能耗的研究提供基础数据支持。

3.1　严寒地区城市气候特征

气候特征是影响微气候和建筑能耗的重要因素,本节主要针对东北严寒地区气候特征及哈尔滨市近年来气候特征进行分析。东北严寒地区的气候类型属于地理学的中温带气候和北温带气候。《建筑气候区划标准》(GB 50178－1993)以累年 1 月、7 月平均气温及 7 月平均相对湿度作为主要指标,以年降水量、年日平均气温不超过 5 ℃ 和不低于 25 ℃ 的天数作为辅助指标,将全国划分为 7 个气候分区。其中,Ⅰ区包含了东北严寒地区的全部范围,其气候特征主要表现为四季分明,冬季严寒干燥且漫长,夏季相对凉爽且短暂,气温年较差较大;冰冻期长,积雪厚,冻土深;太阳辐射量大,日照丰富;冬半年多大风。

本节采用的气象数据资料来源于国家气象信息中心,选取 1981 ~ 2010 年中国地面气候背景数据对东北严寒地区气候特征进行分析。此外,以中国地面气候资料日值数据集中哈尔滨气象台站(区站号:50 953,经度:126°46′E,纬度:45°44′N,观测场海拔高度:142.3 m)在 1999 ~ 2018 年的观测数据为依据,对哈尔滨市近 20 年的气候特征及气候变化进行具体分析,其中,选取的气候要素主要包括空气温度、相对湿度、太阳辐射、风速与风向。

3.1.1　空气温度与相对湿度

空气温度(气温)可反映出某地区的冷暖程度以及当地蕴含的热量资源。相对湿度是空气中实际水汽压与相同温度和气压下饱和水汽压的百分比,主要受空气含水量、温度、海拔等因素的影响。空气温度和相对湿度对微气候舒适性及建筑能耗具有重要影响,且在空间分布上存在较大差异。

我国东北严寒地区年日平均气温低于或等于 5 ℃ 的天数大于 145 天,气温年较差为 30 ~ 50 ℃,年平均气温日较差为 10 ~ 16 ℃,且 3 ~ 5 月平均气温日较差最大,可达 25 ~ 30 ℃,极端最低气温普遍低于 －35 ℃。通过对 1981 ~ 2010 年东北严寒地区气象数据的统计,发现累年平均最高和最低气温分别为 8 ～ 19 ℃ 和 −8 ～−4 ℃,而位于东北最北部的漠河等地的累年平均最低气温在 −11 ℃ 以下。东北严寒地区空气温度受纬度影响较大,呈现南高北低的趋势。最冷月(1月)平均气温在 −30 ～−10 ℃ 之间,且南北温差显著;最热月(7月)平均气温为 15 ～ 25 ℃,南北温差相对较小。

我国东北严寒地区年平均相对湿度为 50% ～ 70%,年降水量为 200 ～ 800 mm,雨量主要集中在 6 ～ 8 月,年雨天数为 60 ～ 160 天。通过分析 1981 ～ 2010 年东北严寒地区相对湿度数据,可知位于最北方的漠河等地的相对湿度最大,林区、山区和平原地区的相对湿度依次减小。东北大部地区最冷月(1月)平均相对湿度在 60% ～ 80% 之间,且呼伦贝尔市西部及小兴安岭地区相对湿度较高;最热月(7月)相对湿度主要在 70% ～ 90% 之间,且长白山脉地区的相对湿度较高。

图 3.1 展示了 1999 ～ 2018 年哈尔滨市累年气温和相对湿度的变化情况。由图可知,哈尔滨市近 20 年平均气温、平均最高气温和平均最低气温分别约为 5.2 ℃、10.5 ℃ 和 0.1 ℃,累年气温变化表现出一定的波动性,且变化趋势具有较高的一致性。在 1999 ～ 2009 年间,气温波动幅度较大,2007 年气温上升至近 20 年最高点,年平均温度约为 6.6 ℃;在 2010 ～ 2018 年间气温变化相对较小,呈现在波动中略有上升的趋势。近 20 年平均相对湿度约为 64.1%,累年相对湿度波动较大,变化趋势与气温大致相反。1999 ～ 2006 年间相对湿度在波动中逐渐下降,到 2006 年降至近 20 年来最低点,年平均相对湿度约为 57.4%,随后逐渐上升,并在 2010 年相对湿度达到近 20 年的最大值,约为 70.5%。

图 3.2 展示了 1999 ～ 2018 年哈尔滨市累年各月平均气温和平均相对湿度的变化情况。由图可知,全年月平均气温变化范围为 −17.5 ～ 23.8 ℃。其中,1月气温最低,月平均气温、月平均最高气温和月平均最低气温分别约为 −17.5 ℃、−12.2 ℃ 和 −22.3 ℃;7月气温最高,月平均气温、月平均最高气温和月平均最低气温分别约为 23.8 ℃、28.2 ℃ 和 19.5 ℃。此外,近 20 年哈尔滨平均气温年较差为 41.3 ℃。哈尔滨市月平均相对湿度波动幅度较大,其中 4 月平均相对湿度最低,约为 48.3%,之后相对湿度逐渐上升,8月达到全年最高值,约为 75.6%,随后再次下降至 10 月,月平均相对湿度为 59.9%。

由于东北严寒地区四季分明,气候差异较大,本书选取具有各季节典型气候特征的月份作为典型月(冬季:1月,春季:4月,夏季:7月,秋季:10月),对其累年平均气温和平均相对湿度的变化情况进行分析,进而更加深入地了解哈尔滨市不同季节温湿度差异及逐年变化情况。

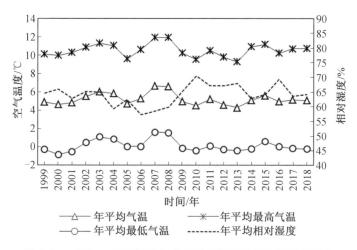

图 3.1　1999～2018 年哈尔滨市累年气温和相对湿度的变化

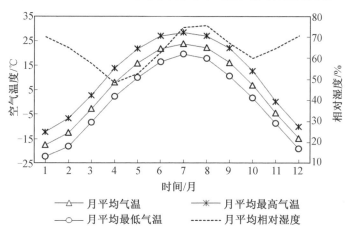

图 3.2　1999～2018 年哈尔滨市累年各月平均气温和平均相对湿度的变化

图 3.3 展示了 1999～2018 年哈尔滨市累年各季节典型月平均气温的变化情况。由图可知,四季累年气温变化均存在一定的波动性,其中夏季气温波动幅度最小,春、秋季节变化幅度适中,冬季变化幅度较大。从各季节累年平均气温的变化趋势分析,冬季总体呈下降趋势,春、秋季略有上升,在 2009～2018 年间夏季略有上升的趋势。此外,近 20 年冬、春、夏、秋季的典型月的平均气温变化范围分别为 −22.8～−11.5 ℃、4.0～13.3 ℃、22.2～25.2 ℃、4.2～8.9 ℃。

图 3.4 展示了 1999～2018 年哈尔滨市累年各季节典型月平均相对湿度的变化情况。由图可知,四季相对湿度波动幅度较大,变化趋势存在不确定性。各季节相对湿度由大至小分别为夏季、冬季、秋季、春季,其典型月平均相对湿度变化

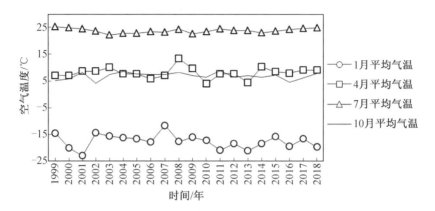

图 3.3   1999～2018 年哈尔滨市累年各季节典型月平均气温的变化

范围分别为 62.4%～83.2%、57.9%～80.7%、51.2%～68.3%、36.4%～62.8%。

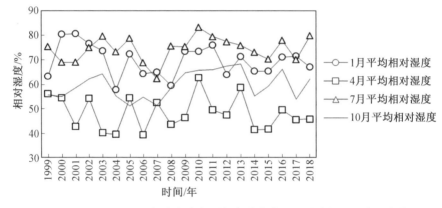

图 3.4   1999～2018 年哈尔滨市累年各季节典型月平均相对湿度的变化

3.1.2   太阳辐射

太阳辐射是最基本的气候要素,其作为地球光热能和大气运动的主要能量来源,对空气温度、相对湿度等均具有重要影响,同时也是影响建筑能耗的主要因素之一。

东北严寒地区年太阳总辐射强度为 140～200 W/m²,年日照时数为 2 100～3 100 h,年日照率为 50%～70%。冬季日照率偏高,可达 60%～70%。由于东北严寒地区大多在北纬 40° 以北,太阳高度角较小,因此日照间距比纬度低的南方地区大得多。在最热月(7月),东北严寒地区北部及东南部长白山脉地区的总云量相对较高,其他地区总云量并无较大差异;在最冷月(1月),大兴安岭、小兴安岭及长白山脉地区总云量相对较高;总体来看,7月平均总云量明显高于1月。

东北严寒地区最冷月(1月)和最热月(7月)的平均总日照时数分别为120～240 h和160～280 h,且不同地区日照时数差异较大,西南部地区相对较高。

图3.5展示了1999～2018年哈尔滨市累年总日照时数的变化情况。由图可知,年日照时数变化幅度较大,且主要集中在2 000～2 400 h范围内。近20年平均年日照时数约为2 234 h,其中2001年总日照时数最高,为2 600 h,2012年总日照时数最低,仅为1 774 h。

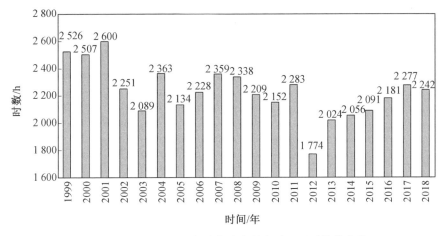

图 3.5　1999～2018 年哈尔滨市累年总日照时数的变化

图3.6展示了哈尔滨市近20年各月平均总日照时数。由于哈尔滨市冬季太阳高度角较小,1月、11月和12月的平均总日照时数均不足125 h。其中,12月平均总日照时数最小,仅为103 h;3～6月的平均总日照时数相对较大,均在210 h左右;7～9月次之,月平均总日照时数在200 h左右。

3.1.3　风速与风向

风是由太阳辐射热引起的空气流动现象,其不仅直接影响人体皮肤表面与环境的对流换热以及皮肤表面的水分蒸发,进而影响人体热舒适,还会对建筑能耗和室内温湿度及换气量产生一定作用。

东北严寒地区年平均风速为2～5 m/s,其中3～5月平均风速最大,为3～6 m/s,年大风日数一般为10～50天。此外,根据1981～2010年的风向数据可知,冬季主导风向主要为N、NNW与NNE,夏季以S与SSE为主。最冷月(1月)

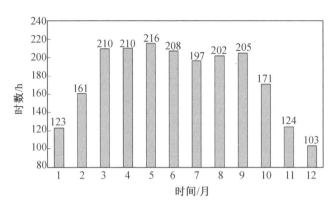

图 3.6　哈尔滨市近 20 年各月平均总日照时数

不同地区风速差异较大,部分地区平均风速可达 5 m/s;最热月(7 月)风速分布较为均匀,主要为 1～3 m/s;北部和长白山脉地区风速均相对较小。

表 3.1 给出了 1999～2018 年哈尔滨市累年各月平均风速与风向的情况。4 月和 5 月风速最大,平均风速分别为 3.3 m/s 和 3.2 m/s,平均最大风速分别达到 6.7 m/s 和 6.5 m/s;3 月、10 月、11 月风速次之,平均风速为 2.5～2.8 m/s,平均最大风速为 5.1～5.8 m/s;其他月份风速相对较小,平均风速为 2.1～2.4 m/s,平均最大风速为 4.3～5.5 m/s。此外,各月最大风速的主要风向以 WSW、SW 和 W 最为普遍。

表 3.1　1999～2018 年哈尔滨市累年各月平均风速与风向

气象参数	月份											
	1	2	3	4	5	6	7	8	9	10	11	12
平均风速 /(m·s⁻¹)	2.1	2.4	2.8	3.3	3.2	2.4	2.2	2.2	2.2	2.5	2.6	2.2
平均最大风速 /(m·s⁻¹)	4.4	4.9	5.8	6.7	6.5	5.5	4.8	4.7	4.8	5.2	5.1	4.3
最大风速的主要风向	WSW, W, SW	SW, WSW, W	WSW, SW, W	WSW, SW, W	SW, WSW, NNW	SW, WSW, W	SW, WSW, S	WSW, SW, W	WSW, SW, SSW	WSW, SW, WNW	WSW, SW, W	SW, WSW, W

注:风向以 16 方位表示。N、E、S 和 W 分别表示北风、东风、南风和西风。

图 3.7 所示为 1999～2018 年哈尔滨市累年各季节典型月平均风速的变化。由图可知,各季节典型月累年风速变化幅度较大,1999～2012 年间各典型月平均风速呈下降趋势,随后至 2018 年总体呈上升趋势。此外,近 20 冬、春、夏、秋

季的典型月的平均风速变化范围分别为 1.3～3.3 m/s、2.6～4.1 m/s、1.0～3.0 m/s、1.8～3.7 m/s。

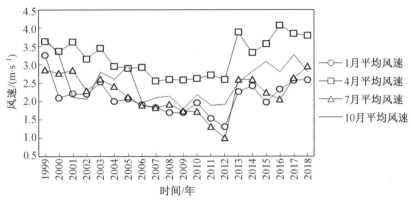

图 3.7　1999～2018 年哈尔滨市累年各季节典型月平均风速的变化

3.2　严寒气候条件下住区微气候特征实测分析

3.2.1　现场实测地点及时间

1.现场实测地点选择

现场实测地点选择在严寒地区典型城市——哈尔滨市的滨江居住小区和内陆居住小区。两处小区的水平距离为 3 000 m,均位于哈尔滨城市中心区域,建筑密度相近且下垫面相同,这样可以避免城市热岛效应本身导致的差异对测试结果造成影响。滨江居住小区——河松小区、观江首府和河源小区位于哈尔滨市道里区,距离松花江南界 395 m,北临顾乡公园。河松小区内主要为围合式布局,观江首府内为行列式布局,河源小区内为行列式布局。住区内建筑朝向均为南偏东 10°,建筑密度为 26.76%。内陆居住小区——宏业小区位于哈尔滨市南岗区,距离松花江南界 3 200 m,小区内均为围合式、行列式布局,建筑朝向为南偏东 29°,建筑密度为 26.59%。在测试期间,松花江江面已结冰,且覆盖大量积雪,公园及住区内乔、灌木均已落叶。

2.测试时间及气象状况说明

测试时间为 2016 年 1 月 14 日 9:00～17:00。中央气象台发布的气象数据显示,2016 年 1 月 14 日,哈尔滨市天气晴,空气温度为 -17.2～-27.9 ℃,相对湿度为 17.7% ～ 40.9%。风速为 0.23 ～ 2.09 m/s,平均风速为 0.91 m/s,主风向为东北。 太阳总辐射强度为 0 ～ 628 W/m²,太阳散射辐射强度为 0 ～ 163 W/m²,太阳辐射的变化如图 3.8 所示。测试当日具备哈尔滨市冬季典型气候条件。

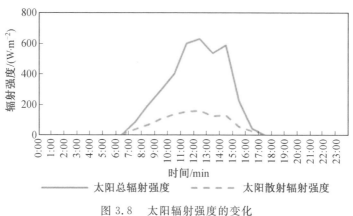

图 3.8　太阳辐射强度的变化

3.2.2　现场实测内容及方法

1.测点设置说明

测试共设置 10 个测点,滨江居住小区内共设置 8 个测点,内陆居住小区内设置 2 个测点,测点设置如图 3.9 所示,测点设置说明见表 3.2。

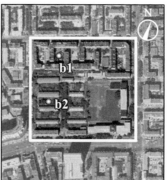

(a)滨江居住小区测点设置　　　　　　(b)内陆居住小区测点设置

图 3.9　测点设置示意图

表 3.2　测点设置说明

测点	测点位置	周边环境	居住小区类型
b1	围合式建筑布局内部	四周为 7 层住宅	内陆
b2	行列式建筑布局内部	南北均为 7 层板式住宅,住宅间距为 30 m	内陆
a1	围合式建筑布局内部	四周为 7 层住宅	滨江
a2	行列式建筑布局内部	南北均为 7 层板式住宅,住宅间距为 35 m	滨江
c1	小区临江入口处	入口宽度为 16 m	滨江
c2	围合式建筑布局内部	四周为 7 层住宅	滨江
c3	广场中央	四周无建筑遮挡	滨江
c4	半围合式建筑布局中央	西侧为 8 层点式住宅,东侧为 7 层 L 形住宅	滨江
c6	行列式建筑布局内部	北侧为 18 层板式住宅,南侧为 7 层板式住宅,住宅间距为 90 m	滨江
c7	行列式建筑布局内部	南北均为 33 层板式住宅,住宅间距为 65 m	滨江

2. 测试内容及测试仪器

测试内容为采用定点测试的方法,对居住小区内距地面 1.5 m 高度处的空气温度、黑球温度及风速与风向进行测试。测试仪器包括温湿度采集记录器、黑球温度采集记录器和手持式风速仪,其详细参数见表 3.3。测试前已对测试仪器进行校准与比对,确认误差在可接受范围内。测试仪器自动记录数据间隔均为 1 min,但为了更加清晰地表示测点数据的变化情况,将数据变化曲线标记为每 30 min 的平均值。测试中温、湿度采集记录器被放置在自制铝箔套筒内,以防止太阳辐射和地面、墙面等环境的长波辐射对其产生影响,并与黑球温度采集记录器、手持式风速仪一起用支架固定在距离地面 1.5 m 高度处。测试仪器及周边环境如图 3.10 所示。

表 3.3　测试仪器

仪器名称	仪器型号	仪器精度	测量范围
温湿度采集记录器	BES－02	温度:不大于 0.5 ℃ 湿度:不大于 3% RH	－30～50 ℃ 0%～99% RH
黑球温度采集记录器	BES－01	温度:不大于 0.5 ℃	－30～50 ℃
手持式风速仪	NK4500	风速:不大于 0.1 m/s 风向:不大于 5°	0.4～60 m/s 0～360°

图 3.10　测试仪器及周边环境

3. 风冷温度计算方法

风冷温度(wind chill temperature，WCT)是综合考虑空气温度和风速对环境寒冷程度影响的评价指标。其计算公式为

$$\text{WCT} = 13.12 + 0.621\,5 \cdot t - 11.37 \cdot v_{10}^{0.16} + 0.396\,5 \cdot t \cdot v_{10}^{0.16} \quad (3.1)$$

式中　　WCT——风冷温度，℃；

v_{10}——标准气象观测站 10 m 高度处的风速，km/h；

t——空气温度，℃。

如果测试的是 1.5 m 高度处的风速，则应将 v_{10} 乘以 1.5 后代入公式。当 $v_{10} \leqslant 4.8$ km/h 时，可以视为静风状态，此时风冷温度与实际气温相等。风冷温度对应热感觉的分级标准见表 3.4。

表 3.4　风冷温度对应热感觉的分级标准

分级	风冷温度 /℃	热感觉
1	−10 ～−24	寒冷
2	−25 ～−34	非常寒冷
3	−35 ～−59	异常寒冷
4	−60 以下	极度寒冷

3.2.3　微气候测试结果分析

1. 滨江与内陆居住小区热环境的差异分析

(1) 测点数据逐时变化分析。

滨江与内陆居住小区空气温度与黑球温度的逐时变化分别如图 3.11、图 3.12 所示。滨江居住小区的温度明显低于内陆居住小区，且午间时段(12:00 ～

14:00)温度相差最大。其中,围合式布局空气温度最大差值约为3.8 ℃,行列式布局最大差值约为4.0 ℃;围合式布局黑球温度最大差值约为4.1 ℃,行列式布局最大差值约为7.0 ℃。通过对比各测点的最高温度出现时间,发现滨江小区内最高温度出现在13:30,比内陆小区早30 min。

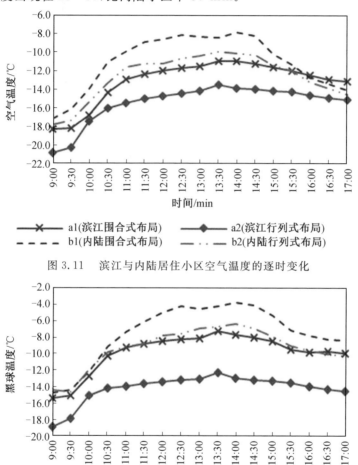

图 3.11 滨江与内陆居住小区空气温度的逐时变化

图 3.12 滨江与内陆居住小区黑球温度的逐时变化

MURAKAWA 等研究指出,日本大田江沿岸的空气温度比远离江水区域低3～5 ℃。而本书的分析结果显示,滨江与内陆居住小区内部空气温度相差1～4 ℃。虽然研究地点与气候条件有所不同,但本书的分析结果与前人的研究基本一致。

　　滨江与内陆居住小区风速的逐时变化如图3.13所示。各测点风速变化曲线波动较大，且无明显的变化规律。但滨江居住小区内风速大于内陆居住小区，其中，围合式布局风速相差较小，而行列式布局风速相差较大，最大可达到2 m/s。

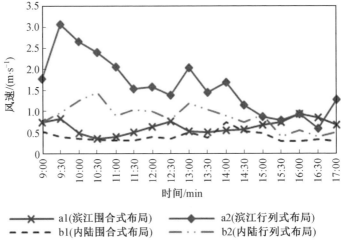

图3.13　滨江与内陆居住小区风速的逐时变化

　　滨江与内陆居住小区风冷温度的逐时变化情况如图3.14所示。各测点在9：00～9：30风冷温度达到最低，随后逐渐升高，且各测点间风冷温度差值也随之减小。滨江居住小区行列式布局风冷温度波动最大，且在9：30达到最低值，

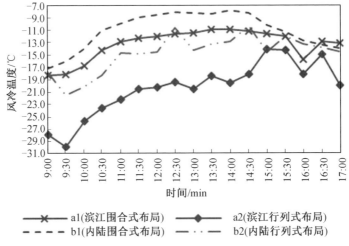

图3.14　滨江与内陆居住小区风冷温度的逐时变化

为 − 29.84 ℃,热感觉为非常寒冷。内陆居住小区风冷温度波动相对平缓,热感觉一直为寒冷。

(2) 测点数据平均值分析。

滨江与内陆居住小区测点空气温度、风速及风冷温度的平均值见表 3.5。滨江居住小区平均空气温度和黑球温度明显低于内陆居住小区,围合式布局和行列式布局内平均空气温度分别相差 2.06 ℃ 和 2.84 ℃,平均黑球温度分别相差 2.38 ℃ 和 4.93 ℃。形成此温度差值的原因为滨江居住小区北临松花江,相对开阔,而内陆居住小区周边建筑密集,相对封闭,居民生活、交通运输、建筑物等向外排放更多热量,且热量难以散失,从而导致上述差异的产生。

滨江居住小区行列式布局平均风速最大,为 1.60 m/s,比内陆居住小区大 0.73 m/s。围合式布局平均风速相差较小,滨江居住小区比内陆小区大 0.23 m/s。产生此种现象的原因在于滨江居住小区北临松花江,该江段宽为 1.3 km,测试期间主导风向为东北向,导致江面形成巨大“风道”,影响着整个滨江区域。相比之下,内陆居住小区周围建筑密集、道路纵横,粗糙的城市下垫层增加了对风的阻力,导致风速降低。这也使得内陆居住小区内部热量不易散失,成为滨江与内陆居住小区温差形成的另一个原因。

与内陆居住小区相比,滨江居住小区的寒冷程度较高,热舒适度较低。滨江居住小区行列式布局和围合式布局平均风冷温度分别为 − 21.18 ℃ 和 − 13.12 ℃,比内陆居住小区分别低 9.12 ℃ 和 2.06 ℃。

表 3.5   滨江与内陆居住小区测点空气温度、风速及风冷温度的平均值

微气候参数	测点编号及位置			
	a1 滨江围合式 布局	a2 滨江行列式 布局	b1 内陆围合式 布局	b2 内陆行列式 布局
空气温度 /℃	− 13.12	− 15.44	− 11.06	− 12.60
黑球温度 /℃	− 9.78	− 14.17	− 7.40	− 9.24
风速 /(m · s⁻¹)	0.63	1.60	0.40	0.87
风冷温度 /℃	− 13.12	− 21.18	− 11.06	− 12.06

2.滨江居住小区建筑布局对热环境的影响分析

(1) 测点数据逐时变化分析。

滨江居住小区各测点空气温度及黑球温度的逐时变化分别如图 3.15、图

3.16 所示。从 9：00 ~ 11：00 各点空气温度逐渐升高,至午间时段(11：00 ~ 14：00)空气温度趋于稳定,且达到最高,随后空气温度逐渐下降。黑球温度也存在相同的变化规律。空气温度整体变化趋势与测试期间太阳辐射强度变化趋势基本一致,测点间的空气温度差值会随着太阳辐射强度的提高有所增大。

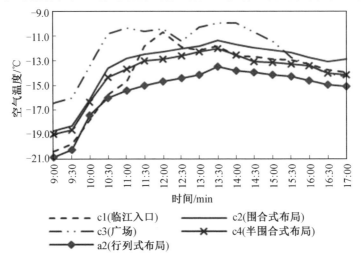

图 3.15　滨江居住小区各测点空气温度的逐时变化

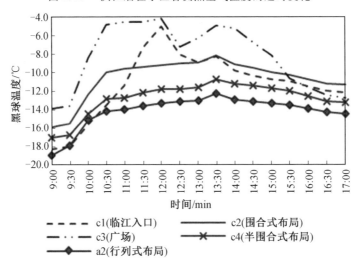

图 3.16　滨江居住小区各测点黑球温度的逐时变化

此外,广场处空气温度曲线变化幅度较大,且在 14：00 之前空气温度明显高于其他测点,最大差值约为 4.1 ℃。随后在下午时段,空气温度下降,且下降速度明显大于其他测点,黑球温度也存在同样的变化规律,并且更加明显。这是因为小区广场四周开敞空旷,无建筑遮挡,所受太阳辐射影响最大,但热量也容易散失,所以当太阳辐射强度较大时,空气温度明显高于其他测点。然而,随着太阳高度角变小,太阳辐射强度逐渐减弱,空气温度也随之快速下降。

围合式布局、半围合式布局和行列式布局内空气温度曲线波动相对平缓,且接近平行。这是因为冬季哈尔滨太阳高度角小,测点 c2、c4 和 a2 始终处于建筑阴影当中,基本没有接受到太阳直射,主要影响其空气温度的是散射辐射和地面及建筑墙体的长波辐射,所以空气温度曲线波动相对平缓。

临江入口处在 12：00 空气温度出现峰值,且在峰值前后曲线斜率较大,空气温度发生明显变化,黑球温度也同样存在以上现象,且变化程度更加明显。这是因为在 11：00 ～ 12：00 之间,太阳直射临江入口处,导致空气温度急剧上升。然而,随后建筑阴影遮挡了阳光,使黑球温度快速下降约 4 ℃。可见,建筑阴影会削弱太阳辐射对空气温度的提升作用。

滨江居住小区各测点风速的逐时变化如图 3.17 所示。行列式布局内风速变化曲线波动最大,且明显大于其他测点,最大差值约为 2.6 m/s。广场处次之,而临江入口处、围合式布局及半围合式布局内风速相对平稳,且较为接近。临江入口处在 13：00 ～ 14：00 风速较大,出现峰值,并且此时空气温度也略微下降。这说明当太阳辐射强度较弱时,风速对空气温度的影响较大。

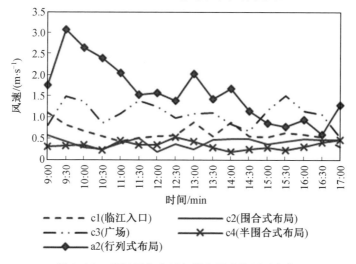

图 3.17　滨江居住小区各测点风速的逐时变化

滨江居住小区各测点风冷温度的逐时变化如图 3.18 所示。行列式布局内风冷温度日间波动最大,且寒冷程度明显高于其他测点,在 9：00 ～ 10：00 热感觉一直为非常寒冷。广场和临江入口处寒冷程度次之,而围合式布局和半围合式布局内风冷温度最高,且波动相对平稳,热感觉始终为寒冷。

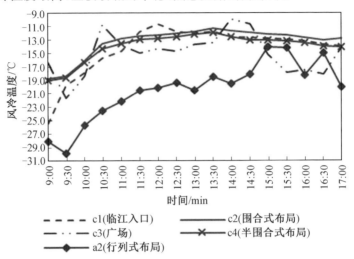

图 3.18　滨江居住小区各测点风冷温度的逐时变化

（2）测点数据平均值分析。

滨江居住小区各测点空气温度、风速及风冷温度的平均值见表 3.6。平均空气温度和黑球温度的最高值在广场处,分别为 $-12.22\ ℃$ 和 $-8.24\ ℃$。这是因为 c3 点在太阳光直射下,而且太阳辐射是冬季室外环境得热的最主要来源,所以广场处平均空气温度最高。围合式布局内平均空气温度为 $-13.32\ ℃$,比半围合式布局和临江入口处分别高 $0.70\ ℃$ 和 $0.74\ ℃$。行列式布局内平均空气温度最低,为 $-15.44\ ℃$。平均黑球温度差异趋势与空气温度基本相同,且测点间差值更大。

表 3.6　滨江居住小区各测点空气温度、风速及风冷温度的平均值

微气候参数	测点编号及位置				
	c1	c2	c3	c4	a2
	临江入口	围合式布局	广场	半围合式布局	行列式布局
空气温度 /℃	-14.06	-13.32	-12.22	-14.02	-15.44
黑球温度 /℃	-11.28	-10.59	-8.24	-12.76	-14.17
风速 /(m·s⁻¹)	0.63	0.34	1.08	0.41	1.60
风冷温度 /℃	-14.06	-13.32	-15.98	-14.02	-21.18

由此可见,冬季太阳辐射对居住小区内空气温度提升的作用效果最大;其

次,建筑布局围合程度越高,墙体面积越大,释放的长波辐射热量相对较多,且热量不易散失,可提高环境温度。

平均风速最大的是行列式布局内 a2 点,为 1.60 m/s,明显大于其他测点。这是因为测试期间的主导风向为东北向,该测点处出现了狭管效应。广场处风速次之,为 1.08 m/s,由于广场四周相对空旷,无建筑遮挡,所以此处风速较大。围合式建筑布局与半围合式建筑布局内部由于受到建筑遮挡,所以平均风速较小,分别为 0.34 m/s 和 0.41 m/s。李维臻、麻连东均运用数值模拟的方法对寒地住区冬季风环境进行分析,研究指出冬季行列式布局风环境最差,围合式布局风环境相对舒适,两者日平均风速相差约 1.5 m/s。该研究结果与本书基本一致,存在的差值是由数值模拟的边界条件设置导致的。

行列式布局内平均风冷温度最低,为 −21.18 ℃,寒冷程度最高。广场和临江入口处平均风冷温度次之,分别为 −15.98 ℃ 和 −14.06 ℃。围合式布局和半围合式布局内平均风冷温度最高,分别为 −13.32 ℃ 和 −14.02 ℃,热舒适性相对较高。

从上述研究可知,冬季滨江居住小区行列式布局内部寒冷程度较高,热舒适性较差。但是近年来新建滨江居住小区为获取更好的景观视野及室内采光、通风,多采用行列式布局。

滨江居住小区行列式布局内各测点空气温度、风速及风冷温度的平均值见表 3.7。c6 点平均空气温度和黑球温度略高于 c7,且明显高于 a2,分别相差 1.73 ℃ 和 2.24 ℃。c7 点平均风速明显偏大,比 c6 大 1.03 m/s,比 a2 大 0.61 m/s。c6 点平均风冷温度最高,比 c7 高 2.39 ℃,比 a2 高 3.18 ℃。这说明增大行列式布局建筑间距能够有效削弱布局内部狭管效应,提升布局内部温度,从而降低布局内部寒冷程度,提高热舒适性。不过,临江侧开口设计对布局内部风环境及寒冷程度的影响也很大。

表 3.7　滨江居住小区行列式布局内各测点空气温度、风速及风冷温度的平均值

微气候参数	测点编号		
	a2	c6	c7
空气温度 /℃	−15.44	−13.71	−13.72
黑球温度 /℃	−14.17	−11.93	−12.44
风速 /(m·s⁻¹)	1.60	1.18	2.21
风冷温度 /℃	−21.18	−18.00	−20.39

3.3 不同季节气候条件下住区微气候特征对比实测分析

3.3.1 现场实测地点及时间

1.现场实测地点选择

现场实测地点选择在哈尔滨市的河松小区(一期)、河松小区(二期)、河源小区和观江首府,以上住区位置相邻,且均位于城市中心区域。这些住区的建成时间在 1999 ～ 2012 年之间,建筑群体方向均为 10°(南偏东 10°),住区内部建筑外立面均由浅色涂料装饰,且下垫面材料主要为混凝土和水泥铺砖。表3.8给出了所选住区主要形态要素的统计情况。

表 3.8 住区主要形态要素的统计

住区名称	用地面积 /m²	建筑密度 /%	容积率	建筑平均层数 / 层	建筑群体平面组合形式
河松小区(一期)	133 089	25.6	1.99	8	围合式＋点群式
河松小区(二期)	77 180	28.4	2.01	7	行列式＋围合式＋点群式
河源小区	90 621	21.8	1.62	7	行列式
观江首府	33 368	22.5	7.04	31	行列式＋围合式

由前文哈尔滨市住区形态特征的调查分析结果可知,住区容积率变化范围主要集中在 1.51 ～ 2.50,建筑密度变化范围主要集中在 15％ ～ 30％,建筑群体方向 0° ～ 15°占比较大(南向至南偏东 15°),建筑平均层数以 6 ～ 9 层最为普遍,且建筑群体平面组合形式主要以行列式与周边式为主。本研究现场实测所选住区形态不仅符合哈尔滨市住区建设现状的普遍规律,还包括高层住区导致极高容积率的特殊情况。因此,该测试地点具有较高的典型性和代表性,具体说明如图 3.19 所示。

图 3.19 测试地点说明

2. 测试时间及气象状况说明

为了解不同气候条件下严寒地区城市住区微气候状况,分别选择在具备各季节典型气候特征的时间进行现场实测。其中,春季的测试日为 2016 年 4 月 28 日,夏季为 2016 年 7 月 18 日,秋季为 2016 年 10 月 14 日,冬季为 2017 年 1 月 11 日。测试当日天气均为晴,且平均空气温度、平均相对湿度和平均风速均处于哈尔滨市各季节典型月气象参数的累年平均值变化范围内,测试当日主导风向也与各季节典型月相同。由此可见,测试日具备各季节的典型气候特征,测试结果具有较强的代表性。测试当日气象数据从哈尔滨市气象台站获得,各气象参数具体信息见表 3.9。测试当日空气温度、相对湿度及太阳辐射强度逐时数据分别如图 3.20 和图 3.21 所示。

表 3.9 测试当日气象参数信息

季节 (测试日期)	平均空气温度 /℃	平均相对湿度 /%	平均风速 / 最大风速 /(m·s⁻¹)	主导风向
春季 (2016.4.28)	12.2	41	3.8/7.1	WSW
夏季 (2016.7.18)	24.5	64	1.15/3.7	SW

续表3.9

季节 (测试日期)	平均空气温度 /℃	平均相对湿度 /%	平均风速／最大风速 /(m·s⁻¹)	主导风向
秋季 (2016.10.14)	8.6	63	2/3.8	WSW
冬季 (2017.1.11)	−21.2	60	2.45/4.7	W

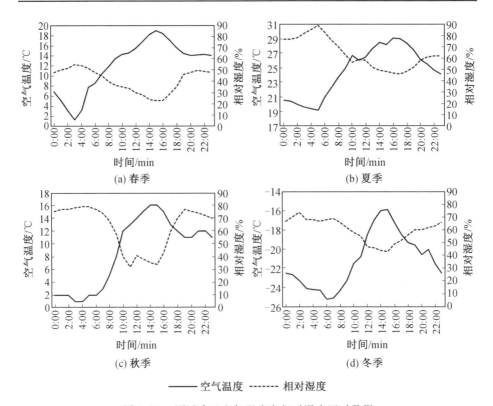

图3.20 测试当日空气温度和相对湿度逐时数据

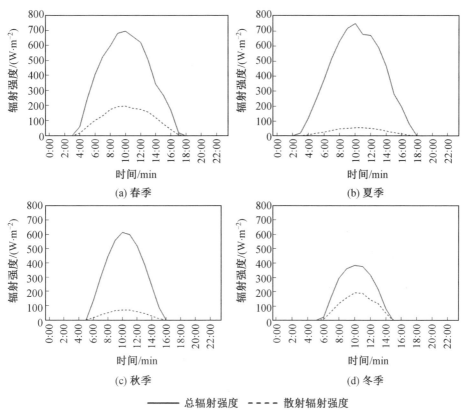

图 3.21　测试当日太阳辐射强度逐时数据

3.3.2　现场实测内容及方法

1. 测点设置说明

现场实测共设置 9 个测点,均放置在水泥铺砖铺地处,且尽可能远离绿植铺地及大面积乔灌木区域,以避免其对微气候测试结果的影响。测点 C1～C3 设置在围合式空间中央,其中 C1 和 C2 位于全围合式空间,C3 位于半围合式空间;测点 L1～L3 设置在行列式空间中央;测点 S1～S3 设置在广场中央。由前文中空间形态对微气候影响的研究可知,以往的研究通常采用高宽比(H/W)和 SVF 描述行列式和围合式空间形态的特征。鉴于测试中行列式和围合式空间 SVF 均与H/W 成反比,所以仅采用 SVF 结合建筑间距、建筑高度等来分析住区形态对微气候的影响。SVF 是指在建筑场地中 1.5 m 高度处天空可视区域面积与半球天空面积的比值,取值范围在 0.1～1 之间,可通过 RayMan 软件对鱼眼照片进行计算得到。测试区域、现场环境、鱼眼图像及 SVF 值如图 3.22 所示,图中的鱼眼图像是在夏季测试日拍摄的。由于树木对天空可视区域的遮挡极小,因此不同季节的各测点可采用相同的 SVF。测点位置及空间形态信息如图 3.23 所示。

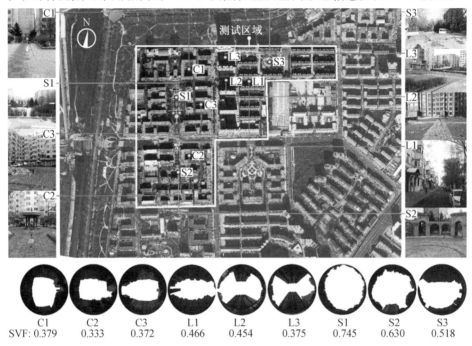

C1	C2	C3	L1	L2	L3	S1	S2	S3
SVF: 0.379	0.333	0.372	0.466	0.454	0.375	0.745	0.630	0.518

图 3.22　测试区域、现场环境、鱼眼图像以及 SVF 值

2.测试内容及测试仪器

室外热舒适性作为综合衡量微气候水平的重要标准,主要受到空气温度、风速、相对湿度和平均辐射温度等微气候参数的影响。本书分别对行人高度处的空气温度、相对湿度、黑球温度以及风速、风向进行定点实测,并根据以上微气候参数的测试结果计算求得平均辐射温度。

本书采用的测试仪器包括温湿度采集记录器、黑球温度采集记录器和小型气象站,且所有测试仪器的精度和测量范围均符合《热环境的人类工效学——物理量测量仪器》(GB/T 40233—2021)的相关规定,详细参数见表 3.10。测试前已对仪器进行校准与比对,确认误差在可接受范围内。仪器自动记录数据的时间间隔均为 1 min,但为了更加清晰地表示测点数据的变化情况,可将数据变化曲线标记为每半小时的平均值。在测试中,为防止太阳辐射对测试结果产生影响,可将温湿度采集记录器放置在自制的铝箔防辐射套筒内,筒的两端保持敞开

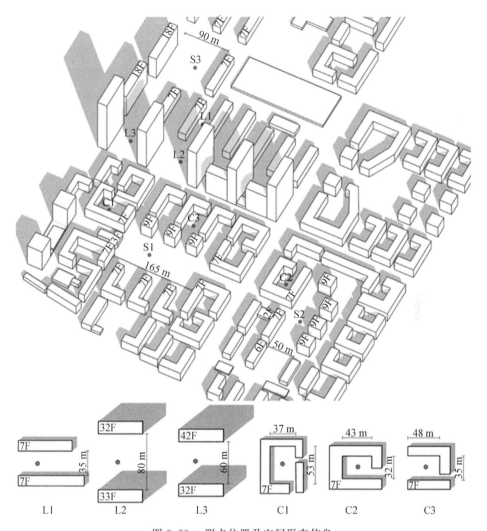

图 3.23　测点位置及空间形态信息

状态,以确保良好的通风效果。将小型气象站、黑球温度采集记录器和温湿度采集记录器一起用三脚架固定在距离地面 1.5 m 高度处。测试仪器组合设置如图3.24 所示。

表 3.10　微气候测试仪器参数

仪器名称及型号	仪器照片	仪器精度	测量范围
温湿度采集记录器 BES－02		空气温度：不大于0.5 ℃ 相对湿度：不大于3％ RH	空气温度：－30 ～ 50 ℃ 相对湿度：0 ～ 99％ RH
黑球温度采集记录器 BES－01		黑球温度：不大于 0.5 ℃	黑球温度：－30 ～ 50 ℃
小型气象站 NK 4500		风速：不大于 0.1 m/s 风向：不大于5°	风速：0.4 ～ 60 m/s 风向：0 ～ 360°

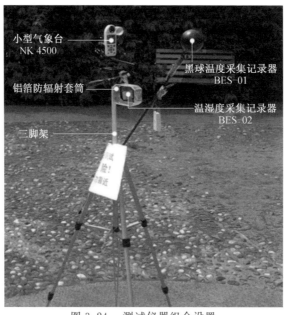

图 3.24　测试仪器组合设置

3.3.3　微气候测试结果分析

1.空气温度

图 3.25 展示了不同季节测试期间各测点空气温度的逐时变化情况。测点间气温差值随着太阳辐射强度的提高有所增大,在 13:00 ～ 14:00 之间最为显著,且广场在该时段中气温明显较高。其中,冬季和秋季,在 13:30 时气温最大差值达到最大,分别约为 3.4 ℃ 和 4.8 ℃;夏季和春季,气温最大差值分别约为 2.3 ℃(14:00)和 2.8 ℃(13:00)。由此可见,秋、冬季节测点间气温最大差值明显大于春、夏两季,且出现时间略有不同。这是由于不同季节各测点所受太阳辐射影响程度存在差异,秋、冬季节太阳高度较低,建筑对太阳辐射的遮挡作用在行列式和围合式空间更为显著,但对广场影响较小,这导致了温差的增大。

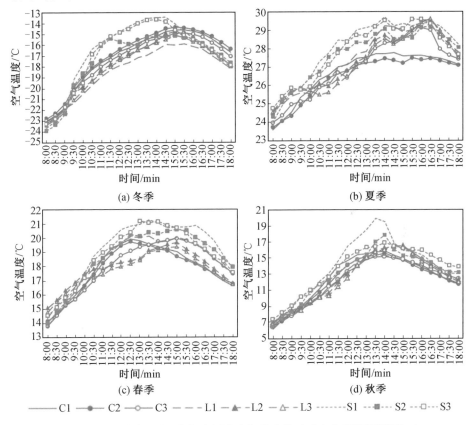

图 3.25　不同季节测试期间各测点空气温度的逐时变化(彩图见附录 4)

广场空间气温曲线变化幅度较大,且气温上升和下降的速度明显大于其他空间类型。这是因为广场空间开敞空旷,受建筑遮挡较少,所受太阳辐射影响最大,但其热量容易散失,所以当太阳辐射强度增大时,气温上升速度较快,且明显高于其他测点,而随着太阳高度角变小,太阳辐射强度逐渐减弱,气温也随之快速下降。

　　行列式空间和围合式空间气温波动幅度与广场相比较小。在夏季、春季和秋季,气温波动幅度依次减小。在冬季,气温波动最为平缓,且测点间接近平行。这是由于冬季太阳高度角较小,行列式和围合式空间接收到的太阳直射光线极少,主要影响气温的是地面及建筑墙体的长波辐射,所以气温的波动相对平缓。

　　图3.26所示为各测点及不同空间类型的平均空气温度(平均气温)。对于广场空间,不同季节测点 S1、S3 和 S2 的平均气温依次减小。其中,S1 与 S3 平均气温差均在 0.2 ℃ 左右;S1 与 S2 的平均气温差在不同季节的差异较大,秋、冬季节差值约为0.8 ℃,春、夏季节差值约为0.4 ℃。可见,广场空间气温主要受南北向间距及南侧建筑高度的影响。Yezioro 等的研究表明,在北纬 26°～34° 地区,矩形广场沿 N—S、NW—SE、NE—SW 方向延长可增加日射量,而沿 E—W 方向延长最不利于接受太阳辐射。虽然在本书中研究地点有所不同,但研究结果也验证了上述观点。测点 S2 所在的广场空间南北向间距较小,且南侧为多栋中高层建筑,对太阳辐射造成了遮挡,在广场上形成了阴影区域,因此气温较低。在太阳高度角较小的冬季,低温现象更加明显。

　　对于行列式空间,在春、夏两季,测点 L1、L2 和 L3 的平均气温依次减小。其中,春季测点间平均气温差值相对较大,L1 分别比 L2 和 L3 高 0.5 ℃ 和0.7 ℃;夏季温差较小,L1 平均气温分别比 L2 和 L3 高 0.2 ℃ 和 0.3 ℃。这是由于春季和夏季太阳高度角较大,此时行列式空间的 SVF 值越大,所接收的太阳辐射量越多,从而气温也越高。在秋季和冬季,测点 L2、L3 和 L1 的平均气温依次减小,且 L2 分别比 L3 和 L1 高约 0.2 ℃ 和 0.6 ℃。由此可见,在秋季和冬季,行列式空间温度随着建筑间距的增大而升高,并没有直接受到 SVF 的影响。Johansson 在研究中指出,在冬、夏两季街道层峡的气温和平均辐射温度与 SVF 具有较强的相关性,且随着 SVF 减小,温度明显降低。其冬季的研究结果与本书不同,这是由研究地点纬度及城市肌理存在差异造成的。本书中测点 L1 的 SVF 值虽然大于 L2和 L3,但建筑间距较小,且哈尔滨冬季太阳高度角更小,所以 L1 始终处于建筑阴影当中;L2 和 L3 所在空间由于建筑间距较大,在上午和下午仍可以在短时间内从东西侧接受到太阳直射,所以平均气温相对较高。此外,接收太阳辐射量与建

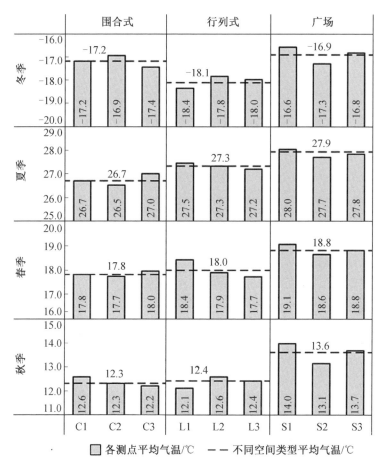

图 3.26　各测点及不同空间类型的平均空气温度（平均气温）

筑间距成正比。

对于围合式空间,在春季和夏季,测点平均气温由大至小依次为 C3、C1 和 C2。在春季,测点间平均气温差值较小,C3 分别比 C1 和 C2 高 0.2 ℃ 和 0.3 ℃;在夏季,C3 平均气温分别比 C1 和 C2 高 0.3 ℃ 和 0.5 ℃。这是由于测点 C3 位于三面围合式空间内,且空间西侧开口,在傍晚太阳高度角较小时,仍可以接受到太阳直射,因此平均气温相对较高;而 C1 和 C2 位于全围合式空间内,SVF 越大获得的太阳辐射量就越多,气温也相应越高。在冬季,测点平均气温由大至小依次为 C2、C1 和 C3,且 C2 分别比 C1 和 C3 高 0.3 ℃ 和 0.5 ℃。Martinelli 等的研究指出,冬季太阳高度角较小,导致庭院空间受太阳直接辐射影响减弱。此时,围合式空间 SVF 减小,这会增大建筑长波辐射反射量并减少热量散失。但该研究结果仅适用于全围合式空间。由于本书中的测点 C3 位于半围合式空间内，虽然其 SVF 较小，但建筑墙体面积较少，且热量散失较快，所以平均气温相对较低。因此，在冬季全围合式空间的气温高于半围合式空间，且全围合式空间的 SVF 越小，气温越高。

通过比较各空间类型平均气温可知，在夏季、春季和秋季，广场、行列式和围合式空间的平均气温依次减小，可见，室外空间的 SVF 越大，气温越高。此外，在夏季、春季、秋季，广场空间和行列式空间的平均温差逐渐增大，差值分别为 0.6 ℃、0.8 ℃和 1.2 ℃；行列式空间和围合式空间的平均温差逐渐减小，差值分别为 0.6 ℃、0.2 ℃和 0.1 ℃。在冬季，广场、围合式和行列式空间的平均气温依次减小，且广场的平均气温分别比围合式和行列式空间高 0.3 ℃和 1.2 ℃。这是因为夏季、春季和秋季的太阳高度角逐渐减小，行列式和围合式空间受太阳辐射影响逐渐减弱，而建筑外表面长波辐射热量对气温的影响逐渐显现，且围合式空间围合程度较高，热量不易散失，所以两者温差逐渐减小；而在冬季，空间始终处于建筑阴影当中，围合式空间平均气温高于行列式空间。此外，广场空间由于受建筑遮挡较少，全年均可接受到太阳直射，所以气温始终最高。

2. 相对湿度

图 3.27 展示了不同季节各测点相对湿度的逐时变化情况。由图可知，相对湿度整体变化趋势与空气温度基本相反。不同季节测点间相对湿度的差异情况不尽相同，秋、冬两季，相同时刻测点间相对湿度最大差值约为 14%，春、夏两季相对湿度最大差值约为 10.5%。由此可见，秋、冬季节测点间相对湿度最大差值明显大于春、夏两季。

广场空间相对湿度波动幅度较大，且上升和下降的速度明显大于其他测点。与广场空间相比，行列式空间和围合式空间相对湿度波动幅度较小，且在冬季各测点相对湿度变化曲线接近平行。

图 3.28 给出了各测点及不同空间类型平均相对湿度。对于广场空间，在不同季节，测点 S2、S3 和 S1 的平均相对湿度依次减小。其中，在夏季测点平均相对湿度差异较大，S2 分别比 S3 和 S1 大 1.5%和 3.5%；在其余三季，测点平均相对湿度差异相对较小，S2 分别比 S3 和 S1 大 0.6%左右和 1.8%左右。

对于行列式空间，在春、夏两季，测点 L3、L2 和 L1 的平均相对湿度依次减小，可见 SVF 越大，相对湿度越小。其中，春季测点间平均相对湿度差值较大，L3 分别比 L2 和 L1 大 2.2%和 3.5%；夏季差值较小，L3 分别比 L2 和 L1 大 1.2%和 1.8%。在秋季和冬季，测点 L1、L3 和 L2 的平均相对湿度依次减小，可见行列式布局建筑间距越大，相对湿度越小。此外，秋季测点间平均相对湿度差值较大，

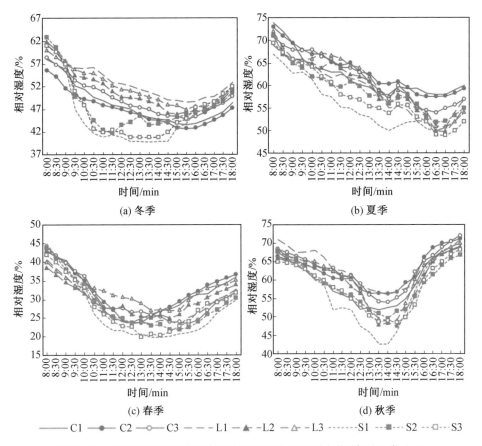

图 3.27　不同季节测试期间各测点相对湿度的逐时变化(彩图见附录 4)

L1 分别比 L3 和 L2 大 2.3% 和 3.6%;冬季差值相对较小,L1 分别比 L3 和 L2 大 1.1% 和 1.9%。

对于围合式空间,在春季和夏季,测点 C2、C1 和 C3 的平均相对湿度依次减小,可见全围合式空间相对湿度大于半围合式空间。在冬季,测点平均相对湿度由大至小依次为 C3、C1 和 C2,且 C3 分别比 C1 和 C2 大 1.3% 和 2.4%,可见冬季时半围合式空间相对湿度大于全围合式空间。

通过比较不同空间类型的平均相对湿度可知,在夏季、春季和秋季,围合式、行列式和广场空间的平均相对湿度依次减小。由此可见,室外空间的 SVF 越大,相对湿度越小。此外,随着夏、春、秋三季太阳高度角逐渐减小,广场空间和行列式空间相对湿度差值逐渐增大,围合式空间相对湿度差值逐渐减小。在冬季,行列式、围合式和广场空间的平均相对湿度依次减小,且行列式空间平均相对湿度

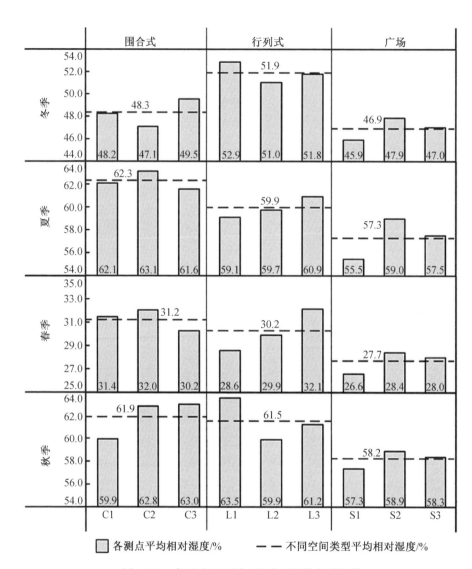

图 3.28　各测点及不同空间类型平均相对湿度

分别比围合式空间和广场空间大 3.6％ 和 5.0％。

3. 风速

图 3.29 展示了不同季节测试期间各测点风速的逐时变化情况。在不同季节中,行列式空间风速波动幅度较大,广场空间次之,围合式空间风速波动相对平缓。此外,测点间风速差值与入流风速成正比,在风速较大的春季测试日,测点间风速最大差值约为 2.7 m/s。

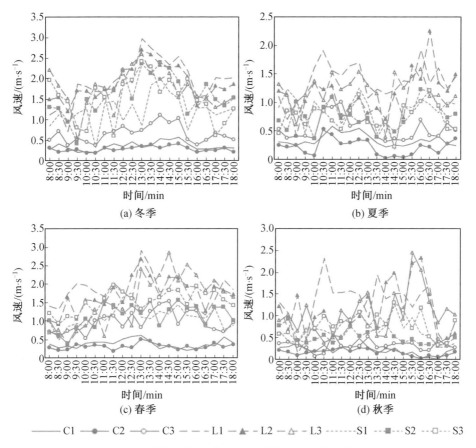

图 3.29　不同季节测试期间各测点风速的逐时变化（彩图见附录 4）

表 3.11 为不同季节测试期间各测点风速标准差。在不同季节中，围合式空间测点风速标准差由大到小的排布规律大致为 C3、C1 和 C2。由此可见，与全围合式空间相比半围合式空间风速波动幅度较大，且全围合式布局空间 SVF 越大，风速波动程度越大。此外，行列式空间和广场空间各测点风速波动程度在不同季节没有明确的变化趋势。

表 3.11　不同季节测试期间各测点风速标准差　　　　　单位：m/s

季节	C1	C2	C3	L1	L2	L3	S1	S2	S3
冬季	0.10	0.06	0.21	0.52	0.40	0.45	0.37	0.49	0.52
夏季	0.11	0.13	0.21	0.30	0.39	0.29	0.26	0.23	0.24
春季	0.11	0.08	0.28	0.39	0.44	0.71	0.28	0.32	0.29
秋季	0.11	0.07	0.12	0.53	0.58	0.50	0.25	0.17	0.26

各测点及不同空间类型平均风速如图 3.30 所示。对于行列式空间,当入流风速较大时(春季、秋季和冬季),虽然主导风向不尽相同,但测点平均风速变化趋势一致,L1、L2、L3 均依次减小。而当入流风速较小时(夏季),L3 平均风速略大于 L2。据 Krüger 等的研究,当行列式空间轴线与主导风向平行、垂直或倾斜时,若空间的 SVF 较大(即 H/W 较小),则风速相对较大。该研究结果与本书夏季研究结果存在差异,原因在于本研究测试地点周边空间形态复杂,当来流风速较小时,对风速分布影响较大。在各季节,对于围合式空间,测点 C3、C1 和 C2 的平均风速均依次减小。由此可见,全围合式空间的风速小于半围合式空间,这是由于其围合程度相对较高,对气流的阻碍作用更加显著,且 SVF 越小,阻碍作用越强,风速也越小。不同空间形态的广场的平均风速在不同季节中并无明显变化趋势。

通过对比不同空间类型的平均风速发现,在不同季节,行列式、广场和围合式空间的平均风速均依次减小,且行列式与围合式空间平均风速差值较大,为 0.87 ~ 1.41 m/s;行列式与广场空间平均风速差值较小,约为 0.45 m/s。这是因为行列式空间易产生狭管效应,气流会加速通过,因此风速较大;广场相对空旷,气流不易受建筑遮挡,风速次之;而围合式空间由于周围建筑对气流的阻碍作用较强,因此风速最小。

4. 平均辐射温度

平均辐射温度被定义为一个假想的等温围合面的表面温度,它与人体间的辐射换热量等于人体周围实际非等温围合面与人体间的辐射换热量。平均辐射温度是影响人体能量平衡和室外热舒适性的重要因素之一,以往的研究通常基于平均辐射温度来研究太阳辐射对微气候的影响。平均辐射温度有多种获取方法,如辐射积分法、角系数法、灰球温度间接测量法和黑球温度间接测量法等。在本研究中,选用了黑球温度间接测量法,平均辐射温度值根据《热环境的人类工效学——物理量测量仪器》(GB/T 40233—2021)标准中强制对流情况下的计算方法获得,计算公式如下:

$$T_{mrt} = \left[(T_g + 273)^4 + \frac{1.1 \times 10^8 V_a^{0.6}}{\varepsilon D^{0.4}} (T_g - T_a) \right]^{\frac{1}{4}} - 273 \qquad (3.2)$$

式中 T_{mrt} —— 平均辐射温度,℃;

    T_g —— 黑球温度,℃;

    V_a —— 风速,m/s;

    T_a —— 空气温度,℃;

    ε —— 黑球表面辐射系数,取 0.95;

D—— 黑球直径,m,本次测试为 0.08 m。

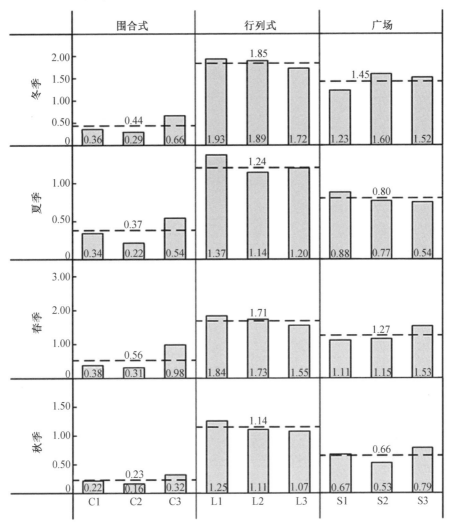

图 3.30　各测点及不同空间类型平均风速

图3.31展示了不同季节测试期间各测点平均辐射温度的逐时变化情况。平均辐射温度的整体变化趋势与测试期间太阳辐射强度的变化趋势基本一致,测点间差值随着太阳辐射强度的升高有所增大,且不同季节最大差值及出现时间不尽相同。其中,夏季、春季和秋季分别在12:30、15:00和12:00测点平均辐射温度差值达到最大,均在 30 ℃ 左右;冬季差值明显大于其他三季,约为 53 ℃

(13：00)。这是由于冬季太阳高度角较小,不同空间类型接收太阳辐射量差异较大。

广场空间平均辐射温度波动幅度明显大于其他空间类型。与广场空间相比,行列式和围合式空间平均辐射温度波动幅度较小,且在春、夏、秋三季行列式空间波动幅度明显大于围合式,但在冬季两者较为接近,且波动幅度均较小。

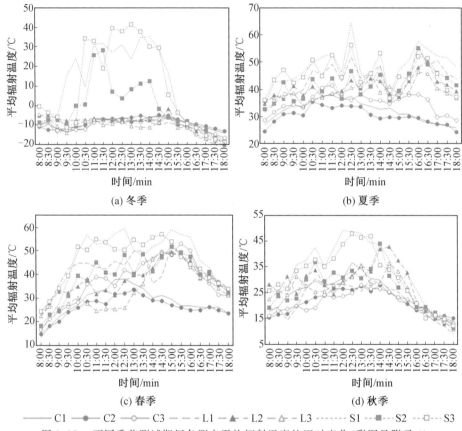

图 3.31　不同季节测试期间各测点平均辐射温度的逐时变化(彩图见附录 4)

各测点及不同空间类型平均辐射温度均值如图 3.32 所示。对于广场空间,在不同季节,测点 S1、S3 和 S2 的平均辐射温度均值依次减小,且在冬季 S1 与 S2 差值最大,为 11.2 ℃,可见广场南北向间距及南侧建筑高度对太阳辐射接收量有较大影响,且这种影响在冬季更为显著。

对于行列式空间,在春季和夏季,测点 L1、L2 和 L3 的平均辐射温度均值依次减小,可见在太阳高度角相对较大的春、夏两季,行列式空间 SVF 越大,所接收的太阳辐射量越多。在秋季和冬季,测点 L2、L3 和 L1 的平均辐射温度均值依次减小,可见当太阳高度角较小时,太阳辐射接收量与建筑间距成正比。

对于围合式空间,在春季和夏季,测点 C3、C1 和 C2 的平均辐射温度均值依次减小。可见在太阳高度角较大的春、夏两季,与全围合式空间相比,半围合式空间平均辐射温度较高,且全围合式空间 SVF 越大获得太阳辐射量越多。在冬季,测点 C2、C1 和 C3 的平均辐射温度均值依次减小,且差值较小。这是由于冬季太阳高度角较小,围合式空间极少接受到太阳直射光,平均辐射温度主要受建筑墙体的长波辐射热量影响,因此围合程度越高,建筑外表面热辐射量越多,且热量越不易散失。秋季太阳高度角略大于冬季,由于 C1 所在围合式空间的东西向间距较大,在上午可接收到太阳直射,所以平均辐射温度高于 C2 和 C3。

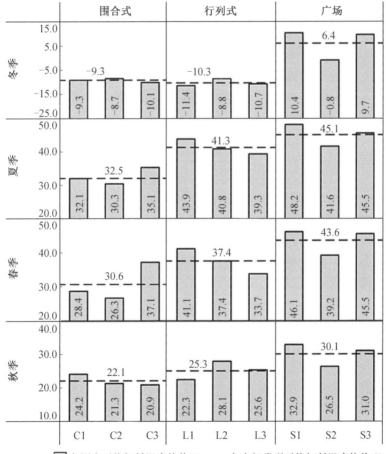

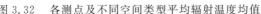

图 3.32　各测点及不同空间类型平均辐射温度均值

通过比较不同空间类型的平均辐射温度均值,可以发现,在夏季、春季和秋季,广场、行列式和围合式空间的平均辐射温度依次减小,这表明室外空间 SVF 越大,太阳辐射接收量越多。此外,在夏、春、秋三季,行列式和围合式空间的平均辐射温度差值逐渐减小,分别为 8.8 ℃、6.8 ℃ 和 3.2 ℃。在冬季,围合式空间平均辐射温度均值略高于行列式空间,差值仅为 1.0 ℃。

5. 生理等效温度

室外热舒适指标综合考虑了多个微气候参数,可以对热舒适度进行定量分析,从而对微气候质量进行综合评价。生理等效温度是基于慕尼黑人体能量平衡模型的热舒适指标。其定义:一个身高 1.80 m,体重 75 kg,服装热阻为 0.9 clo,代谢率为 80 W 的男性处于某一环境中,当他的核心温度和皮肤温度与一个具有特定条件(平均辐射温度等于空气温度,风速为 0.1 m/s,水蒸气压力为 12 hPa)的典型房间中的状态相同时,该典型房间的空气温度即为生理等效温度。适用于所有气候区的室外热舒适研究,且已被广泛应用于城市规划与设计领域。PET 值可通过 RayMan 软件计算获得,需要输入的微气候参数包括空气温度、相对湿度、风速和平均辐射温度。

图 3.33 给出了不同季节测试期间各测点 PET 的逐时变化情况。由图可知,各测点 PET 变化趋势与平均辐射温度基本一致,这是因为平均辐射温度直接影响热舒适性。此外,测点间差值随着太阳辐射强度的升高有所增大,且不同季节的最大差值相近,均在 15 ℃ 左右。在春、秋、冬季,最大差值均出现在广场与行列式空间之间,出现时间分别为 12:00、13:30、13:00;而夏季则出现在广场与围合式空间之间(12:30)。由此可见,在相同时刻,不同住区空间内的热舒适性相差较大。此外,由于受到太阳辐射的影响,广场空间的 PET 波动幅度明显大于行列式空间和围合式空间。

图 3.34 给出了各测点及不同空间类型 PET 均值。在春季和秋季,广场、围合式和行列式空间的 PET 均值依次减小。其中在春季,广场空间 PET 均值分别比围合式和行列式空间高 3.5 ℃ 和 4.6 ℃;在秋季,广场空间的 PET 均值分别比围合式和行列式空间高 1.6 ℃ 和 4.3 ℃。这是由于与行列式空间相比,广场空间平均辐射温度较高,且风速较低,所以其 PET 明显高于行列式空间;而围合式空间虽然平均辐射温度低于行列式空间,但风速明显偏低,所以 PET 略高于行列式空间。在冬季,广场、围合式空间和行列式空间的 PET 均值依次减小。并且,由于不同空间形态的广场的 PET 均值差异较大,广场和围合式空间的 PET 均值仅相差 0.9 ℃。Lin 等在研究中指出,在冬季随着 SVF 减小,热舒适性下降,广场、行列式和围合式空间的 PET 依次减小。由于研究地点的差异较大,该结果与

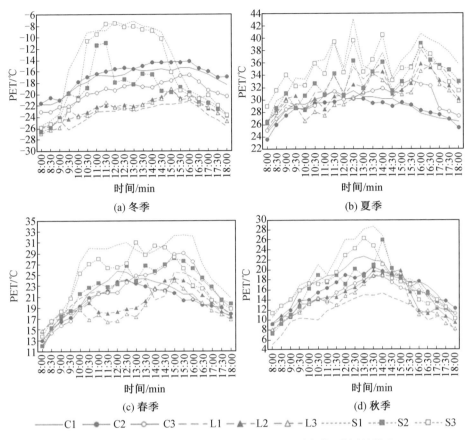

图 3.33　不同季节测试期间各测点 PET 的逐时变化(彩图见附录 4)

本书研究结果不同。哈尔滨地区纬度较高,冬季太阳高度角较小,导致围合式和行列式空间长时间接受不到太阳直射,但围合式空间受建筑墙体的长波辐射热量影响较大,且风速较小,因此其 PET 均值略大于行列式空间;而广场空间的 PET 均值受空间形态影响较大,其中 S2 所在广场由于平均辐射温度较低且风速较大,其 PET 均值低于围合式空间。此外,在夏季,围合式、行列式和广场空间的 PET 均值依次升高,分别为 29.1 ℃、31.4 ℃ 和 34.5 ℃,这是因为夏季空间的太阳辐射接收量随着 SVF 值的升高而显著增加。

　　Lai 等在对中国北方寒冷地区室外热舒适性的研究中指出,在过渡季,最舒适的热感觉所对应的 PET 区间为 11 ~ 24 ℃,冬季为 −6 ~ 11 ℃,夏季为 24 ~ 31 ℃。由此可见,本研究中不同空间类型在春、秋两季的微气候较为舒适,而冬季和夏季的热舒适性较差。因此,研究重点应集中在如何提升冬、夏两季的室外

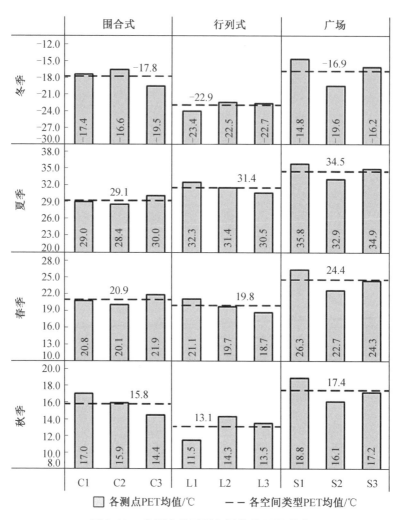

图 3.34　各测点及不同空间类型 PET 均值

热舒适度。

　　通过比较各空间类型不同形态对热舒适性的影响可知,对于广场空间而言,冬、夏两季测点 S1、S3 和 S2 的 PET 均值依次减小。其中,冬季 S1 的 PET 均值分别比 S3 和 S2 高 1.4 ℃ 和 4.8 ℃;夏季 S1 的 PET 均值分别比 S3 和 S2 高 0.9 ℃ 和 2.9 ℃。可见,随着广场南北向间距减小及南侧建筑升高,PET 均值下降,且在冬季时更为显著。

　　对于行列式空间而言,在夏季,测点 L1、L2、L3 的 PET 均值依次减小,且 L1 的 PET 均值分别比 L2 和 L3 高 0.9 ℃ 和 1.8 ℃。可见,在太阳高度角较大的夏季,随着 SVF 增大,太阳辐射接收量增大,导致 PET 均值升高,热舒适性下降。在冬季,测点 L2、L3、L1 的 PET 均值依次减小,且 L2 的 PET 均值分别比 L3 和 L1 高 0.2 ℃ 和 0.9 ℃。这是因为在太阳高度角较小的冬季,行列式空间太阳辐射接收量与建筑间距成正比,所以随着间距的增大,热舒适水平会升高。此外,与夏季相比,冬季测点间 PET 均值相差较小,最大差值仅为 0.9 ℃,可见不同形态的行列式空间在冬季的热舒适性差异相对较小。

对于围合式空间而言,在夏季,测点 C3、C1 和 C2 的 PET 均值依次减小,且 C3 的 PET 均值分别比 C1 和 C2 高 1 ℃ 和 1.6 ℃;在冬季,由大至小依次为 C2、C1 和 C3,且 C2 的 PET 均值分别比 C1 和 C3 高 0.8 ℃ 和 2.9 ℃。由此可见,在冬、夏两季,全围合式空间热舒适性优于半围合式空间,且随着全围合式空间 SVF 减小,热舒适水平有所提升。

综上所述,在严寒地区城市住区规划设计时,应主要考虑冬季和夏季的热舒适性。对于广场空间,应采用南北向间距较大且南侧建筑较低的布局形式,以提高冬季广场的热舒适性。此外,可在广场南侧种植落叶乔木,减少太阳直射,从而提升夏季的热舒适水平。对于围合式空间,宜采用全围合布局形式,且在满足使用要求的前提下,减小空间的 SVF,以提升冬、夏两季的热舒适水平。对于行列式空间,应在保证建筑间距的基础上,减小空间的 SVF,因此行列式空间宜采用高层住宅,并且尽量加大南北向的建筑间距。

3.4　本 章 小 结

本章以哈尔滨市为例,对严寒地区城市气候特征和典型城市住区微气候特征展开调查。通过气候数据资料调查,分析了东北严寒地区气候特征,以及哈尔滨市近 20 年(1999～2018 年)的空气温度、相对湿度、太阳辐射、风速与风向等气候要素的变化特征。

通过实测分析严寒气候条件下住区微气候特征可得到:滨江居住小区温度明显低于内陆居住小区,围合式布局和行列式布局内平均空气温度分别相差 2.06 ℃ 和 2.84 ℃,平均黑球温度分别相差 2.38 ℃ 和 4.93 ℃。且滨江居住小区最高温度出现时间比内陆居住小区早 30 min。滨江居住小区围合式布局和行列式布局内平均风速比内陆居住小区分别大 0.23 m/s 和 0.73 m/s;与内陆居住小区相比,滨江居住小区冬季寒冷程度较高,热舒适性较差。滨江居住小区围合式布局和行列式布局内平均风冷温度比内陆居住小区分别低 2.06 ℃ 和 9.12 ℃。

此外,滨江居住小区日间温度波动主要受太阳辐射的影响,接受太阳直接辐射区域温度波动较大,阴影区域温度波动较小。并且建筑阴影会削弱太阳辐射对温度的提升作用,使黑球温度下降约4 ℃。因此,在建筑空间布局中,建议减少居民活动区域的阴影面积。广场处平均空气温度分别比围合式布局、半围合式布局、临江入口、行列式布局高1.1 ℃、1.8 ℃、1.84 ℃、3.22 ℃。广场处平均黑球温度分别比围合式布局、临江入口、半围合式布局、行列式布局高 2.35 ℃、3.04 ℃、4.52 ℃、5.93 ℃。因此,冬季太阳辐射对小区内温度提升作用最为显著,其次是建筑布局围合程度越高,布局内部温度越高;行列式布局日间风速波动最大,广场处次之,而临江入口处、围合式布局及半围合式布局内风速相对平稳。行列式布局内部平均风速分别比广场、临江入口处、半围合式布局、围合式布局大0.52 m/s、0.97 m/s、1.19 m/s、1.26 m/s;行列式布局风冷温度日间波动最大,且寒冷程度明显高于其他建筑布局。广场和临江入口处寒冷程度次之,而围合式布局和半围合式布局内风冷温度最高,热舒适度相对较高。对于行列式布局,增大建筑间距能够有效降低布局内部寒冷程度,提高热舒适度。对于临江入口,其临江侧开口的设计对布局内部风环境及寒冷程度的影响也很大。

　　通过实测分析不同季节气候条件下住区微气候特征,以及不同空间类型微气候差异,可以得知:各季节气候条件下不同室外空间类型及其不同空间形态对空气温度、相对湿度、风速及平均辐射温度均会产生影响。根据生理等效温度对室外热舒适性进行评价发现,住区空间在过渡季时微气候较为舒适,而冬、夏两季热舒适性较差;其中,冬季时行列式空间热舒适性最差,而广场和围合式空间的热舒适性受空间形态影响较大,夏季时,围合式空间、行列式空间、广场的热舒适性依次下降;对于广场空间,冬、夏两季的生理等效温度随着南北向间距增大以及南侧建筑降低而升高;对于行列式空间,夏季的热舒适性随着 SVF 减小而升高,冬季的热舒适性随建筑间距增大而升高;对于围合式空间,在冬、夏两季,全围合式空间热舒适性优于半围合式空间,且随着全围合式空间 SVF 减小,热舒适水平有所提升。

第4章

住区微气候模拟计算方法

采用合理的微气候评价方法是实现定量预测与评价住区形态对微气候影响的基础与依据。目前,微气候评价方法主要分为观测评价法和模拟评价法两种。其中,观测评价方法主要包括现场实测法和遥感观测法,模拟评价方法主要包括数值模拟法和集总参数模拟法。不同的微气候评价方法各具优势,应针对研究对象尺度范围及具体研究内容选择合适的评价方法。本书将在典型背景气象条件下,对大量住区案例的多种微气候参数进行全面预测,因此选择运算高效、结果准确的数值模拟法对住区形态与微气候的关系展开定量研究。

4.1　模拟软件选择及介绍

在全球气候变化与城市快速发展的背景下,城市人居环境恶化问题愈发受到重点关注,关于城市微气候的研究日渐增多。随着计算机科学的发展,数值模拟方法以其明显的优势已逐渐成为城市环境研究的主要手段。近年来,已针对城市及建筑热环境分析,研发出多款模拟软件,使用者应根据具体模拟对象、评估内容及软件适用范围选择适合的研究工具。

根据模拟的尺度规模可将研究对象分为大尺度(地域和地球尺度)、中尺度(街区和建筑尺度)和小尺度(房间和人体尺度)研究对象。其中,针对大尺度研究对象,常见的模拟软件主要包括 MM5、ADMS－Urban、WEST 和 AUSSSM,其分别用于分析城市气象、城市大气扩散、地区风能和城市热岛;针对小尺度研究对象,常见的模拟软件主要包括 CFX,Phoenics 和 STAR－CD 等。本书的研究对象为城市住区,属于中尺度范畴,针对该研究尺度,国内外广泛应用的热环境模拟软件主要为 ENVI－met、WinMISKAM 和 FLUENT 等。通过研究发现,ENVI－met 软件凭借其对城市中尺度空间不同构成要素间相互作用的综合考量,以及对热、湿、风、辐射等环境参数的耦合计算能力,已在城市微气候、城市环境设计等研究领域得到广泛使用。此外,Ali－Toudert 等指出,由于 ENVI－met 软件可以采用高分辨率三维空间网格来对微气候参数进行模拟研究,因此其可能是目前最适合城市微气候研究的流体力学模拟软件。综上所述,本书将利用 ENVI－met(4.3.2)模拟研究严寒地区住区形态与室外热环境的关系。

ENVI－met 软件于 1998 年由 Michael Bruse 和 Heribert Fleer 开发,并一直在不断改进。该软件基于计算流体力学、热力学和城市气象学等相关理论,主要用于模拟城市局地空间内建筑、地表、植被和大气之间的交互作用过程。ENVI－met 模型的空间分辨率为 $0.5 \sim 10$ m,时间分辨率为 10 s,可对室外整体热环境进行较为准确的数值模拟分析。目前 ENVI－met 已被广泛应用于城市规划、建筑设计和城市气象学等领域。

ENVI－met 模型由三个独立的子模型（三维主模型、土壤模型和一维边界模型）和嵌套网格组成，如图 4.1 所示。其中，三维主模型采用矩形单元网格进行划分，水平方向均为等距网格，竖直方向上根据网格间距放大系数和底层网格间距大小具有 4 种网格划分方式，如图 4.2 所示。本书采用底层细分为 5 层的等距网格，即近地面最底层网格被均匀划分为 5 份小间距网格，以便更加准确地模拟行人高度处微气候环境，而上部为间距相对较大的等距网格，以节省运算时间。土壤模型为一维模型，从下垫面表层向下 2 m 深度被划分为间距逐渐增大的 14 层，可模拟土壤内部竖直方向热湿传递状况。一维边界模型范围是从地面至 2 500 m 高度，用于计算大气边界层初始条件，并将其传递给三维主模型的入流边界和上边界。其中，在三维主模型高度范围内，其网格竖向间距与主模型相同，此外主模型上边界至 2 500 m 高度范围内，空间被划分为 14 个竖向间距逐渐增大的附加层。嵌套网格设置在主模型区域外围，能够增加模型边界与主模型间距，从而有效减少其对模拟结果的不利影响，提高模拟过程的稳定性和模拟结果的准确性。

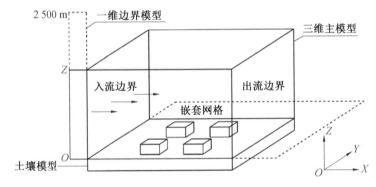

图 4.1　ENVI－met 模型架构

ENVI－met 软件在耦合模拟不同对象的相互作用时，采用了大气模型、土壤模型、植被模型、辐射模型和建筑模型等主要子模型。大气模型主要对大气湍流、空气温湿度、风场等参数进行模拟计算，其中采用三维非静力学不可压缩流体模式（Navier-Stokes 方程）求解风场，采用 1.5 阶闭合方案（$E-\varepsilon$ 方程）求解大气涡流。土壤模型主要计算的参数为地表温度、土壤温度及含水量。植被模型主要对叶片温度、植物与周围空气的热质交换过程进行计算。辐射模型主要计算长短波辐射量。建筑模型主要对表面温度、室内温度及能耗进行模拟计算。

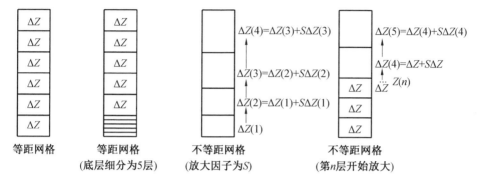

图 4.2　ENVI—met 模型的垂直网格结构

ENVI—met 提供了三种入流边界条件,分别为开放式(open)、强迫式(forced)和循环式(cyclic)。开放式是将入流边界网格相邻网格的值直接复制给入流边界网格;强迫式是将一维边界模型的计算值直接复制给入流边界网格;循环式是将出流边界网格的值直接复制给入流边界网格。在设置模拟条件时,可为湍流模型和温湿度场定义不同类型的入流边界条件。本书采用强迫式入流边界条件,因为该类入流边界条件在数值模拟中稳定性最强。

采用 ENVI—met 进行数值模拟前,主要输入参数包括背景气象数据(风速与风向、空气温湿度、太阳辐射强度、地理位置)、下垫面及建筑属性(土壤温湿度、地面及建筑围护结构材质等),以及模拟控制参数(模拟起始时刻、入流边界条件、湍流模型、网格分辨率、嵌套网格数量等)。在模拟后,可计算输出空气温湿度、风速与风向、平均辐射温度、地面温度、长波辐射、短波辐射、PMV 等结果。

4.2　模拟软件可靠性验证

ENVI—met 目前已被广泛应用于世界不同气候区和国家的城市微气候研究。例如,热带雨林气候区的新加坡;热带草原气候区的阿尔及利亚(盖尔达耶);热带沙漠气候区的埃及(开罗)、美国(凤凰城);亚热带季风气候区的中国(广州)、中国(香港)、中国(武汉)、日本(佐贺市);温带大陆性气候区的德国(弗赖堡)、法国(特拉斯堡);温带海洋性气候区的巴西(库里提巴)、斯里兰卡(科伦坡);地中海气候区的摩洛哥(菲斯)等。并且,不断有研究学者利用实测数据和其他模拟软件对 ENVI—met 预测微气候的准确性与有效性进行验证。

Krüger 等将巴西城市步行街风速的实测值与 ENVI－met 的模拟结果进行对比分析，以当地气象站的观测风速作为 ENVI－met 模拟的来流风速，发现当来流风速低于 2 m/s 时，模拟与实测结果吻合较好($R2 = 0.80$)；当来流风速高于 2 m/s 时，模拟值略高于实测值($R2 = 0.70$)。Chow 等对美国凤凰城某校园行人高度处空气温度的时空分布情况进行移动测试，将实测结果与 ENVI－met 的模拟值进行对比，发现该研究区域的温度场模拟结果整体准确性较高，且区域中间与边缘部分模拟结果的准确度优于其他部分，但模拟值未能体现出夜间非硬质地面上方气温的倒置现象。此外，Chow 等通过对比凤凰城两个住区内 2 m 高度处空气温度的实测值与 ENVI－met 的模拟结果，发现与实测值相比，白天时段空气温度模拟结果偏低，夜间时段空气温度模拟结果偏高，两个住区模拟值与实测值的 $R2$ 值分别为 0.67 和 0.74，均方根误差(root mean square error，RMSE)均为 2.79 ℃。Huttner 对德国弗赖堡市两个不同地点的微气候进行现场实测，并将 2 m 高度处的空气温度、相对湿度、风速、平均辐射温度及 PET 分别与 ENVI－met 采用强迫式入流边界条件的模拟结果进行对比验证，发现模拟结果的准确性较高。两个地点风速模拟值和实测值之间的 RMSE 分别为 0.7 m/s 和 0.2 m/s，空气温度的 RMSE 分别为 1.7 ℃和 1.1 ℃，相对湿度的 RMSE 分别为 9.7%和 9.5%，MRT 的 RMSE 分别为 4.0 ℃和 5.0 ℃，PET 的 RMSE 分别为 2.4 ℃和 3.1 ℃。

　　Zhang 等用天津市某校园网球场的微气候实测数据对 ENVI－met 的模拟结果进行验证，并比较不同入流边界条件、模拟初始化时长及太阳辐射强度调整对模拟结果的影响。通过对比发现，当模型入流边界条件采用强迫式，调整太阳辐射强度并延长初始化时间时，模拟结果的准确性更高，且空气温度的 RMSE 为 $0.9 \sim 0.97$ ℃，相对湿度的 RMSE 为 $7.3\% \sim 8.1\%$。此外，空气温度和相对湿度的一致性指数在 $0.7 \sim 0.88$ 之间。王振将武汉某街区冬季和夏季的风速、空气温度、相对湿度、地表温度和平均辐射温度与 ENVI－met 模拟结果进行了对比，结果表明夏季和冬季的实测值与模拟结果吻合较好，但由于 ENVI－met 在建筑材料热稳定性和环境热辐射计算方面的不足，造成空气温度模拟结果日波动幅度相对较小，空气温度峰值出现时间滞后，空气温度上升和下降速度缓慢等问题。杨小山应用被风洞试验验证过的 MISKAM 软件，对 ENVI－met 预测室外风环境的能力进行了检验。通过比较单栋建筑、单排树和复杂城市环境 3 种工况下 MISKAM 和 ENVI－met 的模拟结果，发现风矢量和风压空间分布整体特征一致，这证明了 ENVI－met 对室外风环境模拟结果的准确性。此外，他还将广州某大学校园内各类型地面表面温度及不同高度处温湿度的实测结果与 ENVI－met 模拟结果进行对比验证。研究发现,不同地面类型表面温度的模拟结果与实测值存在一定差异,但可以基本反映出日变化规律,RMSE 相对较大,为 2.6～3.18 ℃,除水体表面温度外,一致性指数均较高,为 0.81～0.97;1.5 m 高度处空气温度模拟结果准确性较高,RMSE 为 1.01 ℃,空气比湿的 RMSE 为 1.21 g/kg。薛思寒在夏季对岭南四座庭园不同空间布局和景观配置处日间微气候进行实测,并与 ENVI－met 模拟结果进行对比验证,发现 1.5 m 高度处空气温度模拟值与实测值的变化趋势基本一致,且空气温度 RMSE 为 0.96 ℃,一致性指数约为 0.99,模拟与实测结果的吻合度较好。

上述验证研究证明了 ENVI－met 对不同气候区及多种尺度空间类型(街区、校园、住区、庭园等)的微气候模拟结果的有效性和准确性,但主要针对的是干热和湿热气候环境中的城市住区,缺乏对严寒地区城市住区空间微气候模拟结果进行详细的验证。

应用 3.3 节哈尔滨市典型住区冬、夏季微气候实测数据对 ENVI－met 的可靠性进行验证,以确定 ENVI－met 在严寒地区典型气候条件下的适用性。在验证研究中,主要考虑的微气候参数包括空气温度、相对湿度、风速和平均辐射温度。通过对比现场实测值与模拟结果,分析其在水平空间的分布特征以及在测试时间内的变化规律。

4.2.1 模拟参数设置

根据现场实测区域的实际规划布局及测点布置情况,在 ENVI－met 中建立相应模型。综合考虑模拟运算时间与准确性,设置主模型区域网格数为 $335 \times 245 \times 35$,等距网格分辨率分别为 $dx=3$ m,$dy=3$ m,$dz=6$ m(dx 和 dy 分别为两个水平方向的分辨率;dz 为垂直方向的分辨率)。除近地面最底层网格被均匀划分为 5 份小间距网格以外,所有网格单元均具有相同高度。此外,为了弱化外界条件对主模型区域模拟结果的影响,在主模型区域外围设置了以土壤和沥青交替排列的 5 个嵌套网格。模拟地点设置为中国哈尔滨市(地理坐标:45.45°N,126.4°E)。为了获得更加准确的微气候模拟结果,避免初始条件的影响,将模拟开始时间设置为前一天的 4:00,总模拟时长设置为 44 h。

模拟采用强迫式入流边界模式。以哈尔滨市气象站当日观测数据作为气象边界条件,主要包括空气温度、相对湿度、风速与风向和太阳辐射,见表 4.1～表 4.3。其中,风速为日平均值,风向采用当天频率最高的风向。通过设置太阳辐射调节系数,使总辐射和散射辐射的最大值与测试当天实际数据相等,且使日辐射总量与实测数据尽量接近。根据前人对东北地区高空湿度变化特征,以及其与空气温度、相对湿度相关关系的研究结果,计算得出 2 500 m 高度处的空气比湿。土壤初始温度与湿度根据前人的相关研究结果进行设定。根据世界气象组织气象仪器及观测方法指南规定,将气象站地面粗糙度设置为0.1 m。建筑围护结构热工性能参考《严寒和寒冷地区居住建筑节能设计标准》(JGJ 26—2018),地面材料热工性能参考《民用建筑热工设计规范》(GB 50176—2016)和《城市道路工程设计规范》(CJJ 37—2012)。此外,夏季植物高度和树冠宽度根据住区内实际情况进行设定,乔灌木叶面积密度(leaf area density,LAD)以及草地的 LAD 采用 ENVI—met 的默认值;冬季住区内乔灌木均已落叶,植物与周围环境无热湿传递,所以冬季住区模型不考虑植物对微气候的影响。

表 4.1 ENVI—met 模拟参数设置

模拟参数		模拟日期	
		2017 年 1 月 11 日	2016 年 7 月 18 日
气象参数	10 m 高度处风速 /(m·s⁻¹)	2.45	1.15
	风向 /(°)	270	135
	2 m 高度处空气温度与相对湿度	见表 3.2	见表 3.3
	太阳辐射调节系数	1.0	0.7
	2 500 m 高度处空气比湿 /(g·kg⁻¹)	1.35	10.17
土壤初始状态	0 ~< 20 cm:温度 /(℃),湿度 /%	−18.5,33.5	26.1,30.8
	20 ~ 50 cm:温度 /(℃),湿度 /%	−10.0,40.5	22.2,31.8
	> 50 cm:温度 /(℃),湿度 /%	−6.0,37.5	21.4,33.2
建筑	屋面:传热系数 /(W·m⁻²·K⁻¹),反射率	0.25,0.3	
	外墙:传热系数 /(W·m⁻²·K⁻¹),反射率	0.40,0.3	
地面	混凝土路面:导热系数 /(W·m⁻¹·K⁻¹),反射率	1.51,0.2	
	水泥砖路面:导热系数 /(W·m⁻¹·K⁻¹),反射率	1.10,0.3	
	烧结花岗石路面:导热系数 /(W·m⁻¹·K⁻¹),反射率	3.49,0.2	
	沥青路面:导热系数 /(W·m⁻¹·K⁻¹),反射率	1.05,0.1	

注:风向中 0° 为北向,90° 为东向,180° 为南向。

表 4.2　　2017 年 1 月 11 日逐时空气温度与相对湿度数据

时间	空气温度 /℃	相对湿度 /%	时间	空气温度 /℃	相对湿度 /%
00：00	−22.5	67	12：00	−18.5	47
01：00	−22.7	70	13：00	−17.0	46
02：00	−23.3	74	14：00	−16.0	44
03：00	−24.1	68	15：00	−15.9	43
04：00	−24.2	68	16：00	−17.2	49
05：00	−24.3	67	17：00	−18.4	52
06：00	−25.2	68	18：00	−19.3	56
07：00	−25.1	69	19：00	−19.6	60
08：00	−24.3	66	20：00	−20.6	60
09：00	−23.3	62	21：00	−20.0	62
10：00	−21.5	58	22：00	−21.5	63
11：00	−20.8	55	23：00	−22.5	66

表 4.3　　2016 年 7 月 18 日逐时空气温度与相对湿度数据

时间	空气温度 /℃	相对湿度 /%	时间	空气温度 /℃	相对湿度 /%
00：00	20.6	77	12：00	26.5	58
01：00	20.4	77	13：00	27.6	52
02：00	20.0	78	14：00	28.5	49
03：00	19.6	82	15：00	28.2	48
04：00	19.4	85	16：00	29.1	47
05：00	19.2	89	17：00	29.0	46
06：00	21.0	83	18：00	28.4	48
07：00	22.3	76	19：00	27.4	52
08：00	23.7	70	20：00	26.1	58
09：00	24.9	63	21：00	25.5	61
10：00	26.7	56	22：00	24.7	62
11：00	26.0	59	23：00	24.1	62

4.2.2　冬季模拟结果检验

1.空气温度

图 4.3 给出了冬季各测点行人高度处空气温度实测值与模拟值的逐时变化。由图可知,气温实测值波动幅度较大,模拟值变化较为平缓,且测点间差别明显小于实测值。在 9：00 之前,气温模拟值高于实测值;在 9：00 ～ 10：30,随着太阳高度角和太阳辐射强度逐渐增大,气温实测值上升速度明显大于模拟值,且接受到太阳直射的广场空间(测点 S1)尤为显著;10：30 ～ 15：00 之间,气温实测值与模拟值变化曲线趋于平行;在 15：00 以后,随着太阳辐射强度逐渐减弱,基本处于建筑阴影中的围合式空间(测点 C1) 和行列式空间(测点 L1) 气温实测值与模拟值下降的速度均较为缓慢且趋势也较为相似,但广场空间的实测气温下降速度明显大于模拟值。此外,测点 S1 模拟气温峰值的出现时间比实测气温滞后约 30 min,峰值差约为 1.7 ℃;测点 C1 和 L1 气温模拟值与实测值的峰值出现时间相同,均在 15：00,峰值差分别约为 1.4 ℃ 和 0.4 ℃。产生以上差异的原因在于 ENVI－met 在数值模拟当中,对住区环境中材料热稳定性及环境热辐射的计算存在不足。总体来说,冬季空气温度模拟结果的逐时变化规律与实测结果基本一致。

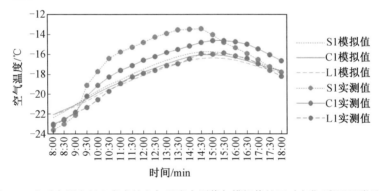

图 4.3　冬季各测点行人高度处空气温度实测值与模拟值的逐时变化(彩图见附录 4)

图 4.4 从住区冬季气温水平分布规律的角度,对测试期间各测点空气温度实测平均值与模拟平均值进行了比较。由图可知,测点之间模拟平均值与实测平均值的相互大小关系相同,由大至小依次为 S1、C1 和 L1。其中,接受长时间太阳辐射的测点 S1,实测平均值比模拟平均值大 1.3 ℃,差值相对较大;较短时间接受到太阳辐射,且受长波辐射热量影响较大的测点 C1,实测平均值比模拟平均值大 0.9 ℃;始终处于建筑阴影中的测点 L1,实测平均值与模拟平均值几乎相同。

由此可见,冬季空气温度模拟与实测结果的整体水平分布规律也相同。对于受
太阳辐射影响较大的空间,模拟结果偏低;对于不受太阳辐射影响的空间,模拟
与实测结果基本相同。

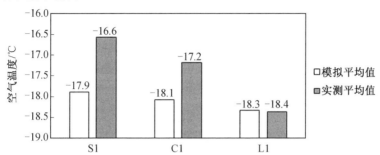

图 4.4　冬季各测点空气温度实测平均值与模拟平均值的比较

2. 相对湿度

图 4.5 所示为冬季各测点行人高度处相对湿度实测值与模拟值的逐时变
化。由图可知,模拟值曲线波动较为平缓,测点间变化趋势相近且差别明显小于
实测值。测点 C1 和 L1 相对湿度模拟值与实测值曲线趋于平行,变化趋势相近。
测点 S1 在 9:00～10:30 和 14:30～16:00,相对湿度模拟值下降和上升的速度
明显低于实测值。这是由于 ENVI－met 对环境热辐射与材料热稳定性的计算
存在不足,导致模拟气温上升和下降速度缓慢,从而影响相对湿度的变化。 此
外,测点 S1 模拟相对湿度最小值的出现时间(14:30)比实测值滞后约 1 h,最小
值差约为8.4%;测点 C1 和 L1 模拟相对湿度最小值出现时间(14:30)比实测提
前约1 h,最小值差分别约为 5.6% 和 2.3%。综上所述,冬季空气相对湿度模拟
结果的逐时变化规律与实测结果基本一致。

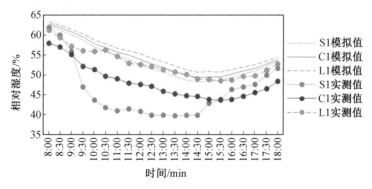

图 4.5　冬季各测点行人高度处相对湿度实测值与模拟值的逐时变化(彩图见附录4)

图 4.6 从冬季住区相对湿度水平分布规律的角度,对测试期间各测点实测平均值与模拟平均值进行了比较。测点之间模拟平均值与实测平均值的大小关系相同,由大至小依次为 L1、C1 和 S1。其中,测点 S1、C1 和 L1 的相对湿度模拟平均值均大于实测平均值,差值分别为 7.4%、6% 和 2.4%。由此可见,冬季相对湿度模拟与实测结果的水平分布规律也相同,但模拟结果相对偏高。

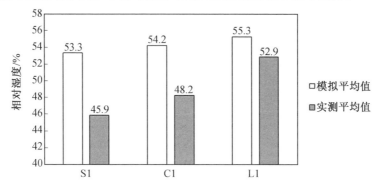

图 4.6 冬季各测点相对湿度实测平均值与模拟平均值的比较

3. 风速

图 4.7 所示为冬季各测点行人高度处风速实测值与模拟值的逐时变化。由图可知,风速实测值与模拟值逐时变化差异较为明显,其中实测值曲线变化幅度较大,模拟值较为平缓。这是由于 ENVI—met(4.3.2) 版本不支持逐时风速和风向的动态模拟,无法准确估计阵风瞬时变化对风环境的影响。因此,在复杂的城市环境中,风环境的模拟结果较为稳定。

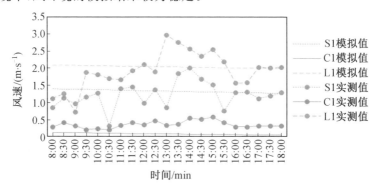

图 4.7 冬季各测点行人高度处风速实测值与模拟值的逐时变化(彩图见附录 4)

由图 4.8 可知,冬季测试期间各测点风速模拟平均值与实测平均值较为接近,其中测点 C1 风速模拟平均值比实测平均值小 0.27 m/s,测点 S1 和 L1 风速模拟平均值比实测平均值均大 0.1 m/s。这表明 ENVI－met 会低估围合空间内部风速,而在较开敞空间的风速模拟结果与实际更为接近。此外,测点之间模拟平均值与实测平均值的相互大小关系相同,由大至小依次为 L1、S1 和 C1,可见风速模拟与实测结果的水平分布规律也相同。综上所述,风速模拟结果能够较准确反映住区不同空间在关注时段内的平均风速状况与差异。

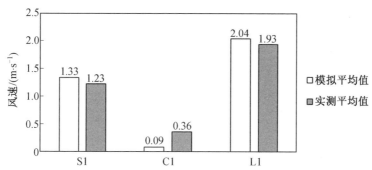

图 4.8　冬季各测点风速实测平均值与模拟平均值的比较

4. 平均辐射温度

图 4.9 所示为冬季各测点行人高度处平均辐射温度实测值与模拟值的逐时变化。由图可知,各测点平均辐射温度实测值与模拟值曲线较为接近,且实测值波动幅度较大,模拟值变化较为平缓。在 9∶30～14∶30 之间,即太阳辐射强度较大的时段,平均辐射温度模拟值与实测值较为接近;在太阳辐射强度较弱的时段,模拟值相对偏低。原因在于平均辐射温度主要受太阳辐射影响,ENVI－met模拟边界条件中太阳辐射强度是根据模拟地点自动生成的,即使经过调节,仍与实际情况存在一定差异,从而导致模拟结果出现一定误差。

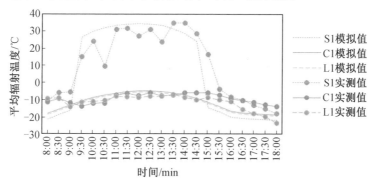

图 4.9　冬季各测点行人高度处平均辐射温度实测值与模拟值的逐时变化(彩图见附录 4)

图 4.10 从住区冬季平均辐射温度水平分布规律的角度，对测试期间各测点实测平均值和模拟平均值进行了比较。通过比较可知，测点之间平均辐射温度模拟平均值与实测平均值的相互大小关系相同，由大至小依次为 S1、C1 和 L1。其中，接受长时间太阳辐射的测点 S1，平均辐射温度实测平均值比模拟平均值大 3.2 ℃；较短时间接受太阳辐射的测点 C1，实测平均值比模拟平均值大 1.9 ℃；始终处于建筑阴影中的测点 L1，其实测平均值与模拟平均值几乎相同，且前者略大于后者 0.5 ℃。由此可见，冬季平均辐射温度模拟与实测结果的水平空间分布规律也相同，但模拟结果整体偏低。而且，在受太阳辐射影响较大的空间，其模拟平均值与实测平均值相差相对较大。

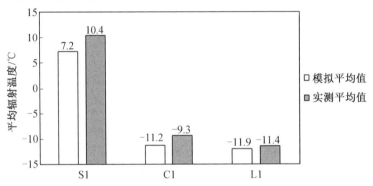

图 4.10　冬季各测点平均辐射温度实测平均值与模拟平均值的比较

5. ENVI－met 冬季模拟结果定量评价

以上通过比较冬季各微气候参数的实测结果和模拟结果，分析了其在测试时间内的逐时变化特征以及水平空间的分布规律。下面进一步通过均方根误差和一致性指数分别对冬季各微气候参数模拟结果的绝对误差和相对误差进行定量评价。计算公式如式(4.1) 和式(4.2) 所示：

$$\text{RMSE} = \left[\frac{1}{n} \sum_{i=1}^{n} (S_i - M_i) \right]^{0.5} \tag{4.1}$$

$$d = 1 - \frac{\sum_{i=1}^{n} (S_i - M_i)^2}{\sum_{i=1}^{n} (|S_i - \bar{M}| + |M_i - \bar{M}|)^2} \tag{4.2}$$

式中　S_i—— 模拟值；

$\quad\quad M_i$—— 实测值；

$\quad\quad d$—— 一致性指数；

$\overline{M}$——实测平均值。

由表 4.4 可知,空气温度、相对湿度、风速和平均辐射温度的均方根误差均在可接受范围内,分别为 1.34 ℃、6.28％、0.43 m/s 和 7.49 ℃。此外,各微气候参数的一致性指数均较高(0.72 ～ 0.95)。由此可见,模拟结果与实测结果的吻合程度较高,ENVI－met 较为合理地模拟了本次冬季实验的微气候状况。

表 4.4　ENVI－met 模拟结果与实测结果之间的均方根误差和一致性指数

评价指标	空气温度	相对湿度	风速	平均辐射温度
RMSE	1.34 ℃	6.28％	0.43 m/s	7.49 ℃
d	0.92	0.72	0.92	0.95

4.2.3　夏季模拟结果检验

在严寒地区住区,夏季微气候与冬季相比,主要区别在于太阳辐射强度与太阳高度角更大,空气温度在白天变化幅度较大,相对湿度更高,且风速与风向完全不同。以下通过数值模拟结果与实测值的比较,验证 ENVI－met 对严寒地区夏季住区微气候模拟结果的可靠性。

1. 空气温度

图 4.11 为夏季各测点行人高度处空气温度实测值与模拟值的逐时变化。由图可知,空气温度模拟值与实测值相比变化较为平缓,且测点间的差异明显相对较小。随着太阳高度角和太阳辐射强度逐渐增大,气温实测值上升速度明显大于模拟值,尤其是在接收太阳辐射量较大的广场空间(测点 S1)更为显著;在16:00 之后,随着太阳辐射强度逐渐减弱,气温模拟值下降速度变缓慢。此外,测点间模拟气温值曲线峰值(16:00)与实测值曲线峰值出现时间存在差异。且测点 S1、C1、L1 实测与模拟气温的峰值差分别约为 2.07 ℃、0.48 ℃、1.83 ℃,明显大于冬季各测点的峰值差,这是由于夏季太阳高度角较大,空间内接受太阳辐射量多,对气温日间变化影响较大。综上所述,夏季空气温度模拟结果的变化规律与实测结果基本一致。

图 4.12 从住区夏季气温水平分布规律的角度,对测试期间各测点空气温度实测平均值和模拟平均值进行了比较。由图可知,测点之间模拟值与实测值的相互大小关系相同,由大至小依次为 S1、L1 和 C1。此外,气温模拟平均值整体低于实测平均值。随着不同空间接收太阳辐射量由多至少,实测气温平均值与模拟气温平均值的差值逐渐变小,测点 S1、L1 和 C1 的差值依次为 1.4 ℃、1.0 ℃ 和 0.4 ℃,且差值略大于冬季。由此可见,夏季气温模拟与实测结果的整体水平分布规律一致。

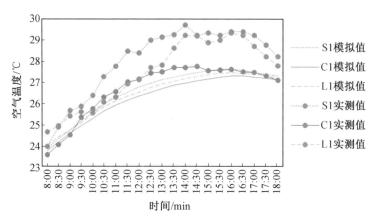

图 4.11　夏季各测点行人高度处空气温度实测值与模拟值的逐时变化（彩图见附录 4）

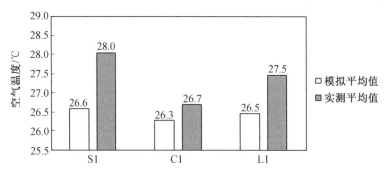

图 4.12　夏季各测点空气温度实测平均值与模拟平均值的比较

2. 相对湿度

图 4.13 所示为夏季各测点行人高度处相对湿度实测值与模拟值的逐时变化。由图可知,实测与模拟相对湿度曲线整体上的变化趋势基本一致,其中模拟值曲线波动相对平缓,且测点间差别明显较小。此外,各测点实测相对湿度最小值均出现在 16:30,随后相对湿度呈明显回升的趋势,而模拟相对湿度最小值的出现时间相对滞后。

图 4.14 从住区夏季相对湿度水平分布规律的角度,对测试期间各测点实测平均值和模拟平均值进行比较。测点之间模拟平均值与实测平均值的相互大小关系相同,由大至小依次为 C1、L1 和 S1。其中,测点 C1 和 L1 的相对湿度模拟平均值分别小于实测平均值4.0%和1.2%;测点 S1 相对湿度模拟平均值大于实测平均值2.3%。由此可见,夏季相对湿度模拟与实测结果的水平分布规律一致,但在相对开敞的广场空间相对湿度模拟结果偏高,在相对封闭的行列式和围合式空间,相对湿度模拟结果偏低。

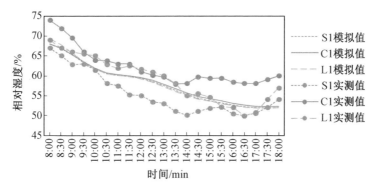

图 4.13　夏季各测点行人高度处相对湿度实测值与模拟值的逐时变化(彩图见附录 4)

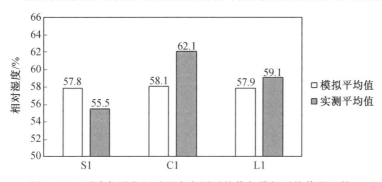

图 4.14　夏季各测点相对湿度实测平均值与模拟平均值的比较

3. 风速

图 4.15 为夏季各测点行人高度处风速实测值与模拟值的逐时变化。由图可知,实测值曲线变化幅度较大,而由于 ENVI－met(4.3.2)版本不支持逐时风速和风向的动态模拟,入流风速和风向均恒定不变,导致风速模拟结果趋于稳定,使得风速实测值与模拟值逐时变化差异较为明显。

由图 4.16 可知,夏季测试期间各测点风速模拟平均值与风速实测平均值较为接近,测点 S1 风速模拟平均值比实测平均值大 0.11 m/s,测点 C1 和 L1 风速模拟平均值比实测平均值分别小 0.28 m/s 和 0.21 m/s,可见与冬季模拟结果相比,夏季风速模拟平均值普遍比实测平均值偏低,测点 L1 尤为显著。这说明当建筑对气流起到阻碍作用时,ENVI－met 会低估空间内风速,而且当入流风速较小时,这种现象更为明显。此外,各测点模拟平均值与实测平均值的相互大小关系相同,由大至小依次为 L1、S1 和 C1,风速模拟与实测结果的水平分布规律也相同。综上所述,风速模拟结果能够较准确反映住区不同空间在关注时段内的平均风速状况与差异。

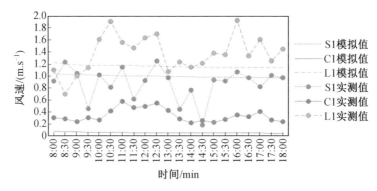

图 4.15 夏季各测点行人高度处风速实测值与模拟值的逐时变化(彩图见附录 4)

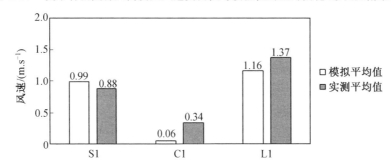

图 4.16 夏季各测点风速实测平均值与模拟平均值的比较

4.平均辐射温度

图 4.17 所示为夏季各测点行人高度处平均辐射温度实测与模拟结果逐时变化比较。由图可知,各测点平均辐射温度实测值与模拟值曲线变化趋势较为接近。在 13:30 ～ 15:30,测点 S1 模拟值与实测值的变化差异较大。这是因为 ENVI－met 模拟的边界条件中,太阳辐射量与实际情况存在一定差异,所以当实际天气出现短时间多云等情况时,太阳辐射量会出现瞬时变化,导致此时的模拟结果与实测值存在较大差异。

由图 4.18 可知,夏季平均辐射温度模拟平均值整体偏高,但测点之间模拟平均值与实测平均值的相互大小关系相同,由大至小依次为 S1、L1 和 C1。此外,平均辐射温度模拟平均值与实测平均值的差值均在可接受范围内,其中测点 C1 的差值较大,为 7.4 ℃,测点 S1 与 L1 的差值分别为 1.2 ℃ 和 1.6 ℃。

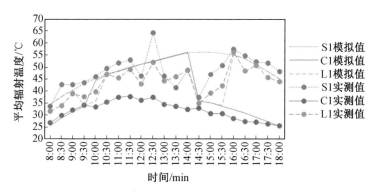

图 4.17　夏季各测点行人高度处平均辐射温度实测值与模拟值的逐时变化（彩图见附录4）

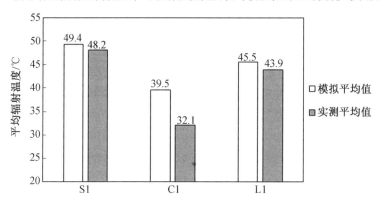

图 4.18　夏季各测点平均辐射温度实测平均值与模拟平均值的比较

5. ENVI－met 夏季模拟结果定量评价

以上通过比较夏季微气候参数的实测结果和模拟结果，分析了参数的逐时变化特征以及水平空间的分布规律。下面进一步通过均方根误差和一致性指数分别对夏季各微气候参数模拟结果的绝对误差和相对误差进行定量评价。

由表4.5可知，空气温度、相对湿度、风速和平均辐射温度的均方根误差均在可接受范围内，分别为 1.17 ℃、3.33％、0.32 m/s 和 7.85 ℃。此外，各微气候参数的一致性指数均较高（0.81 ～ 0.90）。由此可见，模拟结果与实测结果的吻合程度较高，ENVI－met 能够合理地模拟本次夏季实验的微气候状况。

表 4.5　ENVI－met 模拟结果与实测结果之间的均方根误差和一致性指数

评价指标	空气温度	相对湿度	风速	平均辐射温度
RMSE	1.17 ℃	3.33%	0.32 m/s	7.85 ℃
d	0.84	0.90	0.88	0.81

　　综上所述,通过对冬季和夏季微气候模拟结果的逐时变化特征、水平空间分布规律以及定量统计指标的分析,发现各微气候参数模拟结果与实测结果具有较高的吻合度。因此,在采用强迫式入流边界模式,并以宏观气象观测数据作为边界条件时,ENVI－met 能够合理地模拟严寒地区住区冬、夏两季的微气候状况。

4.3　典型计算日选取

　　衡量一个地区的寒冷和炎热程度可以用不同的指标。从人的主观感觉和建筑物采暖、制冷能耗的角度出发,一年中最冷月和最热月的气候状况能够直接反映出当地的冷热程度。由于 ENVI－met 的模拟计算结果虽然全面,但耗时较长,如果对本书选用的 156 个住区模型冬季和夏季每天逐时的微气候进行模拟分析,将很难实现,并且也无法将此方法运用到实际住区规划设计当中。因此,本书选取能够代表最冷月(1 月)和最热月(7 月)普遍气候特征的典型气象日,作为冬、夏两季严寒地区住区微气候及建筑能耗模拟研究的典型计算日。

　　基于中国标准气象数据(Chinese standard weather date,CSWD)中哈尔滨市典型气象年逐时气象要素数据,对典型计算日进行选取。CSWD 具有观测时间较长且数据来源新的特点,能够代表该地区各月的典型气象状况。此外,将采用平均绝对百分比误差(mean absolute percentage error,MAPE)和一致性指数对每日各时刻气象参数值与该月各时刻气象参数的平均值之间的误差进行衡量,从而选取典型计算日。以上两个指标充分考虑了平均误差的相对大小及误差值的敏感性,计算公式如式(4.3)和式(4.4)所示:

$$\mathrm{MAPE} = \frac{1}{n} \sum_{i=1}^{n} \frac{|X_{\mathrm{month},i} - X_{\mathrm{day},i}|}{X_{\mathrm{month},i}} \times 100\% \qquad (4.3)$$

式中　　$X_{\mathrm{month},i}$——该月 i 时刻的气象参数平均值;

　　　　$X_{\mathrm{day},i}$——每日 i 时刻的气象参数逐时值;

　　　　n——一天中的小时数。

$$d = 1 - \frac{\sum\limits_{i=1}^{n} (X_{\mathrm{day},i} - X_{\mathrm{month},i})^2}{\sum\limits_{i=1}^{n} (|X_{\mathrm{day},i} - \overline{X}_{\mathrm{month}}| + |X_{\mathrm{month},i} - \overline{X}_{\mathrm{month}}|)^2} \quad (4.4)$$

式中　$\overline{X}_{\mathrm{month}}$——该月各时刻气象参数平均值的均值。

在选取典型计算日时,应主要分析相对关键气象要素,并对其权重加以考虑。在此基础上,计算每日各气象要素的平均绝对百分比误差和一致性指数,并根据权重系数计算加权和,从而对两个指标值分别进行排序比较,选取平均绝对百分比误差最小且一致性指数最大的一天作为典型计算日。

根据前人相关研究结果得知,目前对于不同气象要素加权系数的确定,主要从气象数据的使用目的出发,在相关标准和规范中并没有统一的规定。表 4.6 列举了部分学者在典型气象年数据中采用的不同气象要素的加权系数,可以看出他们均将空气温度、湿度、风速和太阳辐射作为主要分析要素。由于太阳辐射作为最基本的气象要素,并且空气温度、湿度、地表温度等均会受到太阳辐射的影响,所以大部分学者将其加权系数设定为 1/2。此外,学者 Hall、Wong 和 Yang 在其研究中,均认为空气温度、湿度和风速三个气象要素的重要性比例为 1:1:1。综合以往研究成果,本书选取空气温度、相对湿度、风速和水平面总太阳辐射作为气象要素,并将其加权系数分别设定为 1/6、1/6、1/6 和 3/6。

综上所述,依据 CSWD 中哈尔滨市典型气象年数据,对最冷月(1 月)和最热月(7 月)逐日气象数据的平均绝对百分比误差和一致性指数的加权和进行计算。通过比较排序,发现两个指标的权衡结果一致,最终分别选取 1 月 25 日和 7 月 20 日作为冬季和夏季的典型计算日。

表 4.6　气象要素加权系数

气象要素	加权系数					
	Hall	Marion	Wong	Yang	Pissimanis	Jiang
空气温度	1/6	2/10	1/4	1/6	5/32	5/20
湿度	1/6	2/10	1/4	1/6	5/32	3/20
风速	1/6	1/10	1/4	1/6	6/32	2/20
太阳辐射	3/6	5/10	1/4	3/6	16/32	10/20

注:表中数据表示 Hall 等学者的研究成果。

4.4　模拟计算参数及内容

ENVI-met 模拟参数设置主要集中在物理模型参数和背景气象参数两个

方面。

4.4.1 物理模型建立与参数设置

将 2.2 节 156 个住区调研案例作为严寒地区城市住区微气候研究对象,根据住区建筑群体规划布局实际情况进行 ENVI－met 建模。其中,《住宅设计规范》(GB 50096—2011) 中规定,住宅层高宜采用 2.8 m,但考虑到女儿墙、坡屋面和室内外高差等构造因素,且为了便于计算,层高均采用 3 m,建筑均设置为平屋面。

此外,物理模型参数参照 4.2.1 节进行设置。模拟地点设置为中国哈尔滨市(地理坐标:45.45°N,126.4°E)。综合考虑模拟运算时间与准确性,对主模型区域网格分辨率进行统一设置,水平网格分辨率为 $dx = 3$ m,$dy = 3$ m;垂直方向采用底层细分为 5 层的等距网格,网格分辨率为 $dz = 6$ m,且底层网格可读取模拟结果的高度依次为 $0.1 \cdot dz$,$0.1 \cdot dz + 0.2 \cdot dz$,$0.1 \cdot dz + 0.4 \cdot dz$,$0.1 \cdot dz + 0.6 \cdot dz$,$0.1 \cdot dz + 0.8 \cdot dz$,$0.1 \cdot dz + 1 \cdot dz$,网格数量基于不同住区实际空间尺寸进行设置。主模型区域外围设置以土壤和沥青交替排列的 5 个嵌套网格,以弱化外界条件对主模型区域模拟结果的影响。

由于本书主要研究的是住区形态对微气候的影响,为了避免不同的下垫面材质对微气候产生影响,因此统一将模型下垫面设置为严寒地区住区普遍采用的混凝土地面,其反射率为 0.2,导热系数为 1.51 W/(m·K)。建筑围护结构热工性能参照相关节能标准,外墙和屋顶的反射率均为 0.3,传热系数分别为 0.4 W/(m²·K) 和 0.25 W/(m²·K)。

4.4.2 背景气象参数设置

ENVI－met 的背景气象参数主要包括:2 m 高度处的空气温度和相对湿度、10 m 高度处的风速与风向、太阳辐射强度以及不同深度的土壤温度和湿度。本节基于 CSWD 中哈尔滨市典型气象年数据,对冬、夏两季典型计算日(1 月 25 日、7 月 20 日)住区微气候模拟的背景气象参数进行设置。

模拟计算入流边界模式采用强迫式,可将逐时空气温度和相对湿度数据作为边界条件对模拟过程进行强迫。在典型气象年数据中,冬季与夏季典型计算日逐时空气温度和相对湿度见表 4.7。

表 4.7　冬季与夏季典型计算日逐时空气温度和相对湿度

时间	冬季典型计算日		夏季典型计算日	
	空气温度 /℃	相对湿度 /%	空气温度 /℃	相对湿度 /%
00：00	−20.2	71	18.0	93
01：00	−21.0	72	16.4	93
02：00	−21.9	74	15.0	92
03：00	−22.7	77	15.4	89
04：00	−23.3	80	16.8	85
05：00	−23.5	82	18.8	80
06：00	−23.2	84	21.6	75
07：00	−22.3	84	25.1	71
08：00	−20.7	83	28.7	67
09：00	−18.7	80	30.5	65
10：00	−16.5	76	30.2	63
11：00	−14.4	72	29.4	61
12：00	−12.6	68	28.3	61
13：00	−11.5	65	27.0	61
14：00	−11.2	63	25.8	62
15：00	−11.2	62	24.6	63
16：00	−11.5	62	23.7	66
17：00	−12.4	63	23.0	68
18：00	−13.6	65	22.7	71
19：00	−14.9	67	22.7	75
20：00	−16.2	70	23.1	79
21：00	−17.5	72	23.7	83
22：00	−18.8	75	24.1	87
23：00	−20.1	78	24.0	90

　　截至 ENVI－met(4.3.2)版本,仍无法在背景气象参数中设置逐时风速和风向,因此将初始风速分别设置为典型气象年中冬、夏两季典型计算日的日平均值。此外,由于在选取典型计算日时,未将风向作为分析要素,且阵风风向变化

频繁,如采用典型计算日的最多风向仍无法准确反映出风向的普遍规律。因此,需对典型气象年数据中1月和7月的逐时风向的发生频率进行统计,将频率最高的风向分别作为冬、夏两季的典型风向。图4.19所示为1月和7月的风向频率统计结果,风向是以16方位表示,其中1、5、9、13分别表示北风、东风、南风和西风。表4.8为背景气象参数中的风速和风向。

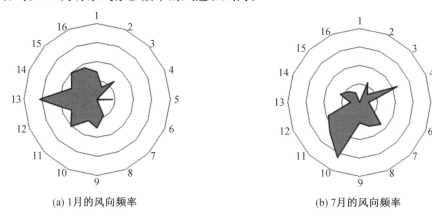

(a) 1月的风向频率　　　　　　　　　(b) 7月的风向频率

图4.19　1月和7月的风向频率统计结果

表4.8　背景气象参数中的风速和风向

气象参数	1月	7月
风速 /(m·s⁻¹)	2.3	3.3
风向 /(°)	270	202.5

对于太阳辐射,ENVI－met根据模拟地点的经纬度自动计算生成逐时太阳辐射强度,并通过设置调节系数对太阳辐射量进行修改,调节系数区间为0.5～1.5。在调节太阳辐射量时,应保证太阳总辐射及散射辐射的最大值与典型计算日数据相等,且使日辐射总量与典型计算日数据尽量接近。根据上述原则,基于典型气象年数据,将冬、夏两季太阳辐射调节系数分别设置为0.96和0.71,典型计算日太阳总辐射强度和散射辐射强度的逐时变化情况如图4.20所示。

根据前人对东北地区高空湿度变化特征及其与空气温度和相对湿度的相关关系的研究结果,将2 500 m高度处的冬季典型计算日空气比湿值设定为1.345 g/kg,夏季典型计算日空气比湿值设定为10.17 g/kg。土壤初始温度与湿度根据以往相关研究结果进行设定,见表4.9。

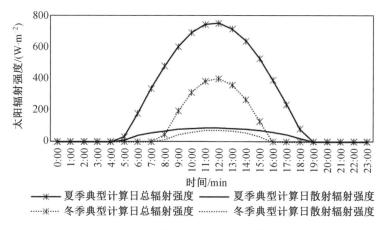

图 4.20　典型计算日逐时太阳总辐射强度和散射辐射强度的逐时变化

表 4.9　土壤初始温度与湿度

深度	冬季典型计算日		夏季典型计算日	
	温度 /℃	湿度 /%	温度 /℃	湿度 /%
0 ~ 20 cm	−18.5	33.5	26.1	30.8
20 ~ 50 cm	−10.0	40.5	22.2	31.8
> 50 cm	−6.0	37.5	21.4	33.2

此外,为了避免初始条件的干扰,将模拟开始时间设置为典型计算日的前一天 4∶00,总模拟时长设置为 44 h,且只采用最后 24 h 的计算结果。同时,按照世界气象组织的《气象仪器及观测方法指南》规定,将气象站地面粗糙度设置为 0.1 m。

4.4.3　模拟分析的内容

根据 4.4.1 节和 4.4.2 节模拟参数的设置,对 2.2 节调研的 156 个住区案例在冬季与夏季典型计算日的微气候进行模拟计算,针对住区形态要素对室外行人高度处微气候的影响规律进行分析,为后续的综合优化计算提供依据。

风速和空气温度是微气候的主要参数,影响着人体的对流、蒸发换热以及空气的冷暖程度。《绿色建筑评价标准》(GB/T 50378—2019)和《城市居住区热环境设计标准》(JGJ 286—2013)均将风速和空气温度作为重要的微气候设计指标与评价指标。此外,在热学领域,科学家们试图采用单一参数对微气候进行综合评价,即热舒适指标。这一参数既综合考虑了影响人体热舒适的多重因素,又体现了使用者对微气候整体感觉的意识状态。因此,本书选择风速、空气温度和热舒适指标作为微气候评价指标,并基于各住区案例模拟结果,对住区形态要素与微气候评价指标的量化关系进行深入研究。

住区形态要素主要选取容积率、建筑群体平面组合形式、建筑群体方向、建筑密度、平面围合度、建筑平均高度、最大建筑高度、建筑高度起伏度和建筑高度离散度。由于在城市控制性详细规划阶段已确定用地红线,因此本书未对用地规模及边界形状对住区微气候及建筑能耗的影响展开研究。此外,根据以往对住区室外风环境的研究结果可知,建筑朝向对风速值的影响是由建筑朝向与来流风向之间的相对角度导致的。因此,本书引入建筑群体风向投射角指标(后文简称风向投射角)进行研究,该指标的定义为来流风向与建筑群体方向之间的夹角。根据 1.2 节住区形态要素的调查结果,对各住区形态要素范围进行统计,其中风向投射角依据冬、夏两季模拟气象参数设置中主导风向与各住区建筑群体方向进行计算。城市住区形态要素符号及数据范围见表 4.10。

表 4.10 城市住区形态要素符号及数据范围

住区形态要素	符号	单位	数据范围
容积率	Far	—	$0.9 \sim 4.5$
建筑密度	λ_b	%	$8.4 \sim 35.0$
平面围合度	C_p	%	$34.7 \sim 92.4$
建筑群体方向	D_{bg}	(°)	$-47.0 \sim 56.0$
风向投射角(冬季)	θ_w	(°)	$34.0 \sim 90.0$
风向投射角(夏季)	θ_s	(°)	$1.5 \sim 78.5$
建筑平均高度	H_{avg}	m	$12 \sim 99$
最大建筑高度	H_{max}	m	$12 \sim 108$
建筑高度起伏度	H_{amp}	m	$0 \sim 90$
建筑高度离散度	H_{std}	m	$0 \sim 36$

4.5 本 章 小 结

本章通过对多款城市及建筑热环境模拟软件进行比较分析,确定采用 ENVI—met 软件作为住区微气候的研究工具,并基于住区微气候实测数据对

ENVI－met 模拟结果的可靠性进行验证。验证结果表明：冬、夏两季空气温度、相对湿度、平均辐射温度的模拟结果与实测结果的逐时变化特征、水平空间分布规律基本吻合；风速模拟结果虽然无法预测逐时变化规律，但能够准确反映住区不同空间的平均风速差异；各微气候参数的均方根误差值均在可接受范围内，一致性指数也相对较高。此外，基于 CSWD 中典型气象年逐时气象参数，确定冬季和夏季的典型计算日分别为 1 月 25 日和 7 月 20 日。依据 ENVI－met 软件参数设置要求，分别对物理模型参数和背景气象参数的设置进行解析。

第5章

微气候与住区形态的关系

近 年来,严寒地区气候变化异常,冬季极寒天气和夏季高温天气频繁出现,住区微气候质量明显下降。根据第3章住区微气候现状调查分析可知,过渡季住区微气候较为舒适,冬、夏两季微气候舒适性较差,并且住区形态会对微气候产生直接影响。因此,本章以2.1节156个住区调研案例作为研究对象,基于冬、夏典型计算日住区微气候模拟结果,针对住区形态要素对微气候评价指标的影响规律展开研究。

5.1　风速与住区形态

本节将基于 ENVI－met 软件对 156 个住区案例冬、夏两季微气候的模拟结果,针对以下内容展开研究:住区形态要素对平均风速的敏感性分析、建筑群体平面组合形式与平均风速比的量化关系分析以及基于住区形态要素的平均风速比预测模型构建。

5.1.1　室外风环境评价方法的确定

目前国内外相关建筑规范并没有关于风环境评价方法的统一标准,在以往的相关研究中,常用的室外风环境评价方法主要包括蒲福风级、相对舒适度评价法、风概率数值评价法、风速比评价方法等。其中,蒲福风级、相对舒适度评价法以及风概率数值评价法主要考虑了风安全与风舒适,根据相应评价标准中临界风速与频率对风环境状况进行评估;而风速比评价法不以风速值本身的大小评估风环境的优劣,其主要用来评估由于周边环境干扰而引起的风速变化程度。

由于建筑物周围行人高度处风速随来流风速的变化而改变,因此在某一特定风速边界条件下,研究区域内各测点风速值的计算结果对于实际工程设计的指导作用有限。为了使研究结果更具普适性,本书采用风速比作为评价室外风环境的指标。风速比反映了不同建筑群体空间形态对风速的影响程度,已被广泛应用在风环境数值模拟、风洞试验及现场实测的研究中,风速比计算如下:

$$R_i = U_i / U \tag{5.1}$$

式中　R_i—— 风速比;

　　　U_i—— 建筑物存在时,i 点位置行人高度处的风速,m/s;

　　　U—— 建筑物不存在时,i 点位置行人高度处的风速,m/s。

结合本节研究内容,由于大气边界层满足"水平均匀性",因此将模拟计算的背景气象参数中的初始风速作为公式中的来流风速(U 值),即冬季和夏季的来流风速分别为 2.3 m/s 和 3.3 m/s,同时将住区案例模拟计算中各数据接收点行人高度处风速模拟结果作为公式中 U_i 值。本节将以住区平均风速比作为风环境的评价标准展开研究。

5.1.2　住区形态要素对平均风速比的敏感性分析

在研究住区形态要素与平均风速比的量化关系之前,需要掌握各住区形态要素对平均风速比影响的显著性以及重要性程度,以便在分析过程中理清矛盾的主次关系,并为量化研究提供理论支持。

通过单因素方差分析,了解平均风速比受住区形态要素的影响程度,所选要素包括建筑群体平面组合形式、容积率、建筑密度、平面围合度、风向投射角、建筑平均高度、最大建筑高度、建筑高度起伏度和建筑高度离散度。通过 Sig. 值判断住区形态要素对平均风速比影响的显著性,若 Sig. 值小于 0.05,表明该住区形态要素对平均风速比具有显著影响,否则相反;再根据 F 值判断住区形态要素对平均风速比影响的显著程度,F 值越大表明该形态要素对平均风速比影响的显著程度越大,否则相反。

1. 冬季住区形态要素敏感性分析

冬季住区形态要素与平均风速比的显著性分析结果见表 5.1。根据结果可知,容积率和建筑高度离散度的 Sig. 值大于 0.05,说明这两个要素对冬季住区平均风速比无显著影响;其他住区形态要素均对平均风速比影响显著。通过比较 F 值可知,住区形态要素对冬季平均风速比的影响程度由大到小依次为建筑群体平面组合形式、建筑密度、最大建筑高度、平面围合度、风向投射角、建筑高度起伏度、建筑平均高度。

根据显著性分析结果,将对冬季住区平均风速比具有显著影响的住区形态要素进行相关性分析,从而判断住区形态要素与平均风速比之间的线性趋势及线性相关程度。此外,可根据相关系数的绝对值($|R|$)对变量间相关程度进行分级:当 $|R| \geqslant 0.9$ 时,属于极高相关;当 $0.7 \leqslant |R| < 0.9$ 时,属于高度相关;当 $0.4 \leqslant |R| < 0.7$ 时,属于中度相关;当 $0.2 \leqslant |R| < 0.4$ 时,属于低度相关;当 $|R| < 0.2$ 时,属于极低相关。

表 5.1　冬季住区形态要素与平均风速比的显著性分析结果

住区形态要素	F 值	Sig. 值
建筑群体平面组合形式	34.354	0.000**
容积率	0.875	0.526
建筑密度	3.658	0.000**
平面围合度	3.039	0.002**
风向投射角	2.658	0.000**
建筑平均高度	1.623	0.017*
最大建筑高度	3.257	0.000**
建筑高度起伏度	1.905	0.009*
建筑高度离散度	1.035	0.430

注：** 表示 $p < 0.01$，* 表示 $p < 0.05$。

表 5.2 为冬季住区形态要素与平均风速比相关性分析结果。建筑密度、平面围合度与冬季平均风速比呈线性负相关，且相关程度相对较高，相关系数绝对值分别为 0.682 和 0.661；风向投射角、建筑平均高度、最大建筑高度、建筑高度起伏度分别与冬季平均风速比呈线性正相关，相关程度依次降低。此外，建筑密度、平面围合度、风向投射角、建筑平均高度、最大建筑高度与平均风速比属于中度相关；建筑高度起伏度与平均风速比属于低度相关。

表 5.2　冬季住区形态要素与平均风速比相关性分析结果

住区形态要素	相关系数
建筑密度	− 0.682**
平面围合度	− 0.661**
风向投射角	0.485**
建筑平均高度	0.447**
最大建筑高度	0.446**
建筑高度起伏度	0.298**

注：** 表示 $p < 0.01$。

2. 夏季住区形态要素敏感性分析

夏季住区形态要素与平均风速比的显著性分析结果见表 5.3。根据结果可知，容积率和建筑高度离散度的 Sig. 值大于 0.05，说明这两者对平均风速比无显著影响；其他住区形态要素对平均风速比均具有显著影响。通过比较 F 值可知，住区形态要素对夏季平均风速比的影响程度由大到小依次为建筑群体平面组合形式、最大建筑高度、风向投射角、建筑密度、平面围合度、建筑平均高度、建筑高度起伏度。

表 5.3　夏季住区形态要素与平均风速比的显著性分析结果

住区形态要素	F 值	Sig. 值
建筑群体平面组合形式	11.034	0.000**
容积率	1.052	0.357
建筑密度	2.426	0.001**
平面围合度	1.992	0.003**
风向投射角	2.605	0.000**
建筑平均高度	1.981	0.001**
最大建筑高度	4.000	0.000**
建筑高度起伏度	1.594	0.043*
建筑高度离散度	0.916	0.600

注:** 表示 $p < 0.01$,* 表示 $p < 0.05$。

根据显著性分析结果,对具有显著影响的夏季住区形态要素与平均风速比进行相关性分析,以判断住区形态要素与平均风速比之间的线性趋势及线性相关程度。表 5.4 为相关性分析结果,建筑密度、平面围合度与夏季平均风速比呈线性负相关,且相关程度较高,相关系数绝对值分别为 0.593 和 0.561;最大建筑高度、建筑平均高度、风向投射角、建筑高度起伏度与夏季平均风速比呈线性正相关,相关程度依次降低。此外,建筑密度、平面围合度、建筑平均高度、最大建筑高度与夏季平均风速比属于中度相关;风向投射角、建筑高度起伏度与平均风速比属于低度相关。

表 5.4　夏季住区形态要素与平均风速比相关性分析结果

住区形态要素	相关系数
建筑密度	− 0.593**
平面围合度	− 0.561**
风向投射角	0.385**
建筑平均高度	0.503**
最大建筑高度	0.537**
建筑高度起伏度	0.349**

注:** 表示 $p < 0.01$。

5.1.3　建筑群体平面组合形式与平均风速比的量化关系分析

根据 5.1.2 节住区形态要素对冬、夏两季室外平均风速比的敏感性程度分析结果可知,建筑群体平面组合形式对平均风速比影响程度最大。本节将进一步对不同建筑群体平面组合形式之间平均风速比的差异进行比较分析。

1. 冬季建筑群体平面组合形式与平均风速比的量化关系分析

通过多重比较分析方法,对冬季不同建筑群体平面组合形式之间的平均风速比是否存在显著性差异进行分析。根据结果中 Sig. 值判断两组平面组合形式之间是否存在显著性差异,若 Sig. 值小于 0.05,说明具有显著性差异,否则反之。根据表 5.5 多重比较分析结果可知,行列式与混合式(行列式＋点群式)之间,周边式与混合式(周边式＋点群式)之间,混合式(行列式＋点群式)、混合式(行列式＋周边式)分别与混合式(行列式＋周边式＋点群式)之间的平均风速比均没有显著性差异,其他平面组合形式相互之间的平均风速比均具有显著性差异。

表 5.5　冬季建筑群体平面组合形式间平均风速比的显著性差异分析(Sig. 值)

组合形式	1	2	3	4	5
2	0.000	—	—	—	—
3	0.174	0.000	—	—	—
4	0.000	0.000	0.014	—	—
5	0.000	0.194	0.000	0.006	—
6	0.023	0.000	0.251	0.634	0.020

注:1 行列式、2 周边式、3 混合式(行列式＋点群式)、4 混合式(行列式＋周边式)、5 混合式(周边式＋点群式)、6 混合式(行列式＋周边式＋点群式)。显著性水平为 0.05。

冬季不同建筑群体平面组合形式对应的平均风速比区间分布如图 5.1 所示。由图可知,冬季住区平均风速比的总体分布范围大致在 0.16 ~ 1.02 之间。其中,行列式住区的平均风速比范围较为集中,其总体分布范围和四分位数间距均为最小,且四分位区间值在各平面组合形式中最高,主要分布大致在 0.8 ~ 0.9 之间。周边式住区的平均风速比总体分布范围和四分位数间距均为最大,四分位区间值最低,主要分布大致在 0.3 ~ 0.6 之间。混合式(周边式＋点群式)、混合式(行列式＋周边式)、混合式(行列式＋周边式＋点群式)和混合式(行列式＋点群式)的四分位数间距依次减小,区间值依次升高。此外,各建筑群体平面组合形式的平均风速比的中位数由大到小依次为行列式、混合式(行列式＋点群式)、混合式(行列式＋周边式＋点群式)、混合式(行列式 ＋ 周边式)、混合式(周边式 ＋ 点群式)、周边式。

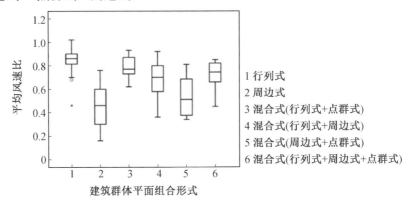

图 5.1　冬季不同建筑群体平面组合形式对应的平均风速比区间分布

综上分析,冬季不同建筑群体平面组合形式对应的平均风速比分布情况呈现出特有的规律。通过对比各建筑群体平面组合形式平均风速比的四分位区间值和中位数值可知,行列式住区的平均风速比相对较高,周边式住区平均风速比相对较低,混合式住区平均风速比处于适中水平,且随着周边式布局所占比例的增大、行列式布局占比的减小,混合式住区平均风速比呈减小的趋势。此外,通过对比四分位数间距可知,对于行列式和混合式(行列式＋点群式)住区,不同建筑群体平面组合形式对平均风速影响较小,而对于周边式住区以及由周边式分别与点群式和行列式组合而成的混合式住区,不同建筑群体平面组合形式对平均风速影响较大。

2. 夏季建筑群体平面组合形式与平均风速比的量化关系分析

通过多重比较分析,确定夏季不同建筑群体平面组合形式之间的平均风速比是否存在显著性差异,分析结果见表5.6。通过显著性差异分析结果可知,行列式、周边式、混合式(行列式＋周边式)以及混合式(周边式＋点群式)相互之间的平均风速比具有显著性差异;混合式(行列式 ＋ 点群式)、混合式(行列式 ＋ 周边式 ＋ 点群式)分别与周边式之间的平均风速比具有显著性差异;混合式(行列式＋点群式)与混合式(行列式＋周边式)之间的平均风速比具有显著性差异;其余两两平面组合形式之间均不存在显著性差异。

表 5.6　夏季建筑群体平面组合形式间平均风速比的显著性差异分析(Sig. 值)

组合形式	1	2	3	4	5
2	0.000	—	—	—	—
3	0.790	0.000	—	—	—
4	0.000	0.002	0.013	—	—
5	0.044	0.048	0.122	0.819	—
6	0.283	0.014	0.436	0.356	0.563

注:1 行列式、2 周边式、3 混合式(行列式＋点群式)、4 混合式(行列式＋周边式)、5 混合式(周边式＋点群式)、6 混合式(行列式＋周边式＋点群式)。显著性水平为 0.05。

夏季不同建筑群体平面组合形式对应的平均风速比区间分布如图 5.2 所示。由图可知,夏季住区平均风速比总体分布范围大致在 0.08 ～ 0.80 之间。其中,行列式住区平均风速比四分位区间值大致为 0.45 ～ 0.60,且高于其他平面组合形式;周边式住区平均风速比四分位区间值大致在 0.25 ～ 0.40 之间,与其他平面组合形式相比较低;混合式住区平均风速比处于适中水平,区间值主要分布大致在 0.30 ～ 0.60 之间,且行列式、周边式、混合式(行列式＋点群式)、混合式(行列式＋周边式)、混合式(周边式＋点群式)、混合式(行列式＋周边式＋点群式) 的四分位区间值依次降低。此外,行列式、周边式、混合式(行列式＋周边式) 和混合式(周边式＋点群式) 的平均风速比四分位数间距相对较大且较为接近;混合式(行列式＋点群式) 和混合式(行列式＋周边式＋点群式) 的四分位数间距较小,约为 0.10。各建筑群体平面组合形式的平均风速比的中位数由大到小依次为混合式(行列式＋点群式)、行列式、混合式(行列式＋周边式＋点群式)、混合式(行列式＋周边式)、混合式(周边式＋点群式)、周边式。

综上分析,通过对比夏季不同建筑群体平面组合形式对应的平均风速比的分布情况可知,虽然冬、夏两季主导风向与风速存在差异,但不同建筑群体平面组合形式呈现的规律基本相同。通过比较四分位区间值与中位数值可知,混合式(行列式＋点群式) 和行列式住区的平均风速比相对较高;周边式住区平均风速比相对较低;其他混合式住区平均风速比处于适中水平。由此可见,行列式和点群式布局能够有效增大风速,且随着周边式布局所占比例增大,住区内部平均风速呈减小的趋势。此外,通过比较四分位数间距可知,在夏季行列式、周边式、混合式(行列式＋周边式) 以及混合式(周边式＋点群式) 住区的不同空间形态对平均风速比均影响较大,与冬季略有差异。

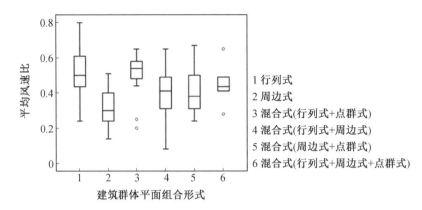

图 5.2　夏季不同建筑群体平面组合形式对应的平均风速比区间分布

5.1.4　基于住区形态要素的平均风速比预测模型构建

为探索住区形态对平均风速比的影响规律,本节将采用 SPSS 软件分别对冬、夏两季住区平均风速比进行多元回归分析,以此得出平均风速比与住区形态要素之间的数量关系,并构建预测模型。

1. 冬季住区平均风速比预测模型构建

根据 5.1.2 节住区形态要素与冬季平均风速比的敏感性分析结果,将对平均风速比具有显著影响的住区形态要素,即建筑密度、平面围合度、风向投射角、建筑平均高度、最大建筑高度和建筑高度起伏度作为自变量,平均风速比作为因变量进行回归分析。通过前文冬季住区微气候模拟,共获得住区风速试验数据 156组,平均风速比的范围为 0.16～1.02,城市住区形态要素数据范围见表 4.10。

由于自变量与因变量之间未必只存在线性相关,因此为了能够更加准确地描述变量间的数量关系,本书运用曲线估计的方法对住区形态要素(自变量)与冬季平均风速比(因变量)进行多种曲线类型拟合,以显著性指标和判定系数作为主要考虑依据,以此判断变量间的曲线关系。本书重点考虑几种常见的曲线模型,包括线性模型、二次曲线模型、三次曲线模型和对数曲线模型。在曲线拟合估计过程中,不具有显著统计学意义的拟合曲线模型将被自动去除。图 5.3 为冬季住区形态要素与平均风速比的拟合曲线。

冬季住区形态要素与平均风速比之间拟合模型的 Sig. 值和 R^2 见表 5.7。由表可知,在建筑高度起伏度与平均风速比的拟合模型中,除了对数曲线模型不具有显著的统计学意义,其他 3 种拟合模型的 Sig. 值小于 0.01,表明以上模型均具有极显著的统计学意义,且 R^2 均在 0.1 左右,拟合优度接近。风向投射角、建

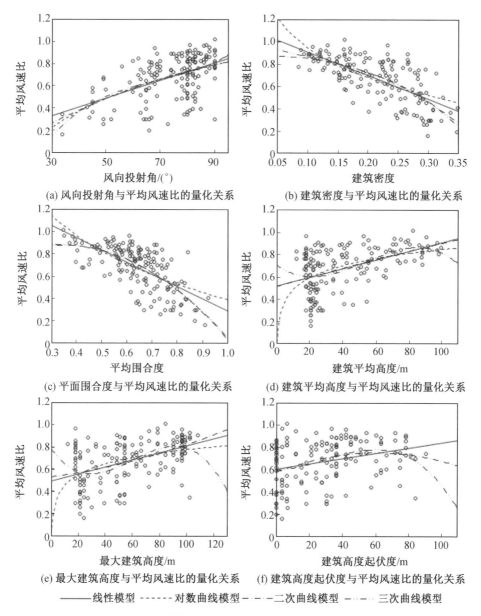

(a) 风向投射角与平均风速比的量化关系

(b) 建筑密度与平均风速比的量化关系

(c) 平面围合度与平均风速比的量化关系

(d) 建筑平均高度与平均风速比的量化关系

(e) 最大建筑高度与平均风速比的量化关系

(f) 建筑高度起伏度与平均风速比的量化关系

——线性模型　- - - -对数曲线模型　- · - ·二次曲线模型　- - -三次曲线模型

图 5.3　冬季住区形态要素与平均风速比的拟合曲线

筑密度、平面围合度、建筑平均高度、最大建筑高度分别与平均风速比建立的 4 种拟合模型均显示出较强的显著性,其 Sig. 值均小于 0.01。此外,风向投射角与平均风速比的拟合模型中,R^2 均在 0.26 左右,拟合优度较为接近;建筑密度、平面围合度、建筑平均高度、最大建筑高度分别与平均风速比的拟合模型中,均是线性模型、二次曲线模型和三次曲线模型的拟合优度较高,而对数曲线模型的拟合优度相对较低。

表 5.7　冬季住区形态要素与平均风速比之间拟合模型的 Sig. 值和 R^2

住区形态要素	线性模型	二次曲线模型	三次曲线模型	对数曲线模型
风向投射角	0.260**	0.263**	0.263**	0.264**
建筑密度	0.480**	0.498**	0.498**	0.437**
平面围合度	0.446**	0.482**	0.482**	0.406**
建筑平均高度	0.229**	0.229**	0.240**	0.209**
最大建筑高度	0.216**	0.218**	0.236**	0.185**
建筑高度起伏度	0.085**	0.107**	0.115**	—

注:** 表示 $p < 0.01$。

为了全面考虑回归模型中住区形态要素之间的交互影响,并寻求能够解释住区平均风速变化规律的最优形态参数组合,本书将各形态参数与平均风速比之间具有显著统计学意义的曲线拟合模型作为自变量,综合应用到回归分析当中。采用线性回归逐步方法,该方法能够对不同变量组合方式进行多次迭代回归分析,进而选取出最优的变量组合,构建回归模型。结果显示经历 3 次方程迭代后,得到冬季住区平均风速比多元回归模型,计算公式如式(5.2)所示。

$$VR_{mw(W)} = -2.667 \cdot \lambda_b{}^2 - 0.392 \cdot C_p{}^3 + 0.325 \cdot \ln(\theta_w) - 0.469 \quad (5.2)$$

式中　　$VR_{mw(W)}$——冬季住区行人高度处平均风速比;

　　　　λ_b——建筑密度;

　　　　C_p——平面围合度;

　　　　θ_w——冬季风向投射角,(°)。

冬季住区平均风速比多元回归模型综合分析结果见表5.8。由表可知,回归模型调整 R^2 为 0.632,说明模型对冬季住区平均风速比的解释度可达63.2%,模型拟合优度较高;根据 Durbin-Watson 检验表(样本容量为156,自变量数目为3,dU 为 1.777 6)可知,模型 DW 值(来自 Durbin-Waston 检验表)处于 dU 和 2 之间,说明残差不存在一阶正自相关,可通过残差独立性检验;方差分析中 Sig. 值小于 0.01,F 值大于 2.664(来自 F 分布表),表明该回归模型具有极显著的统计学意义;t 检验中 Sig. 值均小于 0.05,表明回归系数均具有显著性,自变量与因变量之间均存在显著的相关关系;自变量的方差膨胀因子 VIF 值均小于 10,说明模型不存在多重共线性关系。

根据标准化回归系数可知,自变量对冬季住区平均风速比的影响程度由大到小依次为建筑密度的平方、风向投射角的自然对数、平面围合度的三次方。

表 5.8　冬季住区平均风速比多元回归模型综合分析结果

调整 R^2	Durbin-Watson	F	Sig.	自变量	标准化回归系数	t	Sig.	VIF
				常量	—	-2.070	0.040	—
0.632	1.832	89.831	0.000	λ_{b}^2	-0.376	-4.620	0.000	2.789
				$\ln(\theta_{\mathrm{w}})$	0.324	6.341	0.000	1.098
				C_{p}^3	-0.300	-3.672	0.000	2.810

通过回归模型可以得到以下结论:建筑密度、平面围合度和冬季风向投射角共同对冬季住区平均风速比产生决定性影响。具体来说,随着来流风向与建筑群体方向夹角的增大,平均风速比呈对数函数式增大;当风向投射角一定的情况下,随着建筑密度的增大,平均风速比呈二次函数式减小;随着平面围合度的增大,平均风速比呈三次函数式减小。

2. 夏季住区风速比预测模型

根据 5.1.2 节住区形态要素与夏季平均风速比的敏感性分析结果,将建筑密度、平面围合度、风向投射角、建筑平均高度、最大建筑高度和建筑高度起伏度作为自变量,平均风速比作为因变量进行回归分析。通过对夏季住区微气候进行模拟计算,共获得住区风速试验数据 156 组,平均风速比的范围为 0.08 ~ 0.80,城市住区形态要素数据范围见表 4.10。

为确定上述各自变量与因变量之间的数量关系,运用曲线估计的方法对住区形态要素(自变量)与夏季平均风速比(因变量)进行多种曲线拟合,以判断变量间的曲线关系。重点考虑的曲线模型包括:线性模型、二次曲线模型、三次曲线模型和对数曲线模型。图 5.4 为夏季住区形态要素与平均风速比的拟合曲线图。

夏季住区形态要素与平均风速比之间拟合模型的 Sig. 值和 R^2 见表 5.9。由表可知,建筑高度起伏度与平均风速比的拟合模型中,除了对数曲线模型不具有显著的统计学意义,其他 3 种拟合模型的 Sig. 值均小于 0.01,表明以上模型均具有极显著的统计学意义,且拟合优度接近。风向投射角、建筑密度、平面围合度、建筑平均高度、最大建筑高度分别与平均风速比建立的 4 种拟合模型均显示出较强的显著性,其 Sig. 值均小于 0.01。此外,风向投射角与平均风速比的拟合模型

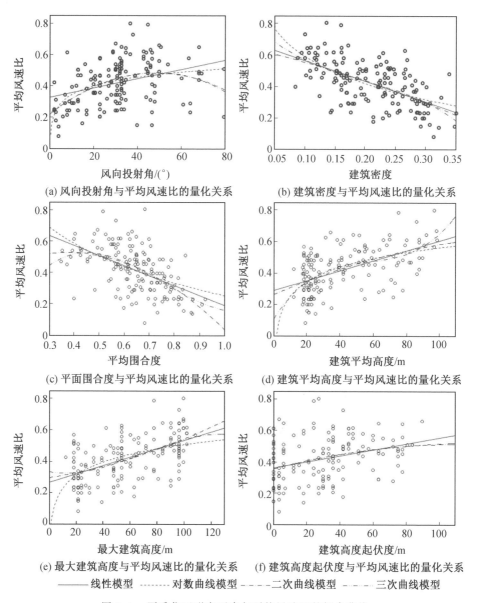

(a) 风向投射角与平均风速比的量化关系   (b) 建筑密度与平均风速比的量化关系

(c) 平面围合度与平均风速比的量化关系   (d) 建筑平均高度与平均风速比的量化关系

(e) 最大建筑高度与平均风速比的量化关系   (f) 建筑高度起伏度与平均风速比的量化关系

—— 线性模型 ········ 对数曲线模型 − − − 二次曲线模型 − · − 三次曲线模型

图 5.4 夏季住区形态要素与平均风速比的拟合曲线

中,线性模型拟合优度相对较低,其他 3 种拟合模型的拟合优度较高;建筑密度、建筑平均高度分别与平均风速比的 4 种曲线拟合模型的拟合优度相近;平面围合度、最大建筑高度分别与平均风速比的拟合模型中,对数曲线模型的拟合优度相对较低,其他 3 种拟合模型的拟合优度较为接近且相对较高。

表 5.9　夏季住区形态要素与平均风速比之间拟合模型的 Sig. 值和 R^2

住区形态要素	线性模型	二次曲线模型	三次曲线模型	对数曲线模型
风向投射角	0.121**	0.209**	0.210**	0.177**
建筑密度	0.356**	0.357**	0.359**	0.343**
平面围合度	0.285**	0.314**	0.319**	0.255**
建筑平均高度	0.287**	0.290**	0.303**	0.288**
最大建筑高度	0.303**	0.306**	0.307**	0.270**
建筑高度起伏度	0.110**	0.113**	0.113**	—

注：** 表示 $p < 0.01$。

为了寻求能够解释住区平均风速比变化规律的最优住区形态要素组合，将各形态参数与夏季平均风速比之间具有显著统计学意义的曲线拟合模型，作为自变量综合应用到回归分析当中。采用线性回归逐步方法，对不同变量组合方式进行多次迭代回归分析，最终经历 4 次方程迭代运算后，得到夏季住区平均风速比的多元回归模型，计算公式如式(5.3)所示。

$$VR_{mw(S)} = -0.617 \cdot \lambda_b - 0.289 \cdot C_p^3 + 0.086 \cdot \ln(\theta_s) +$$
$$1.004 \cdot 10^{-7} \cdot H_{avg}^3 + 0.342 \tag{5.3}$$

式中　　$VR_{mw(S)}$ —— 夏季住区行人高度处平均风速比；

$\quad\quad\quad\theta_s$ —— 夏季风向投射角，(°)；

$\quad\quad\quad H_{avg}$ —— 建筑平均高度，m。

夏季住区平均风速比多元回归模型综合分析结果见表 5.10。由表可知，回归模型调整 R^2 为 0.619，说明模型对夏季住区平均风速比的解释度可达到 61.9%，模型拟合优度较高；根据 Durbin-Watson 检验表(样本容量为 156，自变量数目为 4，dU 为 1.791 1)可知，模型 DW 值处于 dU 和 2 之间，说明残差不存在一阶正自相关，可通过残差独立性检验；方差分析中 Sig. 值小于 0.01，F 值大于 2.432(来自 F 分布表)，表明该模型具有极显著的统计学意义；t 检验中 Sig. 值均小于 0.05，表明回归系数均具有显著性，各自变量与因变量之间存在显著的相关关系；自变量的 VIF 值均小于 10，说明回归模型不存在多重共线性关系。

根据标准化回归系数可知，各自变量对夏季住区平均风速比的影响程度由大到小依次为风向投射角的自然对数、平面围合度的三次方、建筑密度、建筑平均高度的三次方。

表 5.10　夏季住区平均风速比多元回归模型综合分析结果

调整 R^2	Durbin-Watson	F	Sig.	自变量	标准化回归系数	t	Sig.	VIF
0.619	1.897	61.209	0.000	常量	—	7.233	0.000	—
				λ_b	-0.283	-2.813	0.006	4.000
				$\ln(\theta_s)$	0.472	9.340	0.000	1.011
				C_p^3	-0.308	-3.784	0.000	2.620
				H_{avg}^3	0.163	2.300	0.023	1.988

通过回归模型可以得到以下结论：建筑密度、平面围合度、建筑平均高度和夏季风向投射角共同对夏季住区平均风速比产生决定性影响。具体来说，随着平面围合度的减小和平均建筑高度的增大，平均风速比呈三次函数式增大；随着来流风向与建筑群体方向夹角的增大，平均风速比呈对数函数式增大；随着建筑密度的增大，平均风速比呈线性函数式减小，且建筑密度每增大 10%，平均风速比减小 0.061 7。

5.2　空气温度与住区形态

本节将基于 156 个住区案例冬、夏两季微气候模拟计算结果，针对行人高度处空气温度与住区形态要素的量化关系展开研究，主要的研究内容包括：住区形态要素对空气温度的敏感性分析、建筑群体平面组合形式与空气温度的量化关系分析、基于住区形态要素的空气温度预测模型构建。

5.2.1　住区形态要素对空气温度的敏感性分析

在研究住区形态要素与空气温度的量化关系之前，通过单因素方差分析方法对住区形态要素进行敏感性分析。以 Sig. 值和 F 值为判断依据，了解住区空气温度受住区形态要素影响的显著性和重要性程度，所选参数包括建筑群体平面组合形式、容积率、建筑密度、平面围合度、建筑群体方向、风向投射角、建筑平均高度、最大建筑高度、建筑高度起伏度和建筑高度离散度。

1. 冬季住区形态要素敏感性分析

冬季住区形态要素与平均空气温度的显著性分析结果见表 5.11。根据结果可知,风向投射角、建筑高度起伏度和建筑高度离散度的 Sig. 值均大于0.05,说明以上住区形态要素对冬季平均空气温度无显著影响;其他住区形态要素的 Sig. 值均小于 0.05,说明其对冬季平均空气温度影响显著。根据 F 值可知,住区形态要素对冬季平均空气温度的影响程度由大到小依次为建筑群体平面组合形式、最大建筑高度、平面围合度、建筑密度、建筑平均高度、容积率、建筑群体方向。

根据显著性分析结果,对具有显著影响的量化住区形态要素与冬季住区平均空气温度进行相关性分析,根据相关系数判断住区形态要素与平均空气温度之间的线性趋势及线性相关程度。表 5.12 为相关性分析结果,建筑密度、平面围合度、建筑群体方向与冬季平均空气温度呈线性正相关,其中建筑密度、平面围合度与平均气温的相关程度相对较高,相关系数绝对值约为 0.58;建筑平均高度、最大建筑高度、容积率与冬季平均空气温度呈线性负相关,且相关程度依次降低。此外,建筑密度、平面围合度、建筑平均高度、最大建筑高度与冬季平均空气温度属于中度相关,容积率、建筑群体方向与冬季平均空气温度属于低度相关。

表 5.11　冬季住区形态要素与平均空气温度的显著性分析结果

住区形态要素	F 值	Sig. 值
建筑群体平面组合形式	4.384	0.001**
容积率	1.568	0.027*
建筑密度	1.819	0.018*
平面围合度	1.978	0.030*
建筑群体方向	1.233	0.048*
风向投射角	1.105	0.336
建筑平均高度	1.732	0.008**
最大建筑高度	2.464	0.000**
建筑高度起伏度	1.147	0.297
建筑高度离散度	1.368	0.115

注:** 表示 $p < 0.01$,* 表示 $p < 0.05$。

表 5.12　冬季住区形态要素与平均空气温度相关性分析结果

住区形态要素	相关系数
容积率	−0.317**
建筑密度	0.579**
平面围合度	0.587**
建筑群体方向	0.265**
建筑平均高度	−0.481**
最大建筑高度	−0.403**

注:** 表示 $p < 0.01$。

2.夏季住区形态要素敏感性分析

夏季住区形态要素与平均空气温度的显著性分析结果见表5.13。根据结果可知,容积率、建筑群体方向、风向投射角以及最大建筑高度的 Sig. 值均大于0.05,说明以上住区形态要素对夏季平均空气温度无显著影响;其他住区形态要素的 Sig. 值均小于0.05,说明其对夏季平均空气温度影响显著。根据 F 值可知,住区形态要素对夏季住区平均气温的影响程度由大到小依次为建筑群体平面组合形式、建筑高度起伏度、平面围合度、建筑高度离散度、建筑密度、建筑平均高度。

表 5.13　夏季住区形态要素与平均空气温度的显著性分析结果

住区形态要素	F 值	Sig. 值
建筑群体平面组合形式	12.843	0.000**
容积率	1.396	0.098
建筑密度	1.637	0.042*
平面围合度	1.737	0.027*
建筑群体方向	1.163	0.256
风向投射角	1.216	0.201
建筑平均高度	1.588	0.046*
最大建筑高度	1.301	0.165
建筑高度起伏度	1.742	0.021*
建筑高度离散度	1.698	0.021*

注:** 表示 $p < 0.01$,* 表示 $p < 0.05$。

根据显著性分析结果,对具有显著影响的量化住区形态要素与夏季住区平均气温进行相关性分析,以判断形态参数与平均气温之间的线性趋势及线性相关程度。表 5.14 为相关性分析结果,建筑密度、平面围合度与夏季平均空气温度呈线性负相关,且相关程度高于其他住区形态要素;建筑高度起伏度、建筑高度离散度、建筑平均高度与夏季平均空气温度呈正相关,且相关程度依次降低。此外,平面围合度与夏季平均空气温度属于中度相关;建筑密度、建筑高度起伏度、建筑高度离散度与夏季平均空气温度均属于低度相关;建筑平均高度与夏季平均空气温度均属于极低相关。

表 5.14　夏季住区形态要素与平均空气温度相关性分析结果

住区形态要素	相关系数
建筑密度	-0.318^{**}
平面围合度	-0.445^{**}
建筑平均高度	0.169^{*}
建筑高度起伏度	0.251^{**}
建筑高度离散度	0.231^{**}

注:** 表示 $p < 0.01$,* 表示 $p < 0.05$。

5.2.2　建筑群体平面组合形式与空气温度的量化关系分析

根据 5.2.1 节敏感性分析结果可知,建筑群体平面组合形式对住区平均空气温度的影响最为显著。本节将进一步对不同建筑群体平面组合形式之间平均空气温度的差异进行量化比较分析。

1. 冬季建筑群体平面组合形式与空气温度的量化关系分析

首先,通过多重比较分析,确定冬季不同建筑群体平面组合形式之间平均空气温度是否存在显著性差异,分析结果见表 5.15。由显著性差异分析结果可知,行列式、混合式(行列式+点群式)、混合式(行列式+周边式)分别与周边式之间的 Sig. 值均小于 0.05,混合式(行列式+点群式)与混合式(周边式+点群式)之间的 Sig. 值也小于 0.05,表明以上建筑群体平面组合形式之间的平均空气温度具有显著性差异;其余两两建筑群体平面组合形式之间平均空气温度均不存在显著性差异。

表5.15　冬季建筑群体平面组合形式间平均空气温度的显著性差异分析(Sig.值)

组合形式	1	2	3	4	5
2	0.000	—	—	—	—
3	0.453	0.001	—	—	—
4	0.133	0.009	0.078	—	—
5	0.056	0.706	0.031	0.264	—
6	0.592	0.138	0.340	0.851	0.348

注:1 行列式、2 周边式、3 混合式(行列式＋点群式)、4 混合式(行列式＋周边式)、5 混合式(周边式＋点群式)、6 混合式(行列式＋周边式＋点群式)。显著性水平为 0.05。

冬季不同建筑群体平面组合形式对应的平均空气温度区间分布如图5.5所示。由图可知,行列式、周边式、混合式(行列式＋点群式)以及混合式(行列式＋周边式)住区的平均空气温度的四分位数间距较为接近,约为 0.15 ℃,且周边式住区平均空气温度的四分位区间值在各平面组合形式中较高,行列式和混合式(行列式＋点群式)住区平均空气温度的区间值较低,混合式(行列式＋周边式)住区平均空气温度的区间值处于适中水平;混合式(周边式＋点群式)住区平均空气温度分布范围较小,四分位数间距约为 0.1 ℃,区间值与周边式较为接近;混合式(行列式＋周边式＋点群式)住区平均空气温度的四分位数间距最大,约为0.2 ℃,主要分布范围与其他平面组合形式较为重合。此外,各建筑群体平面组合形式的平均空气温度的中位数由大到小依次为周边式、混合式(周边式＋点群式)、混合式(行列式＋周边式＋点群式)、混合式(行列式＋周边式)、混合式(行列式＋点群式)、行列式。

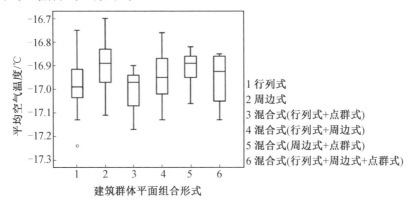

图5.5　冬季不同建筑群体平面组合形式对应的平均空气温度区间分布

由此可见,冬季不同建筑群体平面组合形式对应的平均空气温度分布范围存在一定程度的重合,但通过比较四分位区间值和中位数值,仍可以明显发现各平面组合形式之间呈现出的规律。对于冬季严寒地区,周边式和混合式(周边式＋点群式)住区内平均空气温度相对较高,行列式和混合式(行列式＋点群式)住区平均温度相对较低,混合式(行列式＋周边式)和混合式(行列式＋周边式＋点群式)住区内平均空气温度处于适中水平。随着周边式布局所占比例的增大、行列式布局占比的减小,住区内部平均空气温度呈上升的趋势。

2. 夏季建筑群体平面组合形式与空气温度的量化关系分析

通过多重比较分析,确定夏季不同建筑群体平面组合形式之间平均空气温度是否存在显著性差异,分析结果见表 5.16。周边式、混合式(行列式＋周边式)、混合式(周边式＋点群式)、混合式(行列式＋周边式＋点群式)分别与行列式之间的显著性指标 Sig. 值均小于 0.05,混合式(行列式＋点群式)、混合式(行列式＋周边式)分别与周边式之间的 Sig. 值也均小于 0.05,表明以上平面建筑群体组合形式之间的平均空气温度具有显著性差异;其余两两建筑群体平面组合形式之间平均空气温度均不存在显著性差异。

表 5.16　夏季不同建筑群体平面组合形式间平均空气温度的显著性差异分析(Sig. 值)

组合形式	1	2	3	4	5
2	0.000	—			
3	0.143	0.000	—		
4	0.000	0.001	0.089	—	
5	0.005	0.104	0.161	0.793	
6	0.009	0.183	0.168	0.729	0.927

注:1 行列式、2 周边式、3 混合式(行列式＋点群式)、4 混合式(行列式＋周边式)、5 混合式(周边式＋点群式)、6 混合式(行列式＋周边式＋点群式)。显著性水平为 0.05。

夏季不同建筑群体平面组合形式对应的平均空气温度区间分布如图 5.6 所示。由图可知,行列式和周边式住区的平均空气温度的四分位数间距较为接近,均为 0.06 ℃,且行列式住区平均空气温度的区间值在各平面组合形式中是最高的,周边式住区平均空气温度的区间值则最低;各混合式住区平均空气温度的四分位数间距接近,均在 0.1 ℃ 左右,且区间范围较为重合,区间值处于适中水平。此外,夏季各建筑群体平面组合形式的平均空气温度的中位数由大到小依次为行列式、混合式(行列式＋点群式)、混合式(行列式＋周边式)、混合式(周边式＋点群式)、混合式(行列式＋周边式＋点群式)、周边式。

综上分析,夏季不同建筑群体平面组合形式对应的平均空气温度的分布范围存在一定程度的重合,但是通过对比四分位区间值和中位数值,仍可以发现相互之间的差异。对于夏季严寒地区,行列式住区平均空气温度相对较高,周边式住区平均空气温度相对较低,混合式住区内平均空气温度处于适中水平,且随着混合式住区中行列式布局所占比例的减小、周边式布局所占比例的增大,住区平均空气温度呈下降趋势。

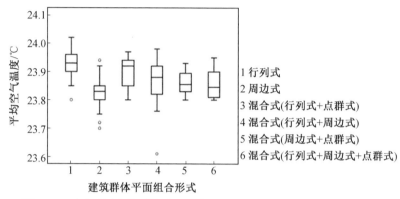

图 5.6 夏季不同建筑群体平面组合形式对应的平均空气温度区间分布

5.2.3 基于住区形态要素的空气温度预测模型构建

1.冬季住区空气温度预测模型构建

根据 5.2.1 节中冬季住区形态要素与平均空气温度的敏感性分析结果,将对平均空气温度具有显著影响的住区形态要素,即容积率、建筑群体方向、建筑密度、平面围合度、建筑平均高度和最大建筑高度作为自变量,平均空气温度作为因变量进行多元回归分析。通过对冬季住区微气候进行模拟计算,共获得住区空气温度试验数据 156 组,平均空气温度的范围为 $-17.24 \sim -16.70\ ℃$,城市住区形态要素数据范围见表 4.10。

为确定上述自变量与因变量之间的数量关系,运用曲线估计方法对住区形态要素(自变量)与冬季住区平均空气温度(因变量)进行多种曲线拟合,以判定系数和显著性指标作为主要考虑依据,判断变量间的曲线关系。重点考虑的曲线模型包括:线性模型、二次曲线模型、三次曲线模型和对数曲线模型。图 5.7 为冬季住区形态要素与平均空气温度的拟合曲线。

冬季住区形态要素与平均空气温度之间拟合模型的 Sig. 值与 R^2 见表 5.17。由表可知,容积率、建筑密度、平面围合度、建筑平均高度、最大建筑高度分别与平均空气温度的 4 种拟合模型的 Sig. 值均小于 0.01,表明以上模型均具有极显著的统计学意义,其中线性模型、二次曲线模型和三次曲线模型的拟合优度较高,对数曲线模型的拟合优度相对较低。建筑群体方向与平均空气温度建立的线性模型、二次曲线模型和三次曲线模型均显示出较强的显著性,其 Sig. 值均小于 0.01,且拟合优度较为接近。

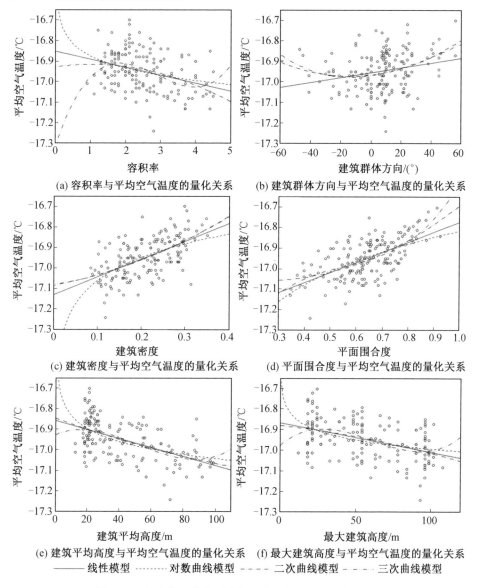

(a) 容积率与平均空气温度的量化关系　(b) 建筑群体方向与平均空气温度的量化关系

(c) 建筑密度与平均空气温度的量化关系　(d) 平面围合度与平均空气温度的量化关系

(e) 建筑平均高度与平均空气温度的量化关系　(f) 最大建筑高度与平均空气温度的量化关系

—— 线性模型　········ 对数曲线模型　– – – – 二次曲线模型　– · – · 三次曲线模型

图 5.7　冬季住区形态要素与平均空气温度的拟合曲线

表 5.17　冬季住区形态要素与平均空气温度之间拟合模型的 Sig. 值与 R^2

形态要素	线性模型	二次曲线模型	三次曲线模型	对数曲线模型
容积率	0.114**	0.125**	0.157**	0.092**
建筑群体方向	0.059**	0.098**	0.099**	——
建筑密度	0.338**	0.340**	0.340**	0.319**
平面围合度	0.379**	0.395**	0.404**	0.355**
建筑平均高度	0.290**	0.291**	0.298**	0.273**
最大建筑高度	0.187**	0.189**	0.200**	0.163**

注:** 表示 $p < 0.01$。

　　为了更加准确地得到冬季住区平均空气温度的预测模型,寻求解释空气温度变化规律的最优住区形态要素组合,将各形态参数与冬季住区平均气温之间具有显著统计学意义的曲线拟合模型作为自变量,综合应用到回归分析当中。采用线性回归逐步方法,对不同变量组合方式进行多次迭代回归分析,最终经历 3 次方程迭代运算后,得到冬季住区平均空气温度的多元回归模型,计算公式如下:

$$T_{a(W)} = 0.296 \cdot C_p^3 - 1.062 \cdot 10^{-5} \cdot H_{avg}^2 + 1.461 \cdot 10^{-5} \cdot D_{bg}^2 - 17.016$$

$$(5.4)$$

式中　　$T_{a(W)}$ —— 冬季住区行人高度处平均空气温度,℃;

　　　　D_{bg} —— 建筑群体方向,(°)。

　　冬季住区平均空气温度多元回归模型综合分析结果见表 5.18。由表可知,回归模型调整 R^2 为 0.462,说明模型对冬季住区平均空气温度的解释度达到 46.2%,模型拟合优度较高;根据 Durbin-Watson 检验表(样本容量为 156,自变量数目为 3,dU 为 1.777 6)可知,模型 DW 值处于 2 和 4−dU 之间,说明残差不存在一阶正自相关,可通过残差独立性检验;方差分析中 Sig. 值小于 0.01,F 值大于 2.664(来自 F 分布表),表明该模型具有极显著的统计学意义;t 检验中 Sig. 值均小于 0.05,表明回归系数均具有显著性,各自变量与因变量之间存在显著的相关关系;自变量 VIF 值均小于 10,说明该回归模型不存在多重共线性关系。

　　根据标准化回归系数可知,各自变量对冬季住区平均空气温度的影响程度由大到小依次为平面围合度的三次方、建筑平均高度的平方、建筑群体方向的平方。

表 5.18　　冬季住区平均空气温度多元回归模型综合分析结果

调整 R^2	Durbin-Watson	F	Sig.	自变量	标准化回归系数	t	Sig.	VIF
0.462	2.168	43.480	0.000	常量	—	−967.804	0.000	—
				C_{p}^3	0.465	6.533	0.000	1.430
				H_{avg}^2	−0.277	−4.024	0.000	1.337
				D_{bg}^2	0.092	1.485	0.014	1.089

通过回归模型可以得到以下结论:平面围合度、建筑群体方向和建筑平均高度共同对冬季住区平均空气温度产生决定性影响。具体来说,随着平面围合度的增大,住区平均空气温度呈三次函数式升高;随着建筑平均高度的增大,住区平均空气温度呈二次函数式降低;当平面围合度和建筑平均高度一定的情况下,随着建筑群体方向偏至东、西向,住区平均空气温度呈二次函数式升高。

2. 夏季住区空气温度预测模型构建

根据 5.2.1 节夏季住区形态要素与平均空气温度的敏感性分析结果,将具有显著影响的住区形态要素,即建筑密度、平面围合度、建筑平均高度、建筑高度起伏度和建筑高度离散度作为自变量,平均空气温度作为因变量进行回归分析。通过对夏季住区微气候进行模拟计算,共获得住区空气温度试验数据 156 组,平均空气温度的范围为 23.61～24.02 ℃,城市住区形态要素数据范围见表 4.10。运用曲线估计的方法对住区形态要素(自变量)与平均空气温度(因变量)进行多种曲线拟合,以判断变量间的曲线关系。重点考虑的曲线模型包括:线性模型、二次曲线模型、三次曲线模型和对数曲线模型。图 5.8 所示为夏季住区形态要素与平均空气温度的拟合曲线。

夏季住区形态要素与平均空气温度之间拟合模型的 Sig. 值和 R^2 见表 5.19。由表可知,建筑密度、平面围合度分别与平均空气温度之间的 4 种拟合模型的 Sig. 值均小于 0.01,表明其均具有极显著的统计学意义,其中二次曲线模型和三次曲线模型的拟合优度相对较高。建筑平均高度与平均空气温度建立的线性模型、二次曲线模型和三次曲线模型具有显著的统计学意义,其中线性模型的拟合优度较低。建筑高度起伏度与平均空气温度之间的拟合模型中,线性模型、二次曲线模型和三次曲线模型具有极显著的统计学意义,且拟合优度相近。建筑高度离散度与平均空气温度建立的线性模型和二次曲线模型具有显著性,且模型 R^2 值约为 0.04,拟合优度较低。

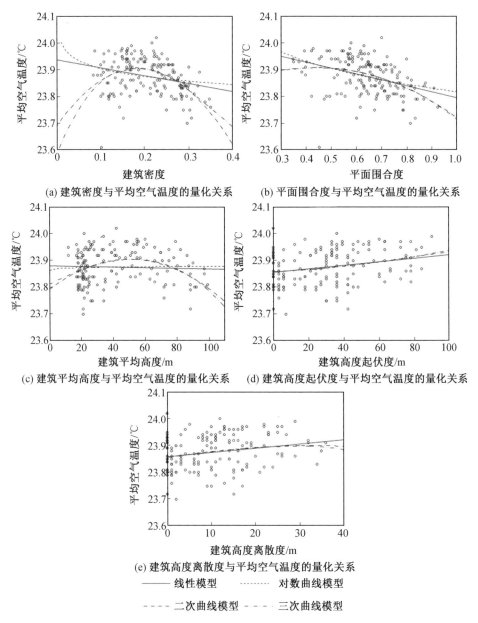

(a) 建筑密度与平均空气温度的量化关系　　(b) 平面围合度与平均空气温度的量化关系

(c) 建筑平均高度与平均空气温度的量化关系　(d) 建筑高度起伏度与平均空气温度的量化关系

(e) 建筑高度离散度与平均空气温度的量化关系

——— 线性模型　　　……… 对数曲线模型

－－－ 二次曲线模型　- - - 三次曲线模型

图 5.8　夏季住区形态要素与平均空气温度的拟合曲线

表 5.19 夏季住区形态要素与平均空气温度之间拟合模型的 Sig. 值和 R^2

住区形态要素	线性模型	二次曲线模型	三次曲线模型	对数曲线模型
建筑密度	0.081**	0.220**	0.227**	0.047**
平面围合度	0.150**	0.178**	0.178**	0.131**
建筑平均高度	0.023*	0.104**	0.105**	—
建筑高度起伏度	0.059**	0.060**	0.061*	—
建筑高度离散度	0.041*	0.044*	—	—

注:** 表示 $p < 0.01$,* 表示 $p < 0.05$。

为了更加准确地得到夏季住区平均空气温度预测模型,寻求解释空气温度变化规律的最优住区形态要素组合,将各形态参数与夏季平均空气温度之间具有显著统计学意义的曲线拟合模型作为自变量,综合应用到回归分析当中。采用线性回归逐步方法,经历 3 次方程迭代运算后,得到夏季住区平均空气温度的多元回归模型,计算公式如下:

$$T_{a(S)} = -0.139 \cdot C_p^3 - 3.035 \cdot \lambda_b^3 - 1.558 \cdot 10^{-7} \cdot H_{avg}^3 + 23.975 \quad (5.5)$$

式中 $T_{a(S)}$——夏季住区行人高度处平均空气温度,℃。

夏季住区平均空气温度多元回归模型综合分析结果见表 5.20。由表可知,回归模型调整 R^2 为 0.366,说明模型对夏季住区平均气温的解释度可达到 36.6%;根据 Durbin-Watson 检验表(样本容量为 156,自变量数目为 3,dU 为 1.777 6)可知,模型 DW 值处于 2 和 $4 - dU$ 之间,说明残差不存在一阶正自相关,可通过残差独立性检验;方差分析中 Sig. 值小于 0.01,F 值大于 2.664(来自 F 分布表),表明该回归模型具有极显著的统计学意义;t 检验中 Sig. 值均小于 0.05,表明回归系数均具有显著性,各自变量与因变量之间存在显著的相关关系;自变量 VIF 值均小于 10,说明该回归模型不存在多重共线性关系。

根据标准化回归系数可知,各自变量对夏季住区平均空气温度的影响程度由大到小依次为建筑平均高度的三次方、建筑密度的三次方、平面围合度的三次方。

表 5.20 夏季住区平均空气温度多元回归模型综合分析结果

调整 R^2	Durbin-Watson	F	Sig.	自变量	标准化回归系数	t	Sig.	VIF
				常量	—	1 949.471	0.000	—
0.366	2.148	29.221	0.000	C_p^3	−0.305	−2.796	0.006	2.847
				λ_b^3	−0.429	−3.642	0.000	3.318
				H_{avg}^3	−0.522	−6.690	0.000	1.459

通过回归模型可以得到如下结论：平面围合度、建筑密度和建筑平均高度共同对夏季住区平均空气温度产生决定性影响。具体来说，随着平面围合度、建筑密度和建筑平均高度的增大，夏季住区平均空气温度呈三次函数式降低。

5.3 热舒适指标与住区形态

本节将采用室外热舒适指标对微气候进行综合评价，基于 156 个住区案例冬、夏两季微气候模拟结果，运用 RayMan 软件对行人高度处热舒适指标值进行计算，并针对热舒适指标与住区形态要素的量化关系展开研究。主要研究内容包括：住区形态要素对热舒适指标的敏感性分析、建筑群体平面组合形式与热舒适指标的量化关系分析和基于住区形态要素的热舒适指标预测模型构建。

5.3.1 室外热舒适指标的确定

根据前文国内外研究现状可知，许多学者对热舒适评价展开了大量研究，并基于不同理论基础相继提出了适用于不同应用条件和范围的多种热舒适指标。通过对 2001～2017 年间 199 个室外热舒适研究采用的评价指标使用频次进行统计发现，PET、UTCI、新标准 SET*、PMV、DI 和 WBGT 是使用最为广泛的热舒适指标。下面就以上几种典型的热舒适指标进行对比分析，确定适合于严寒地区城市住区微气候舒适度评价的指标。不同热舒适指标对比分析见表 5.21。

表 5.21 不同热舒适指标对比分析

名称	提出年份	研究者	适用范围与理论基础
PET	1987	Höppe 等	PET 指标适用于所有气候区域,它的理论基础为 MEMI。它综合考虑了热环境因素(空气温度、水蒸气分压力、风速、平均辐射温度)和个体因素(服装热阻、新陈代谢率、皮肤温度、核心温度)的影响。然而,PET 指标不能评价不同新陈代谢率与服装热阻对热舒适产生的影响
UTCI	1999	Jendritzky 等	UTCI 指标适用于所有气候区域,它的理论基础为 Fiala 多节点模型。它综合考虑了热环境因素(空气温度、水蒸气分压力、风速、平均辐射温度)和个体参数(服装热阻、新陈代谢率、皮肤温度、皮肤湿润度、核心温度)的影响
SET*	1974	Gagge 等	SET* 指标适用于炎热气候区域,它的理论基础为二节点模型。它综合考虑了热环境因素(空气温度、相对湿度、风速、平均辐射温度)和个体因素(服装热阻和新陈代谢率)的影响
PMV	1970	Fanger	PMV 指标适用于所有气候区域,且主要应用于室内热舒适度评价,它的理论基础为 Fanger 热平衡模型。它综合考虑了热环境因素(空气温度、水蒸气分压力、风速、平均辐射温度)和个体因素(服装热阻和新陈代谢率)的影响
DI	1959	Thom	DI 指标适用于炎热气候区域,基于空气温度 T_a 和相对湿度 RH 的计算公式如下: $$DI = T_a - 0.55(1 - 0.01RH)(T_a - 14.5)$$
WBGT	1957	Yaglou	WBGT 指标适用于炎热气候区域,是一个环境热应力指标,其基于湿球温度 T_w、黑球温度 T_g、干球温度 T_a 的计算公式如下:WBGT $= 0.7T_w + 0.2T_g + 0.1T_a$

综上分析，PET、UTCI、SET*和PMV考虑的因素较为全面，均是基于人体热平衡方程，综合考虑了热环境因素与个体因素而建立的理论型指标。然而，SET*主要适用于炎热气候区域，与本书研究地区的气候特征不相符。此外，PMV虽然适用于所有气候区域，但其主要用于室内热环境舒适度的评价，且在评价室外热舒适度时，会过高评价室外的不舒适状态。因此，综合热舒适指标的适用范围及考虑因素，选择 PET 和 UTCI 对城市住区室外热舒适水平进行研究。

PET 是基于 MEMI 推导出的热舒适指标，其定义见 3.3.3 节。PET 是真正意义上的气象指标，适用于评估季节性温差较大的热环境，被广泛应用于气象预报和城市规划设计领域。

UTCI 是基于 Fiala 多节点模型推导出的新型综合性指标，包含了服装热阻计算模型，并收录了普通城市人群在不同的实际环境中的服装搭配类型。UTCI 的定义为在平均辐射温度等于空气温度，相对湿度为 50%（水蒸气压力不超过 20 hPa），地面以上 10 m 高度处风速为 0.5 m/s 的参考环境下，如果人体新陈代谢率为 135 W/m² 时的动态生理热反应与实际环境下相同，则该参考环境的空气温度即为实际环境的 UTCI。与 PET、SET*、PMV 相比，它的最大不同之处在于它是基于非稳态模型而建立的，同时考虑了人体的适应性，能够评估所有气候区域在不同季节下的热环境舒适性水平。

本研究采用 RayMan 软件对 PET 和 UTCI 进行计算，该软件是国内外室外热舒适研究领域普遍采用的热舒适指标计算软件。RayMan 软件在计算 PET 和 UTCI 时需要输入的物理参数包括空气温度、风速、相对湿度和平均辐射温度。因此，本书根据各住区案例的微气候模拟结果，将各接收点处对应的 4 个热环境因素输入 RayMan 软件，计算 PET 和 UTCI 指标值。RayMan 软件计算界面如图 5.9 所示。

5.3.2　住区形态要素对热舒适指标的敏感性分析

为了解冬、夏两季 PET 与 UTCI 受住区形态要素影响的显著性和重要性程度，通过单因素方差分析方法对住区形态要素进行敏感性分析。所选住区形态要素包括建筑群体平面组合形式、容积率、建筑密度、平面围合度、建筑群体方向、风向投射角、建筑平均高度、最大建筑高度、建筑高度起伏度和建筑高度离散度。

1. 冬季住区形态要素敏感性分析

表 5.22 给出了冬季住区形态要素与热舒适指标的显著性分析结果。根据结

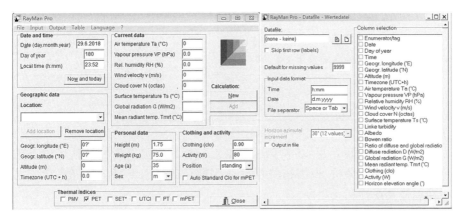

图 5.9　RayMan 软件计算界面

果可知,住区形态要素对 PET 和 UTCI 影响的显著性和影响程度略有不同。对于 PET,容积率、建筑平均高度、建筑高度起伏度和建筑高度离散度的 Sig. 值大于 0.05,说明以上要素对 PET 无显著影响;其他住区形态要素的 Sig. 值均小于 0.05,说明其对 PET 影响显著。根据 F 值可知,住区形态要素对 PET 影响程度由大到小依次为建筑群体平面组合形式、建筑密度、平面围合度、风向投射角、最大建筑高度、建筑群体方向。对于 UTCI 指标,除容积率和建筑高度离散度的 Sig. 值大于 0.05 以外,其他住区形态要素的 Sig. 值均小于 0.05,均对 UTCI 影响显著。住区形态要素对 UTCI 影响程度由大到小依次为建筑群体平面组合形式、建筑密度、平面围合度、最大建筑高度、风向投射角、建筑群体方向、建筑高度起伏度、建筑平均高度。

表 5.22　冬季住区形态要素与热舒适指标的显著性分析结果

住区形态要素	PET		UTCI	
	F 值	Sig. 值	F 值	Sig. 值
建筑群体平面组合形式	20.456	0.000**	28.705	0.000**
容积率	1.025	0.146	1.201	0.093
建筑密度	3.386	0.000**	3.345	0.000**
平面围合度	3.222	0.001**	3.077	0.001**
建筑群体方向	2.068	0.001**	2.107	0.001**
风向投射角	2.661	0.000**	2.515	0.000**
建筑平均高度	1.375	0.081	1.516	0.034*
最大建筑高度	2.341	0.001**	2.906	0.000**

续表5.22

住区形态要素	PET		UTCI	
	F 值	Sig. 值	F 值	Sig. 值
建筑高度起伏度	1.419	0.099	1.825	0.013*
建筑高度离散度	0.770	0.803	0.881	0.652

注：** 表示 $p < 0.01$，* 表示 $p < 0.05$。

根据显著性分析结果，将对两个热舒适指标具有显著影响的住区形态要素进一步进行相关性分析，根据相关系数 R 判断住区形态要素与热舒适指标之间的线性趋势及线性相关程度。

表 5.23 为冬季住区形态要素与 PET 及 UTCI 相关性分析结果。建筑密度、平面围合度、建筑群体方向与 PET 呈线性正相关，其中建筑密度、平面围合度的相关程度较高，相关系数绝对值约为 0.57，而建筑群体方向的相关程度较低。风向投射角、最大建筑高度与 PET 呈线性负相关，相关系数绝对值分别为 0.485 和 0.320。此外，建筑密度、平面围合度、风向投射角与 PET 属于中度相关，最大建筑高度、建筑群体方向与 PET 属于低度相关。

住区形态要素和UTCI之间的相关程度，与 PET 相比略有不同。建筑密度、平面围合度、建筑群体方向与 UTCI 呈线性正相关，其中建筑密度和平面围合度的相关程度较高，相关系数绝对值分别为 0.650 和 0.617，建筑群体方向的相关程度较低。风向投射角、建筑平均高度、最大建筑高度、建筑高度起伏度与 UTCI 呈线性负相关，且相关程度依次降低。此外，建筑密度、平面围合度、风向投射角、建筑平均高度、最大建筑高度与 UTCI 属于中度相关，建筑高度起伏度、建筑群体方向与 UTCI 属于低度相关。

表 5.23　冬季住区形态要素与 PET 及 UTCI 相关性分析结果

住区形态要素	PET	UTCI
建筑密度	0.567**	0.650**
平面围合度	0.573**	0.617**
建筑群体方向	0.217**	0.203*
风向投射角	− 0.485**	− 0.483**
最大建筑高度	− 0.320**	− 0.419**
建筑平均高度	—	− 0.432**
建筑高度起伏度	—	− 0.269**

注：** 表示 $p < 0.01$，* 表示 $p < 0.05$。

2. 夏季住区形态要素敏感性分析

表 5.24 给出了夏季住区形态要素与热舒适指标的显著性分析结果。根据结果可知,住区形态要素对这两个热舒适指标影响的显著性相同,建筑高度起伏度和建筑高度离散度的 Sig. 值大于 0.05,表明这两个要素对 PET 和 UTCI 均无显著影响;其他住区形态要素的 Sig. 值均小于 0.05,表明其对 PET 和 UTCI 影响显著。

根据 F 值可知,住区形态要素对两个热舒适指标的影响程度有所不同。对于 PET 指标,住区形态要素影响程度由大到小依次为最大建筑高度、建筑平均高度、风向投射角、建筑群体方向、建筑群体平面组合形式、建筑密度、平面围合度。对于 UTCI 指标,住区形态要素影响程度由大到小依次为最大建筑高度、建筑群体平面组合形式、建筑平均高度、风向投射角、建筑群体方向、平面围合度、建筑密度。

表 5.24　夏季住区形态要素与热舒适指标的显著性分析

住区形态要素	PET		UTCI	
	F 值	Sig. 值	F 值	Sig. 值
建筑群体平面组合形式	2.270	0.005**	3.646	0.004**
建筑密度	2.061	0.006**	1.861	0.015*
平面围合度	2.055	0.003**	2.212	0.025*
建筑群体方向	2.448	0.000**	2.416	0.000**
风向投射角	2.571	0.000**	2.514	0.000**
建筑平均高度	2.631	0.000**	3.121	0.000**
最大建筑高度	3.463	0.000**	3.721	0.000**
建筑高度起伏度	1.413	0.102	1.406	0.105
建筑高度离散度	0.932	0.577	0.781	0.789

注:** 表示 $p < 0.01$,* 表示 $p < 0.05$。

根据显著性分析结果,将对两个热舒适指标值具有显著影响的住区形态要素进一步进行相关性分析,根据相关系数判断住区形态要素与热舒适指标值之间的线性趋势及相关程度。

表 5.25 为夏季住区形态要素与 PET 及 UTCI 相关性分析结果。住区形态要素与 PET、UTCI 的线性趋势和线性相关程度相同。其中,建筑密度、平面围合度与两个热舒适指标呈线性正相关,其中建筑密度相关程度相对较高;建筑平均高度、最大建筑高度、风向投射角、建筑群体方向与两个热舒适指标均呈线性负相

关,且相关程度依次降低。此外,各住区形态要素与两个热舒适指标均属于中度相关。

表 5.25　夏季住区形态要素与 PET 及 UTCI 相关性分析结果

住区形态要素	PET	UTCI
建筑密度	0.484**	0.520**
平面围合度	0.405**	0.444**
建筑群体方向	-0.433^{**}	-0.444^{**}
风向投射角	-0.461^{**}	-0.467^{**}
最大建筑高度	-0.558^{**}	-0.570^{**}
建筑平均高度	-0.639^{**}	-0.627^{**}

注:** 表示 $p < 0.01$。

5.3.3　建筑群体平面组合形式与热舒适指标的量化关系分析

根据 5.3.2 节敏感性分析结果可知,建筑群体平面组合形式对冬、夏两季住区 PET 和 UTCI 均值具有显著影响,且重要性程度较高。本节将进一步对不同建筑群体平面组合形式之间热舒适指标的差异性进行量化分析。

1.冬季建筑群体平面组合形式与热舒适指标的量化关系

为了进一步了解冬季建筑群体平面组合形式之间热舒适指标的差异情况,对不同建筑群体平面组合形式进行多重比较分析,以判断是否存在显著性差异,分析结果见表5.26。由显著性差异分析结果可知,行列式与混合式(行列式＋点群式)之间,周边式与混合式(周边式＋点群式)之间,混合式(行列式＋周边式)与混合式(行列式＋周边式＋点群式)之间,混合式(行列式＋点群式)分别与混合式(行列式＋周边式)、混合式(行列式＋周边式＋点群式)之间的两个热舒适指标值均不存在显著性差异。由此可见,在冬季,行列式布局与周边式布局对住区热舒适指标值的影响差异较大,点群式布局对住区热舒适指标值的影响相对较小。

表 5.26 冬季建筑群体平面组合形式之间热舒适指标的显著性差异分析(Sig. 值)

热舒适指标		建筑群体平面组合形式				
		1	2	3	4	5
PET	2	0.000	—	—	—	—
	3	0.121	0.000	—	—	—
	4	0.000	0.000	0.309	—	—
	5	0.000	0.359	0.004	0.011	—
	6	0.032	0.006	0.365	0.765	0.114
UTCI	2	0.000	—	—	—	—
	3	0.140	0.000	—	—	—
	4	0.000	0.000	0.055	—	—
	5	0.000	0.350	0.000	0.004	—
	6	0.018	0.001	0.244	0.952	0.038

注:1 行列式、2 周边式、3 混合式(行列式＋点群式)、4 混合式(行列式＋周边式)、5 混合式(周边式＋点群式)、6 混合式(行列式＋周边式＋点群式)。显著性水平为 0.05。

冬季不同建筑群体平面组合形式对应的两个热舒适指标区间分布如图 5.10 所示。图中建筑群体平面组合形式分别以序号表示:1 行列式、2 周边式、3 混合式(行列式＋点群式)、4 混合式(行列式＋周边式)、5 混合式(周边式＋点群式)、6 混合式(行列式＋周边式＋点群式)。由图可知,PET 总体分布范围约为 $-23.5 \sim 18.5$ ℃,UTCI 的总体分布范围约为 $-27.0 \sim -15.5$ ℃。通过比较四分位区间值可知,行列式住区的 PET 和 UTCI 区间值范围分别约为 $-23.2 \sim -22.8$ ℃ 和 $-26.0 \sim -25$ ℃;周边式住区的 PET 和 UTCI 区间值范围分别约为 $-22.2 \sim -20.3$ ℃ 和 $-22.0 \sim -18$ ℃;混合式(行列式＋点群式)住区的 PET 和 UTCI 区间值范围分别约为 $-23.0 \sim -22.2$ ℃ 和 $-26.0 \sim -23$ ℃;混合式(行列式＋周边式)住区的 PET 和 UTCI 区间值范围分别约为 $-23.0 \sim -22$ ℃ 和 $-24.5 \sim -21.5$ ℃;混合式(周边式＋点群式)住区的 PET 和 UTCI 区间值范围分别约为 $-22.2 \sim -20.7$ ℃ 和 $-22.5 \sim -18.5$ ℃;混合式(行列式＋周边式＋点群式)住区的 PET 和 UTCI 区间值范围分别约为 $-22.8 \sim -21.7$ ℃ 和 $-24.5 \sim -21.7$ ℃。各建筑群体平面组合形式的两个热舒适指标的四分位数间距大小变化规律相同,由大至小依次为周边式、混合式(周边式＋点群式)、混合式(行列式＋周边式＋点群式)、混合式(行列式＋点群式)、混合式(行列式＋周边式)、行列式。

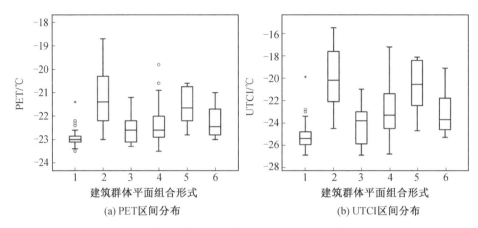

(a) PET区间分布　　　　　　　　(b) UTCI区间分布

图 5.10　冬季不同建筑群体平面组合形式对应的两个热舒适指标区间分布

此外,建筑群体平面组合形式对应的PET中位数值由大至小依次为周边式、混合式(周边式＋点群式)、混合式(行列式＋周边式＋点群式)、混合式(行列式＋周边式)、混合式(行列式＋点群式)、行列式。对应的UTCI指标中位数值变化规律略有不同,由大至小依次为周边式、混合式(周边式＋点群式)、混合式(行列式＋周边式)、混合式(行列式＋周边式＋点群式)、混合式(行列式＋点群式)、行列式。通过对比发现,虽然两个指标值的总体分布范围和区间值范围存在差异,但各建筑群体平面组合形式两个指标的中位数、四分位数、四分位数间距的变化规律相似。

综上所述,不同建筑群体平面组合形式的热舒适水平呈现出明显差异。通过各建筑群体平面组合形式两个热舒适指标四分位区间值范围和中位数值可知,严寒地区冬季周边式布局住区热舒适水平明显高于其他建筑群体平面组合形式,混合式(周边式＋点群式)次之,混合式(行列式＋周边式＋点群式)、混合式(行列式＋周边式)、混合式(行列式＋点群式)、行列式住区微气候舒适水平依次下降,可见随着住区内周边式布局所占比例的增多、行列式布局占比的减少,冬季住区热舒适水平有所提升。此外,通过对比热舒适指标值分布范围及四分位数间距可知,具有不同住区形态的周边式住区之间热舒适水平差异较大,而行列式住区之间热舒适水平较为接近。

2. 夏季建筑群体平面组合形式与热舒适指标的量化关系

为了进一步了解夏季建筑群体平面组合形式之间热舒适指标的差异情况,对不同建筑群体平面组合形式进行多重比较分析,以判断是否存在显著性差异,分析结果见表 5.27。由显著性差异分析结果可知,行列式、混合式(行列式＋点群式)、混合式(行列式＋周边式＋点群式)分别与周边式之间的 PET 存在显著性差异;其余两两平面组合形式之间均不存在显著性差异。对于 UTCI 的显著性差异情况,与 PET 略有不同,在上述差异性基础上,行列式与混合式(行列式＋周边式)之间的 UTCI 存在显著性差异。由此可见,在夏季,行列式布局与周边式布局对住区热舒适指标的影响差异较大,点群式布局对住区热舒适水平的影响相对较小。

表 5.27　夏季建筑群体平面组合形式之间热舒适指标的显著性差异分析

热舒适指标		建筑群体平面组合形式				
		1	2	3	4	5
PET	2	0.005	—	—	—	—
	3	0.966	0.046	—	—	—
	4	0.097	0.191	0.248	—	—
	5	0.806	0.168	0.811	0.506	—
	6	0.538	0.042	0.605	0.155	0.502
UTCI	2	0.000	—	—	—	—
	3	0.897	0.007	—	—	—
	4	0.022	0.105	0.095	—	—
	5	0.539	0.125	0.537	0.520	—
	6	0.833	0.036	0.918	0.186	0.543

注:1 行列式、2 周边式、3 混合式(行列式＋点群式)、4 混合式(行列式＋周边式)、5 混合式(周边式＋点群式)、6 混合式(行列式＋周边式＋点群式)。显著性水平为 0.05。

夏季不同建筑群体平面组合形式对应的两个热舒适指标区间分布如图 5.11所示。图中建筑群体平面组合形式分别以序号表示:1 行列式、2 周边式、3 混合式(行列式＋点群式)、4 混合式(行列式＋周边式)、5 混合式(周边式＋点群式)、6混合式(行列式＋周边式＋点群式)。由图可知,PET 总体分布范围为 21.5 ～26.5 ℃,UTCI 的总体分布范围在 23.0 ～ 27.6 ℃ 之间。通过比较四分位区间值可知,行列式住区的 PET 和 UTCI 区间值范围分别约为 23.0 ～ 24.5 ℃ 和24.7 ～ 26.3 ℃;周边式住区的 PET 和 UTCI 区间值范围分别约为 23.8 ～24.9 ℃ 和 25.9 ～ 26.6 ℃;混合式(行列式＋点群式)住区的 PET 和 UTCI 区间值范围分别约为 22.7 ～ 24.1 ℃ 和 24.6 ～ 25.9 ℃;混合式(行列式＋周边式)住区的 PET 和 UTCI 区间值范围分别约为 23.6 ～ 24.6 ℃ 和 25.4 ～ 26.6 ℃;混合式(周边式＋点群式)住区的 PET 和 UTCI 区间值范围分别约为 22.8 ～ 24.7 ℃和 24.8 ～ 26.6 ℃;混合式(行列式＋周边式＋点群式)住区的 PET 和 UTCI 区间值范围分别约为 23.1 ~ 24.1 ℃ 和 25.2 ~ 26.1 ℃。各建筑群体平面组合形式的两个热舒适指标的四分位数间距大小变化规律相似,由大至小依次为混合式(周边式＋点群式)、行列式、混合式(行列式＋点群式)、混合式(行列式＋周边式＋点群式)、混合式(行列式＋周边式)、周边式。

此外,各建筑群体平面组合形式的两个热舒适指标中位数值变化规律相同,由大至小依次为周边式、混合式(周边式＋点群式)、混合式(行列式＋周边式)、行列式、混合式(行列式＋点群式)、混合式(行列式＋周边式＋点群式)。通过对比两个热舒适指标发现,虽然两个指标的总体分布范围和区间值范围存在差异,但各建筑群体平面组合形式两个指标的中位数、四分位数、四分位数间距的变化规律相似。

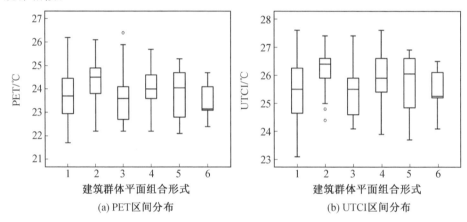

(a) PET区间分布　　　　　　(b) UTCI区间分布

图 5.11　夏季不同建筑群体平面组合形式对应的两个热舒适指标区间分布

综上所述,不同建筑群体平面组合形式之间的热舒适水平呈现出特有规律。通过各建筑群体平面组合形式两个热舒适指标中位数值和区间值范围可知,严寒地区夏季行列式和混合式(行列式＋点群式)住区热舒适水平相对较高,混合式(行列式＋周边式＋点群式)、混合式(周边式＋点群式)、混合式(行列式＋周边式)、周边式住区热舒适水平依次降低,可见行列式布局与点群式布局能够有效提升夏季住区微气候的舒适性。此外,通过对比各建筑群体平面组合形式热舒适指标值分布范围和四分位数间距可知,具有不同住区形态的行列式住区之间热舒适水平差异较大。

5.3.4　基于住区形态要素的热舒适指标预测模型构建

1. 冬季住区热舒适指标预测模型构建

根据 5.3.2 节冬季住区形态要素与住区 PET、UTCI 的显著性分析结果,选取具有显著性影响的形态要素作为自变量,分别对两个热舒适指标进行回归分析,得到住区形态要素与两个热舒适指标值的量化关系。基于156个住区案例的冬季微气候模拟结果,运用RayMan软件对PET和UTCI进行计算。其中,住区PET均值的范围为 − 23.5 ～− 18.7 ℃,UTCI 均值的范围为 − 26.9 ～−15.5 ℃,城市住区形态要素数据范围见表4.10。

　　为确定上述自变量与因变量之间的数量关系,运用曲线估计的方法对选取的住区形态要素分别与两个热舒适指标进行多种曲线拟合,以判定系数和显著性指标作为主要考虑依据,判断变量间的曲线关系。重点考虑的曲线模型包括:线性模型、二次曲线模型、三次曲线模型和对数曲线模型。图 5.12、图 5.13 分别为冬季住区形态要素与住区 PET 均值、UTCI 均值之间的拟合曲线。

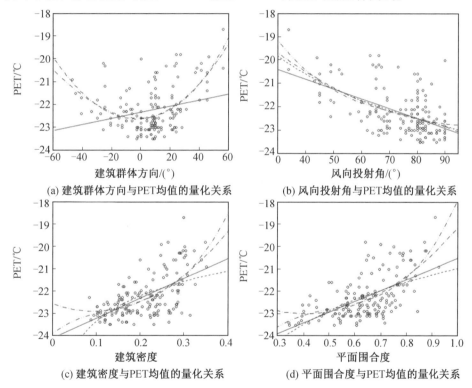

(a) 建筑群体方向与PET均值的量化关系　　　(b) 风向投射角与PET均值的量化关系

(c) 建筑密度与PET均值的量化关系　　　　(d) 平面围合度与PET均值的量化关系

图 5.12　冬季住区形态要素与住区 PET 均值之间的拟合曲线

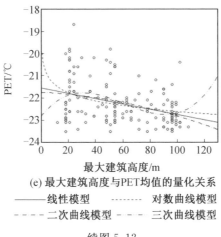

(e) 最大建筑高度与PET均值的量化关系

———— 线性模型　　　⋯⋯⋯⋯ 对数曲线模型

- - - - 二次曲线模型　- - - 三次曲线模型

续图 5.12

　　表 5.28 给出了冬季住区形态要素与热舒适指标均值之间拟合模型的 Sig. 值和 R^2。由表可知,风向投射角、建筑密度、平面围合度和最大建筑高度分别与 PET 均值的 4 种拟合模型的 Sig. 值均小于 0.01,表明上述模型均具有极显著的统计学意义,且拟合优度较为接近;建筑群体方向与 PET 均值建立的线性模型、二次曲线模型和三次曲线模型均显示出较强的显著性,其 Sig. 值均小于 0.01,其中二次曲线模型和三次曲线模型的拟合优度相对较高。

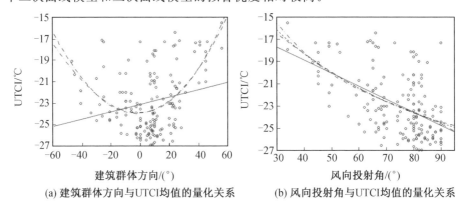

(a) 建筑群体方向与UTCI均值的量化关系　　(b) 风向投射角与UTCI均值的量化关系

图 5.13　冬季住区形态要素与住区 UTCI 均值之间的拟合曲线

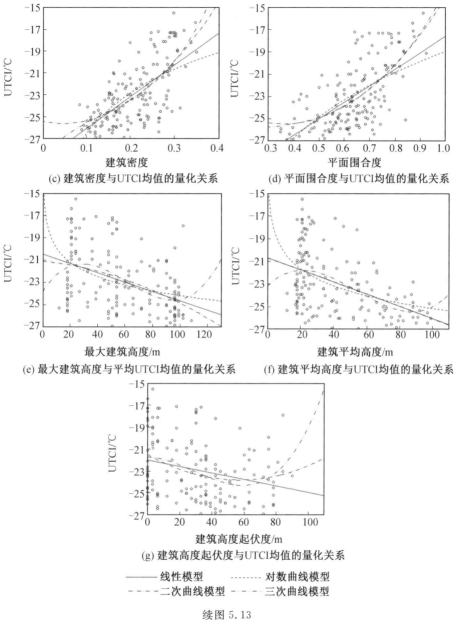

(c) 建筑密度与UTCI均值的量化关系　　(d) 平面围合度与UTCI均值的量化关系

(e) 最大建筑高度与平均UTCI均值的量化关系　　(f) 建筑平均高度与UTCI均值的量化关系

(g) 建筑高度起伏度与UTCI均值的量化关系

―――― 线性模型　　·········· 对数曲线模型
――·――·―― 二次曲线模型　　――― 三次曲线模型

续图 5.13

建筑密度、平面围合度、最大建筑高度和建筑平均高度分别与 UTCI 均值的4 种拟合模型的 Sig. 值均小于 0.01,表明均具有极显著的统计学意义,其中对数曲线模型的拟合优度相对较低;风向投射角与 UTCI 均值的4 种拟合模型均具有极显著的统计学意义,且拟合优度较为接近;建筑群体方向和建筑高度起伏度分别与 UTCI 均值建立的线性模型、二次曲线模型和三次曲线模型均显示出极显著的统计学意义,且二次曲线模型和三次曲线模型的拟合优度相对较高。

表 5.28　冬季住区形态要素与热舒适指标均值之间拟合模型的 Sig. 值和 R^2

热舒适指标	住区形态要素	线性模型	二次曲线模型	三次曲线模型	对数曲线模型
PET 均值	建筑群体方向	0.071**	0.315**	0.318**	—
	风向投射角	0.294**	0.309**	0.309**	0.307**
	建筑密度	0.358**	0.382**	0.383**	0.319**
	平面围合度	0.352**	0.399**	0.409**	0.316**
	最大建筑高度	0.129**	0.131**	0.145**	0.106**
UTCI 均值	建筑群体方向	0.054**	0.278**	0.280**	—
	风向投射角	0.277**	0.282**	0.282**	0.283**
	建筑密度	0.442**	0.456**	0.456**	0.405**
	平面围合度	0.397**	0.432**	0.433**	0.360**
	最大建筑高度	0.189**	0.192**	0.202**	0.159**
	建筑平均高度	0.210**	0.210**	0.219**	0.190**
	建筑高度起伏度	0.070**	0.095**	0.106**	—

注:** 表示 $p < 0.01$。

为了更加准确地得到冬季住区 PET 均值和 UTCI 均值的预测模型,寻求解释热舒适指标变化规律的最优住区形态要素组合,将各住区形态要素与冬季住区热舒适指标之间具有显著统计学意义的曲线拟合模型作为自变量,综合应用到回归分析当中。采用线性回归逐步方法,对不同变量组合方式进行多次迭代回归分析,最终经历4 次方程迭代运算后,分别得到冬季住区两个热舒适指标的多元回归模型,计算公式如式(5.6)、式(5.7)所示。

$$\text{PET}_{(w)} = 9.48 \cdot \lambda_b^2 + 1.93 \cdot C_p^3 - 2.34 \cdot 10^{-7} \cdot \theta_w^3 + 5.76 \cdot 10^{-4} \cdot D_{bg}^2 - 23.40$$

$$(5.6)$$

$$\text{UTCI}_{(w)} = 35.51 \cdot \lambda_b^2 + 4.87 \cdot C_p^3 - 3.96 \cdot 10^{-7} \cdot H_{avg}^3 - 1.59 \cdot 10^{-6} \cdot \theta_w^3 +$$
$$1.23 \cdot 10^{-3} \cdot D_{bg}^2 - 25.76$$

$$(5.7)$$

式中　　$\text{PET}_{(w)}$——冬季住区生理等效温度平均值,℃;

　　　　$\text{UTCI}_{(w)}$——冬季住区通用热气候指数平均值,℃。

　　冬季热舒适指标多元回归模型综合分析结果见表 5.29。由表可知,冬季基于住区形态要素的 PET 均值和 UTCI 均值的回归模型的调整 R^2 分别为 0.575 和 0.610,说明模型对 PET 均值和 UTCI 均值的解释度分别可达到 57.5% 和 61.0%,模型拟合优度较高。根据 Durbin-Watson 检验表(样本容量为 156,自变量数目为 4 和 5,dU 分别为 1.791 1 和 1.804 8)可知,两个回归模型的 DW 值均处于 dU 和 2 之间,说明残差不存在一阶正自相关,可通过残差独立性检验;在方差分析中,两个回归模型的 Sig. 值均小于 0.01,F 值大于 2.432 和 2.274(来自 F 分布表),表明这两个模型均具有极显著的统计学意义;在 t 检验中 Sig. 值均小于 0.05,表明回归系数均具有显著性,各自变量与因变量之间存在显著的相关关系;自变量 VIF 值均小于 10,表明两个回归模型均不存在多重共线性关系。

　　根据标准化回归系数可知,PET 均值的回归模型中自变量对因变量的影响程度由大到小依次为建筑群体方向的平方、平面围合度的三次方、建筑密度的平方、风向投射角的三次方。UTCI 均值的回归模型中自变量对因变量的影响程度略有不同,由大到小依次为建筑密度的平方、建筑群体方向的平方、平面围合度的三次方、风向投射角的三次方、建筑平均高度的三次方。

　　综上所述,通过多元统计回归得到的两个热舒适指标值预测模型具有较高的可信度,且两个热舒适指标计算公式的表达形式较为相似。由回归模型可以得出如下结论:建筑密度、平面围合度、风向投射角、建筑群体方向以及建筑平均高度共同对冬季严寒地区城市住区热舒适指标均值产生决定性影响。具体来说,随着住区建筑密度和平面围合度的增大,热舒适指标均值分别呈二次和三次函数式增大,微气候舒适水平有所提升;随着建筑群体方向偏至东、西向,热舒适指标均值呈二次函数式增大,热舒适水平有所提升。随着来流风向与建筑群体方向夹角的增大,热舒适指标均值呈三次函数式减小,热舒适水平有所下降。

表 5.29 冬季热舒适指标多元回归模型综合分析结果

热舒适指标	调整 R^2	Durbin-Watson	F	Sig.	自变量	标准化回归系数	t	Sig.	VIF
PET 均值	0.575	1.851	51.102	0.000	常量	—	−70.580	0.000	—
					λ_b^2	0.271	3.036	0.003	2.825
					C_p^3	0.299	3.347	0.001	2.838
					θ_w^3	−0.043	−0.416	0.048	3.870
					D_{bg}^2	0.359	3.435	0.001	3.883
UTCI 均值	0.610	1.855	46.880	0.000	常量	—	−26.709	0.000	—
					λ_b^2	0.350	3.543	0.001	3.748
					C_p^3	0.260	3.011	0.003	2.873
					H_{avg}^3	−0.032	−0.489	0.026	1.678
					θ_w^3	−0.102	−1.014	0.012	3.876
					D_{bg}^2	0.264	2.627	0.010	3.890

2. 夏季住区热舒适指标预测模型构建

根据 5.3.2 节夏季住区形态要素与住区 PET、UTCI 的显著性分析结果,选取具有显著性影响的住区形态要素作为自变量,分别对两个热舒适指标进行回归分析,得到夏季住区形态要素与两个热舒适指标的量化关系。基于 156 个住区案例的夏季微气候模拟结果,运用 RayMan 软件对 PET 和 UTCI 进行计算。其中,住区 PET 均值的范围为 21.7 ~ 28.0 ℃,UTCI 均值的范围为 23.1 ~ 27.6 ℃,城市住区形态要素数据范围见表 4.10。

为确定各自变量与因变量之间的数量关系,运用曲线估计的方法对选取的住区形态要素分别与两个热舒适指标进行多种曲线拟合,以判定变量间的曲线关系。重点考虑的曲线模型包括:线性模型、二次曲线模型、三次曲线模型和对数曲线模型。图 5.14、图 5.15 分别为夏季住区形态要素与住区 PET 均值、UTCI 均值之间的拟合曲线。

表 5.30 给出了夏季住区形态要素与热舒适指标之间拟合模型的 Sig. 值和 R^2。由表可知,建筑群体方向分别与 PET、UTCI 建立的线性模型、二次曲线模型、三次曲线模型的 Sig. 值均小于 0.01,表明均具有极显著的统计学意义,且模型拟合优度相近。风向投射角、建筑密度、平面围合度、建筑平均高度、最大建筑高度分别与 PET、UTCI 建立的 4 个拟合模型的 Sig. 值均小于 0.01,均显示出较

强的显著性,且拟合优度较为接近。

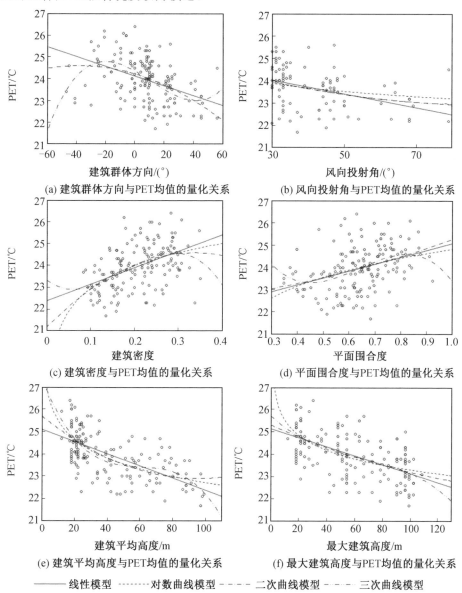

(a) 建筑群体方向与PET均值的量化关系

(b) 风向投射角与PET均值的量化关系

(c) 建筑密度与PET均值的量化关系

(d) 平面围合度与PET均值的量化关系

(e) 建筑平均高度与PET均值的量化关系

(f) 最大建筑高度与PET均值的量化关系

——— 线性模型　········ 对数曲线模型　- - - - 二次曲线模型　- - - 三次曲线模型

图 5.14　夏季住区形态要素与住区 PET 均值之间的拟合曲线

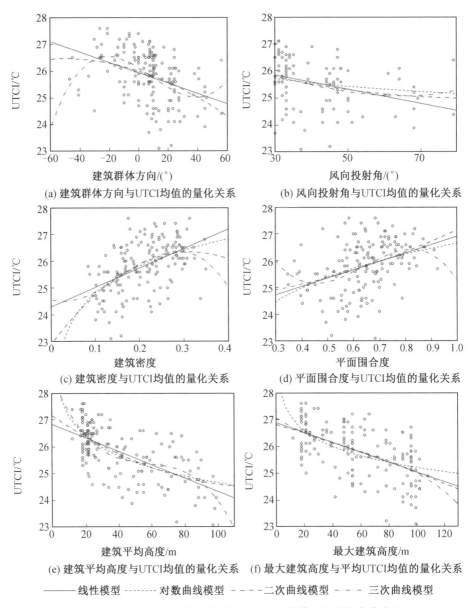

(a) 建筑群体方向与UTCI均值的量化关系　　(b) 风向投射角与UTCI均值的量化关系

(c) 建筑密度与UTCI均值的量化关系　　(d) 平面围合度与UTCI均值的量化关系

(e) 建筑平均高度与UTCI均值的量化关系　(f) 最大建筑高度与平均UTCI均值的量化关系

—— 线性模型　……… 对数曲线模型　- - - - 二次曲线模型　- - - 三次曲线模型

图 5.15　夏季住区形态要素与住区 UTCI 均值之间的拟合曲线图

表 5.30　夏季住区形态要素与热舒适指标之间拟合模型的 Sig. 值和 R^2

热舒适指标	住区形态要素	线性模型	二次曲线模型	三次曲线模型	对数曲线模型
PET均值	建筑群体方向	0.165**	0.185**	0.239**	—
	风向投射角	0.229**	0.238**	0.238**	0.229**
	建筑密度	0.212**	0.229**	0.237**	0.222**
	平面围合度	0.124**	0.124**	0.143**	0.117**
	建筑平均高度	0.397**	0.398**	0.426**	0.408**
	最大建筑高度	0.301**	0.303**	0.304**	0.296**
UTCI均值	建筑群体方向	0.158**	0.169**	0.224**	—
	风向投射角	0.207**	0.219**	0.222**	0.201**
	建筑密度	0.246**	0.272**	0.272**	0.262**
	平面围合度	0.158**	0.159**	0.184**	0.148**
	建筑平均高度	0.416**	0.414**	0.441**	0.420**
	最大建筑高度	0.318**	0.318**	0.319**	0.297**

注：** 表示 $p < 0.01$。

为了更加准确地得到夏季住区 PET 均值和 UTCI 均值的预测模型，寻求解释热舒适指标变化规律的最优住区形态要素组合，将各住区形态要素与夏季住区热舒适指标之间具有显著统计学意义的曲线拟合模型作为自变量，综合应用到回归分析当中。采用线性回归逐步方法，对不同变量组合方式进行多次迭代回归分析，最终经历 4 次方程迭代运算后，分别得到夏季住区两个热舒适指标的多元回归模型，计算公式如式(5.8)、式(5.9)所示。

$$PET_{(S)} = 20.89 \cdot \lambda_b^3 + 0.69 \cdot C_p^3 - 2.09 \cdot 10^{-6} \cdot H_{avg}^3 - 3.24 \cdot 10^{-2} \cdot \theta_s - 2.31 \cdot 10^{-4} \cdot D_{bg}^2 + 24.96 \quad (5.8)$$

$$UTCI_{(S)} = 2.61 \cdot \lambda_b^3 + 0.96 \cdot C_p - 2.37 \cdot 10^{-2} \cdot H_{avg} - 2.9 \cdot 10^{-2} \cdot \theta_s - 7.84 \cdot 10^{-5} \cdot D_{bg}^2 + 27.08 \quad (5.9)$$

式中　　$PET_{(S)}$ ——夏季住区生理等效温度平均值，℃；

$\qquad$ $UTCI_{(S)}$ ——夏季住区通用热气候指数平均值，℃。

夏季住区热舒适指标均值多元回归模型综合分析结果见表 5.31。由表可知，夏季基于住区形态要素的 PET 均值和 UTCI 均值的回归模型的调整 R^2 分别为 0.629 和 0.684，说明该模型对 PET 均值和 UTCI 均值的解释度分别可达到 62.9% 和 68.4%，两个模型的拟合优度较高。根据 Durbin-Watson 检验表（样本容量为 156,自变量数目为 5,dU 为 1.804 8)可知,PET 均值回归模型的 DW 值均处于 dU 和 2 之间,UTCI 均值回归模型处于 2 和 $4-dU$ 之间,说明残差均不存在一阶正自相关,可通过残差独立性检验;在方差分析中,回归模型的 Sig. 值均小于 0.01,F 值分别大于 2.274(来自 F 分布表),表明模型均具有极显著的统计学意义;t 检验中的 Sig. 值均小于 0.05,表明回归系数均具有显著性,各自变量与因变量之间存在显著的相关关系;自变量 VIF 值均小于 10,表明回归模型均不存在多重共线性关系。

根据标准化回归系数可知,PET 均值的回归模型中自变量对因变量的影响程度由大到小依次为风向投射角、建筑平均高度的三次方、建筑密度的三次方、建筑群体方向的平方、平面围合度的三次方。UTCI 指标的回归模型中自变量对因变量的影响程度由大到小依次为建筑平均高度、风向投射角、平面围合度、建筑群体方向的平方、建筑密度的三次方。

表 5.31　夏季住区热舒适指标均值多元回归模型综合分析结果

热舒适指标	调整 R^2	Durbin-Watson	F	Sig.	自变量	标准化回归系数	t	Sig.	VIF
PET 均值	0.629	1.992	50.839	0.000	常量	—	140.035	0.000	—
					λ_b^3	0.191	2.104	0.037	3.347
					C_p^3	0.098	1.164	0.046	2.890
					H_{avg}^3	-0.455	-7.576	0.000	1.460
					θ_s	-0.502	-8.428	0.000	1.436
					D_{bg}^2	-0.133	-2.157	0.033	1.527
UTCI 均值	0.684	2.102	65.008	0.000	常量	—	73.585	0.000	—
					λ_b^3	0.027	0.331	0.041	3.114
					C_p	0.122	1.710	0.008	2.421
					H_{avg}	-0.601	-9.485	0.000	1.910
					θ_s	-0.504	-9.175	0.000	1.435
					D_{bg}^2	-0.050	-0.883	0.037	1.541

综上分析,夏季住区 PET 均值和 UTCI 均值预测模型均具有较高的可信度,且模型表达形式较为相似。由回归模型可以得到以下结论:建筑密度、平面围合度、建筑平均高度、风向投射角和建筑群体方向共同对严寒地区夏季住区 PET 均值和 UTCI 均值产生决定性影响。具体来说,随着建筑密度、平面围合度的增大、

建筑平均高度的减小,住区 PET 均值和 UTCI 均值呈增大趋势,微气候舒适性水平有所下降;随着建筑群体方向偏至东、西向,住区 PET 均值和 UTCI 均值呈二次函数式减小,热舒适水平有所提升。此外,随着来流风向与建筑群体方向夹角的增大,住区 PET 均值和 UTCI 均值呈线性函数式减小,热舒适水平有所提升。

5.4　本 章 小 结

　　本章基于 156 个住区调研案例冬、夏两季微气候模拟结果,以风速、空气温度以及热舒适指标 PET、UTCI 作为微气候评价指标,针对住区形态要素对微气候评价指标的影响展开深入研究。首先,利用方差分析,确定了住区形态要素对微气候评价指标的敏感性。然后,通过探索性分析得出了建筑群体平面组合形式对微气候评价指标影响的差异性,并采用回归分析分别建立了住区平均风速比、平均空气温度以及热舒适指标均值的预测模型,为后文多目标综合优化研究提供依据。

　　(1)对于风速而言,通过敏感性分析确定冬、夏两季住区形态要素对平均风速比影响的显著性与影响程度,并在此基础上,采用相关性分析得出建筑密度、平面围合度与平均风速比呈线性负相关,风向投射角、建筑平均高度、最大建筑高度、建筑高度起伏度与平均风速比呈线性正相关。通过比较建筑群体平面组合形式对平均风速比影响的差异性,得出行列式住区的平均风速比明显高于周边式住区,混合式布局住区平均风速比处于适中水平,且随着周边式布局占比的增大、行列式布局占比的减小,混合式住区平均风速比呈减小趋势。此外,运用曲线估计方法,判断住区形态要素与平均风速比的曲线关系,并利用逐步回归分析方法,分别构建了冬、夏两季住区平均风速比预测模型。

　　(2)对于空气温度而言,通过敏感性分析确定冬、夏两季住区形态要素对平均空气温度影响的显著性与影响程度。其中,在冬季,建筑群体平面组合形式、最大建筑高度、平面围合度、建筑密度、建筑平均高度、容积率、建筑群体方向对住区平均空气温度均具有显著影响,且影响程度依次减小;在夏季,建筑群体平面组合形式、建筑高度起伏度、平面围合度、建筑高度离散度、建筑密度、建筑平均高度对平均空气温度均具有显著影响,且影响程度依次减小。在此基础上,采用相关性分析,确定以上住区形态要素与冬、夏两季住区平均空气温度的线性趋势及线性相关程度。通过比较建筑群体平面组合形式对平均气温影响的差异性,得出在冬季,随着周边式布局所占比例的增大、行列式布局占比的减小,住区内部平均空气温度呈上升的趋势；在夏季，空气温度的变化趋势相反。此外，运用曲线估计方法，判断住区形态要素与平均空气温度的曲线关系，并利用逐步回归分析方法，分别构建了冬、夏两季住区平均空气温度预测模型。

（3）对于热舒适指标 PET 与 UTCI 而言，通过敏感性分析确定冬、夏两季住区形态要素对两个指标影响的显著性与影响程度。在此基础上，通过相关性分析，发现了住区形态要素与两个热舒适指标的线性趋势与线性相关程度相似。其中，在冬季，建筑密度、平面围合度、建筑群体方向与两个热舒适指标呈正相关，其他空间形态要素与两个热舒适指标呈负相关；在夏季，建筑密度、平面围合度与两个热舒适指标呈正相关，其他参数与两个热舒适指标呈负相关。通过比较建筑群体平面组合形式的两个热舒适指标的区间分布，发现不同建筑群体平面组合形式对两个指标的影响规律相似。在冬季，周边式布局住区热舒适水平较高，且随着住区周边式布局所占比例的增多、行列式布局占比的减少，热舒适水平呈上升的趋势。在夏季，周边式布局住区热舒适性较差，且行列式与点群式布局能够有效提升住区热舒适水平。此外，运用曲线估计方法，判断住区形态要素与两个热舒适指标的曲线关系，并利用逐步回归分析方法，分别构建了冬、夏两季住区 PET 均值与 UTCI 均值预测模型。

第6章

住宅建筑能耗模拟计算方法

本书所涉及的建筑能耗主要包括冬季采暖能耗与夏季制冷能耗。建筑能耗分析极为复杂，受到多项相关指标的影响。其分析方法包括静态计算法、模拟计算法和现场实测法。由于诸多影响因素的共同制约，采用静态计算法和现场实测法难以实现对大量研究样本能耗进行精确、高效的预测。因此，本书采用模拟计算法对能耗进行分析，以便更加准确地探究住区形态要素与建筑能耗之间的量化关系。本章首先对建筑能耗模拟软件进行选择，并说明其可靠性；其次，提出基于局地微气候的建筑能耗耦合模拟方法；最后，从物理模型建立和模拟边界条件两方面介绍建筑能耗模拟参数的设置情况。

6.1　建筑能耗模拟软件的选择及可靠性说明

6.1.1　能耗模拟软件的选择

能耗模拟技术是分析建筑能耗和指导建筑节能设计的有效手段,可在方案设计初期对建筑用能情况进行估算,对方案的调整与优化起到重要作用。目前,建筑能耗模拟软件众多并且在不断发展变化,从开发最早、应用最为广泛的DOE－2,再到后来的 EnergyPlus、DesignBuilder、DeST、BLAST 等,各个软件的可操作性、功能侧重及面向的使用群体均存在差异。下面针对几种在国内外建筑能耗相关研究中被广泛使用的模拟软件进行对比分析,通过对软件的模拟计算方法、集成的模拟及迭代方案、界面可操作性等方面的主要性能进行比较,从而选择适合本书的建筑能耗模拟软件,见表 6.1。

表 6.1　不同建筑能耗模拟软件功能对比

对比项	DOE－2	EnergyPlus	DesignBuilder	DeST	BLAST
图形化输入界面	×	×	√	×	×
自定义输出报表	×	√	√	×	×
计算结果输出界面	×	√	√	×	×
用户自定义时间步长	×	√	√	×	×
集成的模拟及迭代方案	×	√	√	×	×
房间热平衡计算方程	×	√	√	×	×
建筑热平衡计算方程	×	√	√	×	×
内表面对流传热计算	×	√	√	×	×
内表面间长波互辐射	×	√	√	×	×
临室传热模型	×	√	√	×	×

续表6.1

对比项	DOE－2	EnergyPlus	DesignBuilder	DeST	BLAST
温度计算	×	√	√	×	×
热舒适计算	×	√	√	×	×
天空背景辐射模型	√	√	√	×	×
窗体模型计算	√	√	√	×	×
太阳透射分配模型	√	√	√	×	×
日光模型	√	√	√	×	×
水循环计算	×	√	√	√	×
送风回风循环计算	×	√	√	×	×
用户自定义空调设备	×	√	√	×	×
有害颗粒物浓度计算	√	√	√	√	√
与其他软件的接口	×	√	√	×	×

注：√ 表示具备的功能，× 表示不具备的功能。

　　由表 6.1 可知，与其他建筑能耗模拟软件相比，EnergyPlus 和 DesignBuilder 性能更加全面，而两者之间的差别在于有无图形化输入界面。EnergyPlus 软件是在美国能源部的支持下，由美国军队土木工程实验室、美国劳伦斯－伯克利国家实验室、俄克拉荷马州立大学和伊利诺伊大学等科研单位在 BLAST 和 DOE－2软件基础上研发的一款建筑能耗模拟软件。EnergyPlus 软件汇集了 BLAST 和 DOE－2 两款软件的众多优点和特色，又增加了很多全新功能，但目前它仅支持文本格式编辑参数与输出信息，不能为用户提供友好的操作界面。此外，该软件在进行模拟时不检查其参数的合理性，仅反馈检查参数的合法性，这给操作带来一定程度的不便。

　　DesignBuilder 软件是以 EnergyPlus 建筑能耗动态模拟引擎为基础开发的综合用户图形界面模拟软件，它融合了 EnergyPlus 的所有优势，并采用了易于操作的 OpenGL 固体建模器对建筑模型进行可视化掌控，弥补了 EnergyPlus 操作界面的不足。它能够对建立的物理模型实施多性能的模拟分析，并可在设计过程的任何阶段对方案进行性能预测与评估。因此，本书选用 DesignBuilder 能耗模拟软件对建筑能耗进行分析计算。

　　DesignBuilder 软件的模拟分析主要包含 4 个步骤：① 建立几何模型；② 设置背景气象数据、室内计算温度、人员状况、围护结构构造、供热与空调系统等参数；③ 由 EnergyPlus 依据热平衡法进行计算；④ 输出模拟结果。

6.1.2 建筑能耗模拟软件的可靠性

通过对几种具有代表性的建筑能耗模拟软件进行对比分析,基于DesignBuilder 软件的性能优势,将其作为本书建筑能耗模拟分析工具,下面对该软件的可靠性进行说明。

根据以往相关的研究可知,建筑能耗模拟软件可靠性的验证方法主要包括实测验证法和程序间对比法。其中,实测验证法是通过对比建筑实际用能情况的现场检测结果与软件模拟结果的吻合程度,从而对建筑能耗模拟软件的可靠性进行验证。由于建筑采暖能耗与制冷能耗的现场检测受到多种因素的影响,导致模拟参数设置很难与现场检测的实际情况一致,因此模拟结果与检测结果难以吻合。此外,由于现场检测过程的复杂性,导致难以保证检测结果的准确性,从而无法对软件进行有效验证。程序间对比法是一种间接的验证方式,通过将所采用软件与多种模拟软件的计算结果进行对比,从而达到验证模拟软件可靠性的目的。此外,为了避免所有模拟程序结果均不正确的情况,应同时采用多个开发相对成熟的软件进行对比分析。基于程序间对比法更加灵活与可操作的优势,该方法被广泛应用到模拟软件验证的相关研究中。

DesignBuilder 软件通过了《美国供暖制冷空调工程师学会标准(2011)》的围护结构热性能和能耗比较性测试。该标准基于对基准模型在不同工况下的模拟结果进行对比,实现了对不同软件的能耗模拟能力及差异的评测。基准模型为一个矩形独立区域,采用轻质围护结构,南侧设有两个尺寸为 3 m×2 m 的窗,内部空间无隔断且空间尺寸为 8 m × 6 m × 2.7 m。采用 DesignBuilder、ESP、BLAST、DOE21D、SRES−SUN、SRES*、S3PAS、TSYS 和 TASE 等能耗模拟软件对此基础模型在不同工况下进行 63 次模拟计算,通过对各软件模拟结果的对比分析,得出 DesignBuilder 与其他软件的模拟结果较为相近的结论。

6.2 基于微气候的耦合模拟方法

局地微气候对建筑能耗有着重要的影响,在目前的相关研究中,局地微气候和建筑能耗分别由不同的数值模拟软件来进行计算。建筑能耗模拟软件所采用的气象数据源主要为 CSWD 等,其气象数据通常来源于距离市区较远的气象站,无法反映局地微气候对建筑能耗的影响。本研究利用 ENVI−met 模拟软件对住区微气候进行模拟计算,并将建筑周围的微气候参数模拟结果作为

DesignBuilder 能耗模拟软件的气象边界条件,以便在建筑能耗模拟计算中充分考虑局地微气候的影响。

EnergyPlus 中各建筑热分区的能量平衡方程和建筑外表面热平衡方程分别如式(6.1)和式(6.2)所示。通过方程式可知,微气候主要通过室内外空气交换以及建筑外围护结构的热平衡过程对建筑能耗产生影响。因此,应分别从太阳辐射、长波辐射、对流换热、空气渗透、通风、空调器效率等方面考虑微气候与建筑能耗的耦合模拟计算。杨小山等研究微气候对建筑空调能耗影响的模拟方法时指出,由于 ENVI—met 和 EnergyPlus 模拟的准确性以及功能的局限性,建筑外表面太阳辐射得热和长波辐射通量需要由 EnergyPlus 软件自行计算。此外,通过将 EnergyPlus 软件气象文件中空气温度、湿度和风速替换为通过 ENVI—met 软件模拟计算的建筑周围平均空气温度、湿度和风速,可进一步考虑微气候通过对流换热、空气渗透、通风以及分体空调性能对建筑能耗产生的影响。

$$Q_{\text{loads}} = Q_{\text{int}} + Q_{\text{conv,int}} + Q_{\text{vent}} + Q_{\text{inf}} + \Delta E_{\text{air}} \tag{6.1}$$

式中　Q_{loads}——房间的冷/热负荷;

　　　Q_{int}——内部热扰(房间中设备、人员、照明等产生的热量);

　　　$Q_{\text{conv,int}}$——围护结构内表面与室内空气之间的对流换热量;

　　　Q_{vent}——通风换热量;

　　　Q_{inf}——室外空气渗透换热量;

　　　ΔE_{air}——室内空气能量变化(当室温恒定不变时,$\Delta E_{\text{air}} = 0$)。

$$q_{\text{tsol}} + q_{\text{asol}} + q_{\text{lw,net}} + q_{\text{conv}} + q_{\text{cond}} = 0 \tag{6.2}$$

式中　q_{tsol}——透过的太阳辐射(对于不透明构件,$q_{\text{tsol}} = 0$);

　　　q_{asol}——外表面吸收的太阳辐射;

　　　$q_{\text{lw,net}}$——净长波辐射;

　　　q_{conv}——建筑外表面与室外空气之间的对流换热量;

　　　q_{cond}——传向构件内部的导热量。

ENVI—met 软件与 DesignBuilder 软件的耦合方法为:根据每个住区案例的空间形态建立 ENVI—met 模型,并选取中国标准气象数据中的典型气象年数据作为住区微气候模拟的气象边界条件,微气候模拟参数的具体设置方法见 3.4 节。完成 ENVI—met 模拟后,将 DesignBuilder 软件所采用的 CSWD 的 EPW 格式文件中典型计算日的逐时空气温度、相对湿度、风速及风向,替换为通过 ENVI—met 软件模拟计算的住区室外近 1.5 m 高度处的逐时平均空气温度、平均相对湿度以及近 10 m 高度处的平均风速,风向设置为典型计算日住区微气候模拟中气象边界条件的初始风向,并保留原气象数据中其他气象参数的物理特性,形成新的气象数据文件。由于住区微气候模拟与建筑能耗模拟均采用1.2节156 个住区调研案例作为研究对象,因此按照上述方法基于前文住区微气候模拟结果对 DesignBuilder 的气象数据文件进行处理。气象数据文件的处理方法见附录 2。

6.3　住宅建筑能耗模拟参数设置

6.3.1　建立物理模型

选取 2.2 节 156 个住区调研案例作为住区能耗的研究对象,利用 DesignBuilder 软件中图形创建界面,按照各住区的实际规划布局情况建立物理模型。由于本书研究案例数量较多,导致能耗模拟计算量庞大。因此,为了提高模拟运算效率,在保证结果准确度的基础上,对物理模型进行简化处理。张海滨在对建筑体型参数与能耗定量关系的研究中,将建筑模型进行合理简化,并且对其模拟结果的可靠性进行了验证,结果显示简化模型与实际模型的能耗模拟结果变化趋势相同且没有显著性差异。本书参照该简化模型的构建方法对住区内建筑进行建模。简化方法主要考虑以下两个方面:① 建筑内部空间简化。只对竖向楼层进行分隔,不建立室内隔墙,将每层作为一个热区进行能耗模拟,如图 6.1 所示。② 建筑外形简化。不考虑外墙立面凹凸情况;建筑均采用平屋面,不设置女儿墙等屋面突出物;不设置单元门及室内外高差,如图 6.2 所示。此外,窗墙面积比按照《严寒和寒冷地区居住建筑节能设计标准》(JBJ 26—2018) 各朝向窗墙面积比限值规定进行统一设置。各朝向窗墙面积比限值:北朝向为 0.25,东、西朝向为 0.30,南朝向为 0.45。

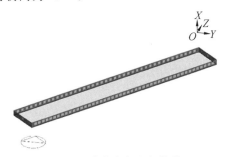

图 6.1　建筑内部空间简化

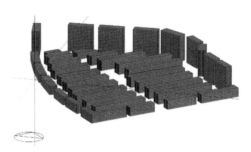

图 6.2 建筑外形简化

6.3.2 模拟边界条件

1.室外计算参数

由于本书以严寒地区典型城市哈尔滨为例,因此将模拟地点设置为哈尔滨市。室外气象参数采用 EnergyPlus 模拟引擎自带的 CSWD 中哈尔滨市典型气象年数据,并按照 6.2 节的耦合模拟方法,基于各住区微气候参数模拟结果,对冬季与夏季典型计算日的空气温度、相对湿度、风速与风向数据进行处理。DesignBuilder 室外计算参数设置如图 6.3 所示。

Layout	Location	Region

Location Template		
Template	HARBIN	
Site Location		
Latitude (°)	45.75	
Longitude (°)	126.77	
ASHRAE climate zone	7	
Site Details		
Elevation above sea level (m)	143.0	
Exposure to wind	2-Normal	
Site orientation (°)	0	
Ground		
Water Mains Temperature		
Precipitation		
Site Green Roof Irrigation		
Outdoor Air CO2 and Contaminants		
Time and Daylight Saving		
Simulation Weather Data		
Hourly weather data	CHN_HEILONGJIANG_HARBIN_CSWD	
Day of week for start day	8-Use weather file	
Winter Design Weather Data		
Summer Design Weather Data		

图 6.3 DesignBuilder 室外计算参数设置

2.室内计算参数

由于研究重点为住区形态对建筑能耗的影响,因此须统一设置各建筑室内计算参数,以减少内扰条件对能耗模拟结果的影响。在软件界面的 Activity Template 中选择居住模式(domestic circulation),居住模式的参数设置主要包括冬、夏两季室内计算温度、室内人员密度、新陈代谢率及衣着情况、生活热水用量等。由于该模式中的参数数据是参照英国标准制定的,为了确保能耗模拟更加符合我国居住建筑实际设计状况,因此需要调整部分参数数据。根据《民用建筑热工设计规范》(GB 50176—2016)规定,将冬季室内计算温度设定为 18 ℃,夏季室内计算温度设定为 26 ℃。根据严寒地区城市住区实际使用情况,将室内人员密度设置为 0.02 人/m^2,人体新陈代谢率因子设置为 0.9,冬季与夏季衣着整体热阻值分别设为 0.9clo 和 0.4clo。《民用建筑节水设计标准》(GB 50555—2010)指出,对于住宅建筑,有自备热水供应和淋浴设备的生活热水用水定额为 20 ～ 60 L/(人·d),有集中热水供应和淋浴设备的生活热水用水定额为 25 ～ 70 L/(人·d)。此外,邓光蔚等通过测试发现普通住宅每户每天的生活热水用量为 20 ～ 80 L/(户·d)。本书参照以上相关研究及设计标准的平均水平,将生活热水用量设置为 0.65 L/(m^2·d)。DesignBuilder 中室内计算参数设置如图 6.4 所示。

此外,在室内照明中选择"general energy code"模式的缺省设置。其中,室内照明方式设置为吸顶灯照明(surface mount);住宅照明功率密度(LPD)参照《建筑照明设计标准》(GB 50034—2013),设置为 7 W/m^2。

3.围护结构构造

由于 DesignBuilder 软件中建筑围护结构的预置模块(construction template)的构造设置与哈尔滨住宅建造状况存在差异,无法满足严寒地区围护结构的热工设计要求。而围护结构的耗热量直接受到材料导热系数、材料厚度等的影响,因此,根据严寒地区住宅建筑围护结构的普遍情况设定材料、厚度及构造层次,能够将能耗计算结果与实际情况的误差控制到较小的范围。本书根据《黑龙江省居住建筑 65% + 节能设计标准》(DB 23/1270—2018)对围护结构热工性能的规定,并参照常用围护结构构造工程做法,在 DesignBuilder 软件中对建筑外墙和屋面的构造参数进行统一设置。建筑围护结构构造及其热工性能见表 6.2。建筑外墙与屋面构造简图及工程做法见表 6.3。

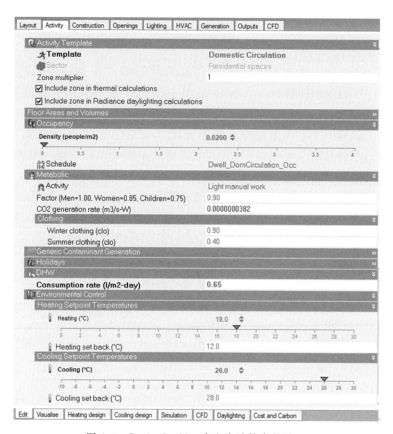

图 6.4   DesignBuilder 中室内计算参数设置

表 6.2   建筑围护结构构造及其热工性能

围护结构	材料名称	厚度 /mm	导热系数 /(W·m^{-1}·K^{-1})	传热系数 /(W·m^{-2}·K^{-1})
外墙	水泥砂浆	5	0.93	
	EPS 保温层	100	0.042	0.338
	混凝土空心砌块	200	0.76	
	水泥砂浆	20	0.93	

续表6.2

围护结构	材料名称	厚度 /mm	导热系数 /(W·m⁻¹·K⁻¹)	传热系数 /(W·m⁻²·K⁻¹)
屋面	防水卷材	4	0.23	0.264
	水泥砂浆	50	0.93	
	PUR 保温层	90	0.026	
	水泥砂浆	30	0.93	
	钢筋混凝土	150	2.30	
	水泥砂浆	20	0.93	

表 6.3　建筑外墙与屋面构造简图及工程做法

墙体		屋面	
构造简图	工程做法	构造简图	工程做法
	1.涂料面层 2.聚合物砂浆压入玻纤网格布 3.EPS 板保温层，100 mm 厚 4.胶黏剂 5.混凝土空心砌块，200 mm 厚 6. 室内抹混合砂浆，20 mm 厚		1.保护层 2.防水层 3.找坡层,30 mm 厚 4.找平层,20 mm 厚 5.PUR 保温层，90 mm 厚 6.隔气层 7.找平层,30 mm 厚 8.结构层,150 mm 厚 9. 天棚抹混合砂浆，20 mm 厚

建筑的玻璃窗选择默认的能耗计算模块"general energy code"。通过对哈尔滨住宅建筑现状的调查,本书将建筑不同朝向的窗户尺寸分别进行设定。其中,南向窗户的高度和宽度分别设定为 1.5 m 和 1.8 m,北向窗户的高度和宽度均设定为 1.5 m,东西向窗户的高度和宽度分别设定为 1.5 m 和 0.9 m。此外,窗户类型选择"Dbl LoE(e2 = .1) Clr 6 mm/13 mm Arg",为双层中空 Low−E 玻璃,中间层充 13 mm 氩气,传热系数为 1.499 W/(m²·K),能够满足居住建筑节能设计标准的要求。此外,模拟时对窗外遮阳构件的影响不做考虑。

4. 供热与空调系统

基于哈尔滨市住宅建筑普遍采暖及空调使用情况，对软件供热与空调系统的参数进行设置。哈尔滨市住宅建筑的主要采暖方式为集中供暖，其中热媒为热水，锅炉燃料主要为煤，住户使用端采用散热器。因此，在软件中模板选择"Hot water radiator heating, nat vent"。《黑龙江省居住建筑65%＋节能设计标准》(DB 23/1270—2018)指出，当严寒和寒冷地区采用的管网输送效率为92%，锅炉平均运行效率为70%时，平均节能率约为65%。因此，本书将锅炉的运行功率设置为70%。此外，住宅建筑空调系统主要采用分户独立式空调机组，软件中设置为简单的供电式空调系统。根据《房间空气调节器能效限定值及能效等级》(GB 12021.3—2010)中对空调器能效限定值的规定，本书将空调器能效比设置为3.1。此外，参照《严寒和寒冷地区居住建筑节能设计标准》(JGJ 26—2018)设置换气次数，冬季为0.5次／小时，夏季为1次／小时。

6.4　本　章　小　结

本章通过对多种建筑能耗模拟软件性能进行对比，确定采用 DesignBuilder 软件作为研究工具。并且基于前文住区形态的调研结果、住区微气候的模拟结果以及能耗模拟软件的具体要求，同时结合国家和地方标准，对物理模型、室外计算参数、室内计算参数、围护结构构造、供热与空调系统等参数进行了设置。

第 7 章

建筑能耗与住区形态的关系

在 影响建筑能耗的各种因素中,建筑群体平面组合形式起到十分重
要的作用。本章针对严寒地区城市住区形态要素,深入探究其对
建筑采暖能耗与制冷能耗的影响。

7.1　住区形态对建筑能耗的敏感性分析

本节将基于 DesignBuilder 模拟软件对 156 个住区案例冬、夏季节典型计算日建筑能耗的模拟结果，针对住区形态要素对单位建筑面积采暖能耗和制冷能耗的敏感性程度展开研究。

7.1.1　住区形态要素对单位建筑面积采暖能耗的敏感性分析

在研究住区形态要素与单位建筑面积采暖能耗的量化关系之前，通过单因素方差分析方法对住区形态要素进行敏感性分析，以 Sig. 值和 F 值为判断依据，了解住区形态要素对采暖能耗影响的显著性和重要性程度。所选住区形态要素包括：建筑群体平面组合形式、容积率、建筑密度、平面围合度、建筑群体方向、风向投射角、建筑平均高度、最大建筑高度、建筑高度起伏度和建筑高度离散度。

住区形态要素与单位建筑面积采暖能耗的显著性分析结果见表 7.1。根据分析结果可知，建筑群体平面组合形式、容积率、建筑密度、平面围合度、建筑群体方向、风向投射角的 Sig. 值均小于 0.05，说明以上住区形态要素对单位建筑面积采暖能耗具有显著影响；其他形态要素的 Sig. 值均大于 0.05，表明其对单位建筑面积采暖能耗无显著影响。根据 F 值可知，住区形态要素对单位建筑面积采暖能耗的影响程度由大到小依次为容积率、建筑群体平面组合形式、风向投射角、建筑群体方向、平面围合度、建筑密度。

表 7.1　住区形态要素与单位建筑面积采暖能耗的显著性分析结果

住区形态要素	F 值	Sig. 值
建筑群体平面组合形式	2.055	0.032*
容积率	2.321	0.046*
建筑密度	1.446	0.047*
平面围合度	1.489	0.036*
建筑群体方向	1.629	0.018**
风向投射角	2.004	0.003**
建筑平均高度	0.923	0.627
最大建筑高度	0.638	0.916
建筑高度起伏度	0.855	0.676
建筑高度离散度	1.161	0.277

注：** 表示 $p < 0.01$，* 表示 $p < 0.05$。

　　根据显著性分析结果，将对单位建筑面积采暖能耗具有显著影响的量化住区形态要素进一步进行相关性分析，根据相关系数判断住区形态要素与采暖能耗之间的线性趋势及线性相关程度。表 7.2 为住区形态要素与单位建筑面积采暖能耗的相关性分析结果，容积率、建筑密度、平面围合度、风向投射角均与单位建筑面积采暖能耗呈负相关。其中，容积率、建筑密度、平面围合度与单位建筑面积采暖能耗相关程度较为接近，相关系数绝对值在 0.25 左右，均属于低度相关；风向投射角与单位建筑面积采暖能耗相关程度较低，属于极低相关。此外，建筑群体方向与单位建筑面积采暖能耗不存在显著的线性相关关系。

表 7.2　住区形态要素与单位建筑面积采暖能耗的相关性分析结果

住区形态要素	相关系数
容积率	− 0.256**
建筑密度	− 0.213**
平面围合度	− 0.215**
建筑群体方向	0.040
风向投射角	− 0.147*

注：** 表示 $p < 0.01$，* 表示 $p < 0.05$。

7.1.2　住区形态要素对单位建筑面积制冷能耗的敏感性分析

　　通过单因素方差分析方法对住区形态要素进行敏感性分析，了解住区单位建筑面积制冷能耗受各住区形态要素影响的显著性和重要性程度。选取的住区形态要素包括:建筑群体平面组合形式、容积率、建筑密度、平面围合度、建筑群体方向、风向投射角、建筑平均高度、最大建筑高度、建筑高度起伏度和建筑高度离散度。

　　住区形态要素与单位建筑面积制冷能耗的显著性分析结果见表 7.3。根据分析结果可知,所有选取的住区形态要素对单位建筑面积制冷能耗均具有显著影响。其中,建筑群体平面组合形式、建筑密度、建筑平均高度、最大建筑高度、建筑高度起伏度、建筑高度离散度的 Sig. 值均小于 0.01,说明以上住区形态要素对单位建筑面积制冷能耗的影响极为显著。此外,通过比较 F 值可知,住区形态要素对单位建筑面积制冷能耗的影响程度由大到小依次为建筑平均高度、最大建筑高度、建筑群体平面组合形式、建筑高度起伏度、建筑密度、建筑高度离散度、平面围合度、容积率、建筑群体方向、风向投射角。

　　根据显著性分析结果,将对单位建筑面积制冷能耗具有显著影响的量化住区形态要素进一步进行相关性分析,根据相关系数判断住区形态要素与单位建筑面积制冷能耗之间的线性趋势以及线性相关程度。表 7.4 为住区形态要素与单位建筑面积制冷能耗的相关性分析结果,建筑密度、平面围合度与单位建筑面积制冷能耗呈线性正相关关系,相关系数绝对值分别为 0.684 和 0.547,表现为中度相关。容积率、建筑平均高度、最大建筑高度、建筑高度起伏度、建筑高度离散度与单位建筑面积制冷能耗呈线性负相关关系。其中,容积率、建筑平均高度、最大建筑高度与单位建筑面积制冷能耗之间相关程度较高,相关系数绝对值在 0.7 ~ 0.9 之间,属于高度相关;建筑高度起伏度、建筑高度离散度与单位建筑面积制冷能耗之间相关程度相近,相关系数绝对值约为 0.505,属于中度相关。此外,建筑群体方向、风向投射角与制冷能耗之间不存在显著的线性相关关系。

表 7.3　住区形态要素与单位建筑面积制冷能耗的显著性分析结果

住区形态要素	F 值	Sig. 值
建筑群体平面组合形式	4.284	0.001**
容积率	1.630	0.024*
建筑密度	2.304	0.002**
平面围合度	1.694	0.013*
建筑群体方向	1.500	0.042*
风向投射角	1.495	0.044*
建筑平均高度	11.704	0.000**
最大建筑高度	9.709	0.000**
建筑高度起伏度	3.174	0.000**
建筑高度离散度	2.119	0.002**

　　注:** 表示 $p < 0.01$,* 表示 $p < 0.05$。

表 7.4   住区形态要素与单位建筑面积制冷能耗的相关性分析结果

住区形态要素	相关系数
容积率	− 0.796 **
建筑密度	0.684 **
平面围合度	0.547 **
建筑群体方向	0.071
风向投射角	0.073
建筑平均高度	− 0.891 **
最大建筑高度	− 0.788 **
建筑高度起伏度	− 0.506 **
建筑高度离散度	− 0.507 **

注:** 表示 $p < 0.01$。

7.2   建筑群体平面组合形式与建筑能耗的量化关系

本节将基于 DesignBuilder 模拟软件对 156 个住区案例冬、夏季节典型计算日建筑能耗的模拟结果,针对建筑群体平面组合形式对单位建筑面积采暖能耗与制冷能耗影响的差异性关系展开研究。

7.2.1   建筑群体平面组合形式与单位建筑面积采暖能耗的量化关系

根据 7.1.1 节敏感性的分析结果可知,建筑群体平面组合形式对住区单位建筑面积采暖能耗具有显著影响,本节运用统计分析法对建筑群体平面组合形式对单位建筑面积采暖能耗影响的差异性展开研究。首先,通过多重比较分析方法对不同平面组合形式之间的单位面积采暖能耗是否存在显著性差异进行分析,结果见表 7.5。根据结果可知,行列式与混合式(行列式+点群式)之间,周边式、混合式(行列式+周边式+点群式)分别与混合式(行列式+点群式)之间的显著性指标 Sig. 值小于 0.05,表明其间的单位建筑面积采暖能耗具有显著性差异;其余两两建筑群体平面组合形式之间的单位建筑面积采暖能耗不存在显著性差异。

表 7.5　建筑群体平面组合形式对单位建筑面积采暖能耗影响的显著性差异分析(Sig. 值)

组合形式	1	2	3	4	5
2	0.996	—	—	—	—
3	0.016	0.018	—	—	—
4	0.163	0.182	0.125	—	—
5	0.850	0.855	0.121	0.565	—
6	0.272	0.275	0.012	0.307	0.307

注:1 行列式、2 周边式、3 混合式(行列式＋点群式)、4 混合式(行列式＋周边式)、5 混合式(周边式＋点群式)、6 混合式(行列式＋周边式＋点群式)。显著性水平为 0.05。

　　不同建筑群体平面组合形式对应的单位建筑面积采暖能耗区间分布如图 7.1 所示。由图可知,各建筑群体平面组合形式对应的单位建筑面积采暖能耗总体分布范围约为 683 ～ 724 Wh/m²。通过比较不同建筑群体平面组合形式对应的单位建筑面积采暖能耗的四分位区间值可知,混合式(行列式＋点群式)住区单位建筑面积采暖能耗的区间值明显高于其他建筑群体平面组合形式,区间值范围约为 698 ～ 718 Wh/m²;混合式(周边式＋点群式)住区的区间值范围约为 692 ～ 712 Wh/m²;行列式、周边式以及混合式(行列式＋周边式)住区单位建筑面积采暖能耗的区间值范围较为重合,其中混合式(行列式＋周边式)的区间值范围约为 695 ～ 707 Wh/m²,行列式与周边式的区间值范围基本相同,约为 693 ～705 Wh/m²;混合式(行列式＋周边式＋点群式)住区建筑采暖能耗的区间值最低,约为 685 ～ 702 Wh/m²。通过比较不同建筑群体平面组合形式单位建筑面积采暖能耗的四分位数间距可知,混合式(行列式＋点群式)与混合式(周边式＋点群式)的四分位数间距最大,约为 20 Wh/m²;混合式(行列式＋周边式＋点群式)的四分位数间距适中,约为 17 Wh/m²;行列式、周边式和混合式(行列式＋周边式)的四分位数间距相近且最小,约为 12 Wh/m²。此外,混合式(行列式＋点群式)和混合式(行列式＋周边式)住区单位建筑面积采暖能耗的中位数值相对较高,分别约为 705 Wh/m² 和 700 Wh/m²;周边式、行列式、混合式(周边式＋点群式)及混合式(行列式＋周边式＋点群式)的中位数相近,约为 686 Wh/m²。

　　由此可见,不同建筑群体平面组合形式对应的单位建筑面积采暖能耗分布范围重合程度较高,但通过综合比较四分位区间值和中位数值仍可以发现,混合式(行列式＋点群式)住区单位建筑面积采暖能耗最高,其次为混合式(周边式＋点群式)和混合式(行列式＋周边式),行列式与周边式住区的单位建筑面积采暖

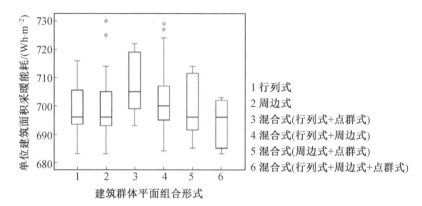

图 7.1　不同建筑群体平面组合形式对应的单位建筑面积采暖能耗区间分布

能耗相对较低。由此可见,点群式布局可增加住区单位建筑面积采暖能耗。此外,通过比较四分位数间距可知,由点群式布局组合而成的混合式布局住区,其不同住区形态对住区单位建筑面积采暖能耗变化范围影响较大。

Taleghani 等利用 DesignBuilder 软件对荷兰地区 3 种住区形态组团(点群式、行列式和围合式)对单位建筑面积采暖能耗的影响进行模拟研究,结果表明点群式组团的单位建筑面积采暖能耗明显高于行列式和围合式组团,且能耗随建筑高度的增大而增加。虽然该研究的地点及气候条件与本书研究对象之间存在差异,但研究结果与本书基本一致。

7.2.2　建筑群体平面组合形式与单位建筑面积制冷能耗的量化关系

根据 7.1.2 节敏感性分析结果可知,建筑群体平面组合形式对住区单位建筑面积制冷能耗具有显著影响,本节运用统计分析法对建筑群体平面组合形式对单位建筑面积制冷能耗影响的差异性展开研究。通过多重比较分析方法对不同单位建筑面积平面组合形式之间的单位面积制冷能耗是否存在显著性差异进行分析,结果见表 7.6。根据结果可知,周边式分别与行列式、混合式(行列式 ＋ 点群式)、混合式(行列式 ＋ 周边式)、混合式(行列式 ＋ 周边式 ＋ 点群式)之间的显著性指标 Sig. 值小于 0.05,混合式(行列式 ＋ 周边式)与混合式(行列式 ＋ 周边式 ＋ 点群式)之间的 Sig. 值也小于 0.05,表明上述建筑群体平面组合形式之间的单位建筑面积制冷能耗具有显著性差异;其余两两平面组合形式之间的单位建筑面积制冷能耗均不存在显著性差异。

表 7.6　建筑群体平面组合形式对单位建筑面积制冷能耗影响的显著性差异分析(Sig.值)

组合形式	1	2	3	4	5
2	0.000	—	—	—	—
3	0.815	0.007	—	—	—
4	0.087	0.040	0.166	—	—
5	0.518	0.152	0.473	0.772	—
6	0.113	0.001	0.211	0.016	0.083

注:1 行列式、2 周边式、3 混合式(行列式＋点群式)、4 混合式(行列式＋周边式)、5 混合式
(周边式＋点群式)、6 混合式(行列式＋周边式＋点群式)。显著性水平为 0.05。

不同建筑群体平面组合形式对应的单位建筑面积制冷能耗区间分布如图 7.2 所示。由图可知,不同建筑群体平面组合形式对应的单位建筑面积制冷能耗总体分布范围约为 110～210 Wh/m²。通过比较四分位区间值可知,周边式住区建筑制冷能耗的区间值明显高于其他平面组合形式,区间值范围约为 167～198 Wh/m²;其次为混合式(行列式＋周边式)和混合式(周边式＋点群式),区间值范围分别约为 155～187 Wh/m² 和 150～183 Wh/m²;行列式和混合式(行列式＋点群式)住区建筑制冷能耗的区间值相对较低,区间值范围分别约为 140～177 Wh/m² 和 133～189 Wh/m²;混合式(行列式＋周边式＋点群式)住区制冷能耗区间值范围约为 128～143 Wh/m²。通过比较不同平面组合形式的四分位数间距可知,混合式(行列式＋点群式)的四分位数间距最大,约为 56 Wh/m²;其次为行列式,四分位数间距约为 37 Wh/m²;周边式、混合式(行列式＋周边式)、混合(周边式＋点群式)的四分位数间距较为接近,约为 32 Wh/m²。此外,各建筑群体平面组合形式对应单位建筑面积制冷能耗中位数值由大到小依次为周边式、混合式(周边式＋点群式)、混合式(行列式＋周边式)、行列式、混合式(行列式＋点群式)、混合式(行列式＋周边式＋点群式)。

综上分析,不同建筑群体平面组合形式对应的单位建筑面积制冷能耗分布情况呈现出特有的规律。通过综合比较各建筑群体平面组合形式住区单位建筑面积制冷能耗的四分位区间值和中位数值可以发现,各建筑群体平面组合形式的单位建筑面积制冷能耗由高至低排序为周边式、混合式(行列式＋周边式)、混合式(周边式＋点群式)、行列式、混合式(行列式＋点群式)、混合式(行列式＋周边式＋点群式)。此外,通过比较各建筑群体平面组合形式单位建筑面积制冷能耗的四分位数间距可知,不同住区形态的混合式(行列式＋点群式)住区、行列式住区对单位建筑面积制冷能耗变化范围影响较大。

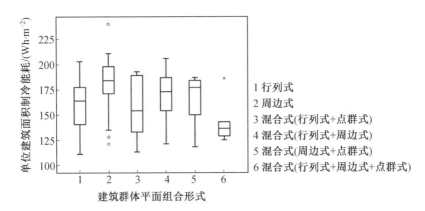

图 7.2　不同建筑群体平面组合形式对应的单位建筑面积制冷能耗区间分布

7.3　基于住区形态要素的建筑能耗预测模型

本节将基于 156 个住区案例冬、夏季节典型计算日建筑能耗的模拟结果,构建基于住区形态要素的单位建筑面积采暖与制冷能耗的预测模型。

7.3.1　住区单位建筑面积采暖能耗预测模型

根据 7.1.1 节住区形态要素与单位建筑面积采暖能耗的显著性分析结果,将对单位建筑面积采暖能耗具有显著影响的住区形态要素,即容积率、建筑密度、平面围合度、建筑群体方向及风向投射角作为自变量,住区单位建筑面积采暖能耗作为因变量进行回归分析。通过对冬季典型计算日住区采暖能耗进行模拟计算,共获得试验数据 156 组,住区单位建筑面积采暖能耗的范围为 676 ～ 754 Wh/m²,城市住区形态要素数据范围见表 4.10。

为确定各自变量与因变量之间的数量关系,运用曲线估计的方法对住区形态要素与单位建筑面积采暖能耗进行多种曲线拟合,以判定系数和显著性指标作为主要考虑依据,判断变量间的曲线关系。重点考虑的曲线模型包括:线性模型、二次曲线模型、三次曲线模型和对数曲线模型。在曲线拟合估计过程中,不具有显著统计学意义的拟合曲线模型将被自动去除。图 7.3 为住区形态要素与单位建筑面积采暖能耗的拟合曲线。

表 7.7 为住区形态要素与单位建筑面积采暖能耗之间拟合模型的 Sig. 值和 R^2。根据结果可知,容积率、风向投射角与单位建筑面积采暖能耗的 4 种拟合模

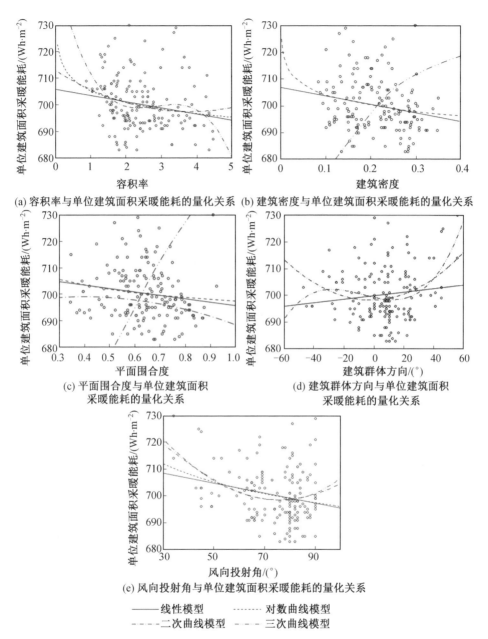

(a) 容积率与单位建筑面积采暖能耗的量化关系　(b) 建筑密度与单位建筑面积采暖能耗的量化关系

(c) 平面围合度与单位建筑面积
采暖能耗的量化关系

(d) 建筑群体方向与单位建筑面积
采暖能耗的量化关系

(e) 风向投射角与单位建筑面积采暖能耗的量化关系

——线性模型　┈┈┈对数曲线模型
-·-二次曲线模型　-··-三次曲线模型

图 7.3　住区形态要素与单位建筑面积采暖能耗的拟合曲线

型的 Sig. 值均小于 0.05,表明上述模型均具有显著的统计学意义,其中线性模型的拟合优度相对较低。建筑密度与单位建筑面积采暖能耗的拟合模型中,线性模型、二次曲线模型和对数模型均具有显著的统计学意义,其中对数模型的拟合优度相对较低。在平面围合度与单位建筑面积采暖能耗的拟合模型中,仅有线性模型和三次曲线模型具有显著的统计学意义,其中三次曲线模型拟合优度相对较高。在建筑群体方向与单位建筑面积采暖能耗的拟合模型中,二次曲线模型和三次曲线模型的 Sig. 值小于 0.01,表明其具有极显著的统计学意义。

表 7.7　住区形态要素与单位建筑面积采暖能耗之间拟合模型的 Sig. 值和 R^2

住区形态要素	线性模型	二次曲线模型	三次曲线模型	对数曲线模型
容积率	0.049*	0.086*	0.117**	0.077**
建筑密度	0.081*	0.087*	—	0.065*
平面围合度	0.034*	—	0.085*	
建筑群体方向	—	0.106**	0.123**	—
风向投射角	0.056**	0.100**	0.100**	0.068**

注:** 表示 $p < 0.01$,* 表示 $p < 0.05$。

为了更加准确地得到冬季住区单位建筑面积采暖能耗的预测模型,寻求解释单位建筑面积采暖能耗变化规律的最优住区形态要素组合,将各住区形态要素与单位建筑面积采暖能耗之间具有显著统计学意义的曲线拟合模型作为自变量综合应用到回归分析中。采用线性回归逐步方法,对不同变量组合方式进行多次迭代回归分析,最终经历 4 次方程迭代运算后,得到冬季住区单位建筑面积采暖能耗的多元回归模型,计算公式如式(7.1)所示。

$$E_{\text{heating}} = -0.16 \cdot \text{Far}^3 - 139.89 \cdot \lambda_b^2 - 4.55 \cdot C_p^3 + 6.87 \cdot 10^{-3} \cdot D_{bg}^2 + 708.76$$

$$(7.1)$$

式中　　E_{heating}——单位建筑面积采暖能耗,Wh/m^2;

　　　　Far——容积率。

冬季住区单位建筑面积采暖能耗多元回归模型综合分析结果见表 7.8。由表可知,回归模型调整 R^2 为 0.372,说明模型对单位建筑面积采暖能耗的解释度达到 37.2%;根据 Durbin-Watson 检验表(样本容量为 156,自变量数目为 4,$dU = 1.791\ 1$)可知,模型 DW 值处于 dU 和 2 之间,说明残差不存在一阶正自相关,可通过残差独立性检验;方差分析中 Sig. 值小于 0.01,F 值大于 2.432(来自 F 分布表),表明该回归模型具有极显著的统计学意义;t 检验中 Sig. 值均小于 0.05,表明回归系数均具有显著性,各自变量与因变量之间存在显著的相关关系;自变量的 VIF 值均小于 10,说明该模型不存在多重共线性关系。

此外,根据标准化回归系数可知,各自变量对单位建筑面积采暖能耗的影响程度由大到小依次为建筑群体方向的二次方、建筑密度的二次方、容积率的三次方、平面围合度的三次方。

表 7.8　冬季住区单位建筑面积采暖能耗多元回归模型综合分析结果

调整 R^2	Durbin-Watson	F	Sig.	自变量	标准化回归系数	t	Sig.	VIF
0.372	1.857	64.116	0.000	常量	—	103.258	0.000	—
				Far^3	−0.335	−4.457	0.000	1.175
				λ_p^2	−0.390	−3.249	0.001	2.990
				C_p^3	−0.069	−0.589	0.045	2.823
				D_{bg}^2	0.418	5.714	0.000	1.108

通过回归模型可以得到如下结论:容积率、建筑密度、平面围合度、建筑群体方向共同对住区单位建筑面积采暖能耗产生决定性影响。具体来说,随着住区容积率和平面围合度的增大,单位建筑面积采暖能耗呈三次函数式减小;随着建筑密度的增大,单位建筑面积采暖能耗呈二次式函数减小;当建筑群体方向为 0°时,单位建筑面积采暖能耗最小,且随着方向改变,单位建筑面积采暖能耗呈二次函数式增大。

7.3.2　住区单位建筑面积制冷能耗预测模型

根据 7.1.2 节中对住区形态要素与单位建筑面积制冷能耗的显著性分析结果,将对单位建筑面积制冷能耗具有显著影响的住区形态要素,即容积率、建筑密度、平面围合度、建筑群体方向、风向投射角、建筑平均高度、最大建筑高度、建筑高度起伏度和建筑高度离散度作为自变量,住区单位建筑面积制冷能耗作为因变量进行回归分析。通过对夏季典型计算日住区制冷能耗进行模拟计算,共获得试验数据 156 组,住区单位建筑面积制冷能耗的范围为 $111 \sim 240$ Wh/m²,城市住区形态要素数据范围见表 4.10。

为确定各自变量与因变量之间的数量关系,运用曲线估计的方法对住区形态要素与单位建筑面积制冷能耗进行多种曲线拟合,以判定系数和显著性指标作为主要考虑依据,判断变量间的曲线关系。重点考虑的曲线模型包括线性模型、二次曲线模型、三次曲线模型和对数曲线模型。在曲线拟合估计过程中,不具有显著统计学意义的拟合曲线模型将被自动去除。图 7.4 所示为各住区形态要素与单位建筑面积制冷能耗的量化拟合曲线。

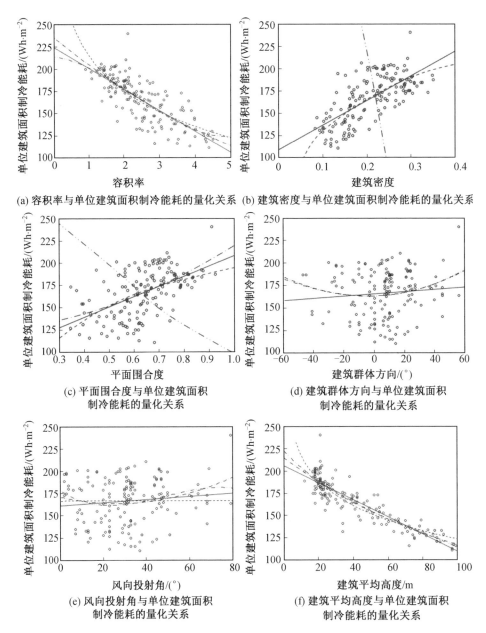

(a) 容积率与单位建筑面积制冷能耗的量化关系 (b) 建筑密度与单位建筑面积制冷能耗的量化关系

(c) 平面围合度与单位建筑面积
制冷能耗的量化关系

(d) 建筑群体方向与单位建筑面积
制冷能耗的量化关系

(e) 风向投射角与单位建筑面积
制冷能耗的量化关系

(f) 建筑平均高度与单位建筑面积
制冷能耗的量化关系

图 7.4 住区形态要素与单位建筑面积制冷能耗的拟合曲线

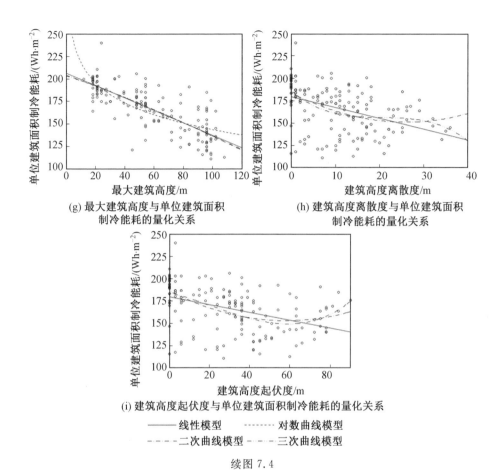

(g) 最大建筑高度与单位建筑面积
制冷能耗的量化关系

(h) 建筑高度离散度与单位建筑面积
制冷能耗的量化关系

(i) 建筑高度起伏度与单位建筑面积制冷能耗的量化关系

——— 线性模型　　········ 对数曲线模型
－－－－ 二次曲线模型 － － － 三次曲线模型

续图 7.4

表 7.9 为各拟合曲线的判定系数 R^2 和显著性指标 Sig. 值结果。根据结果可知,容积率、建筑密度、平面围合度、建筑平均高度、最大建筑高度与制冷能耗的 4 种曲线拟合模型的显著性指标 Sig. 值均小于 0.01,说明上述模型均具有极显著的统计学意义;建筑高度起伏度、建筑高度离散度与单位建筑面积制冷能耗的拟合模型中,线性模型、二次曲线模型、三次曲线模型的 Sig. 值小于 0.01,说明其均具有极显著的统计学意义,其中线性模型拟合优度相对较低;建筑群体方向与单位建筑面积制冷能耗的拟合模型中,仅有二次曲线模型具有显著的统计学意义;风向投射角与单位建筑面积制冷能耗的 4 种拟合模型均不具有显著性。

表 7.9　住区形态要素与单位建筑面积制冷能耗之间拟合模型的 Sig. 值和 R^2

住区形态要素	线性模型	二次曲线模型	三次曲线模型	对数曲线模型
容积率	0.606**	0.609**	0.610**	0.594**
建筑密度	0.481**	0.523**	0.529**	0.507**
平面围合度	0.288**	0.292**	0.305**	0.272**
建筑群体方向	—	0.033*	—	—
风向投射角	—	—	—	—
建筑平均高度	0.807**	0.814**	0.815**	0.804**
最大建筑高度	0.615**	0.616**	0.616**	0.575**
建筑高度起伏度	0.177**	0.234**	0.241**	—
建筑高度离散度	0.177**	0.214**	0.224**	

注：** 表示 $p < 0.01$，* 表示 $p < 0.05$。

为了更加准确地得到夏季住区单位建筑面积制冷能耗预测模型，寻求预测单位建筑面积制冷能耗变化规律的最优住区形态要素组合，将各住区形态要素与单位建筑面积制冷能耗之间具有显著统计学意义的曲线拟合模型作为自变量综合应用到回归分析当中。采用线性回归逐步方法，对不同变量组合方式进行多次迭代回归分析，最终经历 4 次方程迭代运算后，得到夏季住区单位建筑面积制冷能耗的多元回归模型，计算公式为

$$E_{\text{cooling}} = -24.75 \cdot \ln \lambda_{\text{b}} + 13.66 \cdot C_{\text{p}} - 1.13 \cdot H_{\text{avg}} - 0.59 \cdot H_{\text{std}} +$$
$$4.77 \cdot 10^{-3} \cdot D_{\text{bg}}^2 + 168.43 \tag{7.2}$$

式中　E_{cooling}——单位建筑面积制冷能耗，Wh/m^2。

夏季住区单位建筑面积制冷能耗多元回归模型综合分析结果见表 7.10。由表可知，回归模型调整 R^2 为 0.858，说明该模型对住区单位建筑面积制冷能耗的解释度达到 85.8%；根据 Durbin-Watson 检验表（样本容量为 156，自变量数目为 5，dU 为 1.804 8）可知，模型 DW 值处于 dU 和 2 之间，说明残差不存在一阶正自相关，该模型可通过残差独立性检验；方差分析中 Sig. 值小于 0.01，F 值大于 2.274（来自 F 分布表），表明该模型具有极显著的统计学意义；t 检验中 Sig. 值均小于 0.05，表明回归系数均具有显著性；各自变量的 VIF 值均小于 10，说明回归模型不存在多重共线性关系。

此外，根据标准化回归系数可知，各自变量对单位建筑面积制冷能耗的影响程度由大到小依次为建筑平均高度、建筑密度的自然对数、建筑高度离散度、建筑群体方向的平方和平面围合度。

表 7.10 夏季住区单位建筑面积制冷能耗多元回归模型综合分析结果

调整 R^2	Durbin-Watson	F	Sig.	自变量	标准化回归系数	t	Sig.	VIF
0.858	1.857	180.828	0.000	常量	—	13.980	0.000	—
				$\ln(\lambda_b)$	−0.323	−4.623	0.000	5.130
				C_p	0.064	1.351	0.017	2.330
				H_{avg}	−1.052	−18.774	0.000	3.310
				H_{std}	−0.207	−5.900	0.000	1.303
				D_{bg}^2	0.112	3.464	0.001	1.109

通过回归模型可以得出如下结论:建筑密度、平面围合度、建筑平均高度、建筑高度离散度、建筑群体方向共同对住区单位建筑面积制冷能耗产生决定性影响。具体来说,随着建筑平均高度与建筑高度离散度的增大、平面围合度的减小,单位建筑面积制冷能耗呈线性函数式减小;随着建筑密度的增大,单位建筑面积制冷能耗呈对数函数式减小;当建筑群体方向为 0°(南向)时,单位建筑面积制冷能耗最小,且随着方向偏至东、西向,单位建筑面积制冷能耗呈二次函数式增大。

7.4 本 章 小 结

本章基于选定的建筑能耗模拟软件及相关参数设置,以住区微气候模拟结果作为能耗模拟气象边界条件,对 156 个住区调研案例的冬、夏典型计算日的单位建筑面积采暖能耗与制冷能耗进行模拟计算。同时,针对住区形态要素对住区单位建筑面积建筑采暖能耗及制冷能耗的影响展开深入研究。通过统计分析法,确定了住区形态要素对能耗的敏感性,分析了不同建筑平面组合形式对能耗影响的差异性,并利用回归分析方法分别建立了住区单位建筑面积采暖能耗及制冷能耗的预测模型,为后文多目标综合优化研究提供依据。

(1) 对于采暖能耗而言,通过敏感性分析,确定容积率、建筑群体平面组合形式、风向投射角、建筑群体方向、平面围合度、建筑密度对单位建筑面积采暖能耗具有显著影响,且影响程度依次减小。在此基础上,通过相关性分析,得出以上住区形态要素与单位建筑面积采暖能耗之间的线性趋势及线性相关程度,其中,容积率、建筑密度、平面围合度、风向投射角均与单位建筑面积采暖能耗呈线性负相关,建筑群体方向与单位建筑面积采暖能耗不存在显著的线性相关关系。通过比较建筑群体平面组合形式对住区单位建筑面积采暖能耗影响的差异性,得出混合式(行列式+点群式)住区采暖能耗最高,其次为混合式(周边式+点群式)和混合式(行列式+周边式),行列式与周边式住区单位建筑面积采暖能耗相对较低。此外,运用曲线估计方法,判断住区形态要素与单位建筑面积采暖能耗的曲线关系,并利用逐步回归分析方法,构建了住区单位建筑面积采暖能耗预测模型。

(2)对于制冷能耗而言,通过敏感性分析,确定建筑平均高度、最大建筑高度、建筑群体平面组合形式、建筑高度起伏度、建筑密度、建筑高度离散度、平面围合度、容积率、建筑群体方向、风向投射角均对单位建筑面积制冷能耗具有显著影响,且影响程度依次减小。在此基础上,通过相关性分析,得出以上住区形态要素与单位建筑面积制冷能耗之间的线性趋势及线性相关程度。其中,建筑密度、平面围合度与单位建筑面积制冷能耗呈线性正相关,容积率、建筑平均高度、最大建筑高度、建筑高度起伏度、建筑高度离散度与单位建筑面积制冷能耗呈线性负相关,建筑群体方向、风向投射角与单位建筑面积制冷能耗之间不存在显著的线性相关关系。通过比较建筑群体平面组合形式对住区单位建筑面积制冷能耗影响的差异性,得出各平面组合形式的单位建筑面积制冷能耗由高至低排序为周边式、混合式(行列式+周边式)、混合式(周边式+点群式)、行列式、混合式(行列式+点群式)、混合式(行列式+周边式+点群式)。此外,运用曲线估计方法,判断住区形态要素与单位建筑面积制冷能耗的曲线关系,并利用逐步回归分析方法,构建了住区单位建筑面积制冷能耗预测模型。

第 8 章

基于微气候与能耗的住区形态优化设计技术

为了综合衡量严寒地区城市住区微气候质量与建筑节能性能,基于前文研究结论,结合住区形态要素对微气候及建筑采暖、制冷能耗的作用规律,利用粒子群优化算法,构建以住区微气候与建筑节能综合性能优化为目标的住区形态设计模型。首先,提出住区形态优化目标并确定目标权重,阐明综合优化的可行性,并选择粒子群优化算法进行优化计算;其次,构建住区形态优化设计模型,针对计算变量阈值确定、优化算法参数设置、综合优化适应度函数构建、优化计算约束条件限定4个流程进行解析;最后,运用 Matlab 编程软件,应用优化设计模型对计算案例进行解析,并验证模型的可行性。

8.1　住区形态优化设计目标与方法

8.1.1　综合优化目标及确定权重

1.综合优化目标

严寒地区冬季气候寒冷,住区室外环境的低舒适性和建筑的高能耗成为亟待解决的问题。此外,气候变暖和城市进程加速,使严寒地区城市热岛现象逐渐显现,导致夏季气温不断攀升,极端气温事件频繁出现,因此严寒地区夏季气候所引起的人居环境和建筑能耗问题同样不容忽视。根据第5、第7章的研究结果可知,住区形态对冬、夏两季微气候以及建筑采暖、制冷能耗均具有显著影响,因此应从住区微气候优化与建筑节能的角度,建立能够平衡冬季气候和夏季气候的住区形态优化设计模型,从而在初步设计阶段为方案决策提供参考。

最优化问题是指通过优化算法,在满足一定约束条件的前提下,求得目标函数的最优解(最大值或最小值)。它可分为单目标优化问题和多目标优化问题。其中,单目标优化问题只有一个需要优化的目标函数,而多目标优化问题则有两个或两个以上需要优化的目标函数。

本书以冬季住区微气候质量、夏季住区微气候质量、冬季住区建筑采暖能耗和夏季住区建筑制冷能耗作为单目标。同时,采用预测模型拟合优度较高的UTCI指标以及单位建筑面积采暖、制冷能耗作为具体衡量的量化指标。在此基础上,综合衡量各单目标性能,以住区微气候与建筑节能综合性能评价为综合优化目标,从而建立住区形态优化设计模型。

2.目标权重的确定

在多目标综合决策中,各子目标相对于总目标的重要性程度即目标的权重,对评价结果有重要的影响,因此合理地确定权重是多目标综合决策的一个核心问题。通过总体目标中各子目标的重要程度分别确定其重要性系数,即加权系数或权重,可将总体目标具体化,使之便于定性或定量评价。其中,权重越大,重要程度越高。本节将采用层次分析法,建立综合优化目标与各单目标的层级结构,对各单目标所占权重进行研究。

层次分析法是一种解决多目标复杂问题的决策分析方法。它通过将复杂问题分解为若干组成要素,并根据要素之间关系将其组合成一个多层级的分析结构模型,从而使问题归结为最低层子目标相对于最高层总目标的权重确定。层次分析法的步骤:首先确定研究的总目标,再将总目标层层分解为若干具体的子目标,并建立层级结构;接着,针对同一层级中的各子目标,与上一层级目标进行重要程度的两两比较判断,形成判断矩阵;最终,根据矩阵计算出各子目标所占的权重比例。

图8.1为本书中综合优化目标(总目标)与各单目标(子目标)之间的层级结构体系。层级结构中总目标为严寒地区城市住区微气候与建筑节能综合性能评价,一级子目标分别为住区微气候质量和建筑节能性能。其中,住区微气候质量对应的二级子目标为冬季住区微气候质量和夏季住区微气候质量;建筑节能性能对应的二级子目标为冬季建筑采暖能耗和夏季建筑制冷能耗。

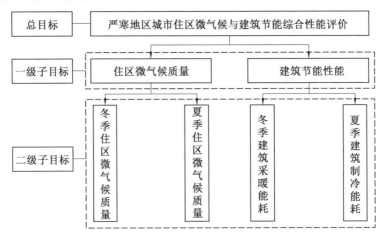

图8.1　总目标与子目标之间的层级结构体系

根据原始数据的来源,权重的确定方法基本可分为主观赋权法和客观赋权法。其中,主观赋权法的权重确定反映了决策者的意向,根据决策者的学识阅历与自身经验对各评价指标的重要性程度进行比较打分;客观赋权法的权重结果具有较强的数学理论依据,不考虑决策者意向,能够避免由于主观造成的偏差,但对样本数据要求较高。因此,主、客观赋权法均具有一定的局限性。

本节利用主观赋权法,结合专家调查问卷的评价结果,判断住区微气候质量分别在冬季和夏季的重要程度,以及两个一级子目标(即住区微气候质量和建筑节能性能)对于总目标的重要程度。然后,采用九级标度法对子目标进行重要性赋分,并计算各子目标所占权重比例。九级标度法的具体标度及其含义见表8.1。此外,利用客观赋权法判断冬季采暖能耗和夏季制冷能耗对于住区建筑节能性能的相对重要程度,计算得到权重。

表 8.1　九级标度法的具体标度及其含义

标度	含义	标度	含义
1	两个因素相比,具有相同重要性	—	—
3	两个因素相比,前者稍重要	1/3	两个因素相比,后者稍重要
5	两个因素相比,前者明显重要	1/5	两个因素相比,后者明显重要
7	两个因素相比,前者强烈重要	1/7	两个因素相比,后者强烈重要
9	两个因素相比,前者绝对重要	1/9	两个因素相比,后者绝对重要
2,4,6,8 相邻标度的中间值		1/2,1/4,1/6,1/8 相邻标度的中间值	

　　(1)住区微气候质量目标权重的确定。

　　如上文所述,以住区微气候质量为一级子目标,冬季住区微气候质量和夏季住区微气候质量为二级子目标,利用专家调查问卷,对二级子目标所占权重进行判定。本次调研共向相关专题研究人员和建筑设计人员发放 49 份专家调查问卷,实际收回 49 份。通过对问卷评价结果进行整理,构造判断矩阵,计算权重结果,并进行一致性检验,最终得出目标权重结果,见表 8.2。

表 8.2　住区微气候质量的目标权重结果

评价指标	权重
冬季住区微气候质量	0.63
夏季住区微气候质量	0.37

　　根据权重分析结果可知,冬季住区微气候质量和夏季住区微气候质量相对其一级子目标的权重占比分别为 0.63 和 0.37。这表明改善冬季住区微气候的重要性和紧迫性,同时也不能忽视夏季住区微气候的舒适性。

　　(2)建筑节能性能目标权重的确定。

　　本书利用客观赋权法判断冬季建筑采暖能耗和夏季建筑制冷能耗对于建筑节能性能的相对重要程度。根据第 7 章住区单位建筑面积能耗模拟结果,分别将各研究案例的采暖能耗与制冷能耗折算为标准煤后计算其算术平均值,并进行归一化处理,得出建筑采暖能耗和建筑制冷能耗的权重。

其中,根据《黑龙江省民用建筑节能设计标准实施细则(采暖居住建筑部分)》(DB 23/T120—2001)中采暖耗煤量指标的计算方法,将单位建筑面积采暖能耗折算为单位建筑面积采暖能耗标准煤量,计算式为

$$q = E_{\text{heating}}/(H_c \cdot \eta_1 \cdot \eta_2) \tag{8.1}$$

式中　　q——单位建筑面积采暖耗标准煤量,kg/m²;

　　　　H_c——标准煤热值,取 8.14×10^3 Wh/kg;

　　　　η_1——室外管网输送效率,取 0.9;

　　　　η_2——锅炉运行效率,取 0.7。

根据式(8.2)将单位建筑面积制冷能耗折算为单位建筑面积消耗电能,并根据《综合能耗计算通则》(GB/T 2589—2021)中的电能折标煤系数,即 0.122 9 kgce/(kWh),将电能折算为标准煤量。

$$W = E_{\text{cooling}}/\text{EER} \tag{8.2}$$

式中　　W——单位建筑面积消耗的电能,Wh/m²;

　　　　EER——空调制冷能效比,取 3.1。

通过上述方法将前文各住区案例的单位建筑面积采暖能耗及制冷能耗折算为标准煤量,并分别计算其算术平均数,求得住区单位建筑面积采暖及制冷耗标准煤量的平均值分别为 0.054 kg 和 0.007 kg。然后,对其进行归一化处理,最终得到冬季建筑采暖能耗和夏季建筑制冷能耗相对其一级子目标(即建筑节能性能)的权重值分别为 0.89 和 0.11。

(3)住区微气候与建筑节能综合性能目标权重的确定。

利用专家调查问卷,对两个一级子目标相对总目标的权重值进行判定。总共向相关专题研究人员和建筑设计人员发放 49 份专家调查问卷,实际收回 49 份。通过对问卷评价结果进行整理,构造判断矩阵,计算权重结果,并进行一致性检验,最终得出住区微气候质量和建筑节能性能的权重结果分别为 0.53 和 0.47。

通过上文各层级子目标相对上一级目标的权重值计算结果,确定二级子目标相对总目标的权重值。将各二级子目标相对一级子目标的权重值与其对应的一级子目标相对总目标的权重值相乘,得出二级子目标的总权重值,见表 8.3。

根据权重值计算结果可知,当综合考虑住区微气候与住区建筑节能时,冬季住区微气候质量与冬季建筑采暖能耗最为重要,所占权重分别为 0.33 和 0.42,夏季住区微气候质量较为重要,所占权重值为 0.20,夏季住区建筑制冷能耗所占权重偏低,仅为 0.05。

表 8.3　住区微气候与建筑节能综合性能的各子目标权重结果

一级子目标		二级子目标	
名称	权重	名称	权重
住区微气候质量	0.53	冬季住区微气候质量	0.33
		夏季住区微气候质量	0.20
建筑节能性能	0.47	冬季建筑采暖能耗	0.42
		夏季建筑制冷能耗	0.05

8.1.2　综合优化的可行性

由于城市住区形态的复杂性,各住区形态要素之间又相互影响,协同制约着微气候与建筑能耗。因此,住区形态综合优化应采用系统论的观点,从整体进行把控。基于第 5、第 7 章分别针对住区形态要素的敏感性分析结果,将住区形态要素分别对微气候与建筑能耗的影响趋势进行总结,以此说明综合优化的可行性。

表 8.4 为住区形态要素对冬、夏两季微气候及建筑能耗的影响。由表可知,住区形态要素对冬、夏两季微气候和建筑采暖、制冷能耗的作用效果存在差异,甚至呈相反的趋势。例如,随着建筑密度、平面围合度的增大,冬季时有利于提升住区热舒适水平并降低采暖能耗,但夏季的热舒适水平有所下降,且造成制冷能耗增加;随着建筑群体方向偏至东、西向,有利于提升住区热舒适水平,但会相应增加建筑采暖与制冷能耗;随着建筑平均高度、最大建筑高度的增大,冬季住区的热舒适性下降,但夏季的热舒适水平有所提升,且有利于降低建筑制冷能耗。

表 8.4　住区形态要素对冬、夏两季微气候及建筑能耗的影响

住区形态要素	对冬季微气候影响	对夏季微气候影响	对采暖能耗影响	对制冷能耗影响
容积率	无	无	容积率增大,采暖能耗降低	容积率增大,制冷能耗降低
建筑密度	建筑密度增大,热舒适水平提升	建筑密度增大,热舒适水平下降	建筑密度增大,采暖能耗降低	建筑密度增大,制冷能耗增加
平面围合度	平面围合度增大,热舒适水平提升	平面围合度增大,热舒适水平下降	平面围合度增大,采暖能耗降低	平面围合度增大,制冷能耗增加

续表8.4

住区形态要素	对冬季微气候影响	对夏季微气候影响	对采暖能耗影响	对制冷能耗影响
建筑群体方向	建筑群体方向平方值增大,热舒适水平提升	建筑群体方向平方值增大,热舒适水平提升	建筑群体方向平方值增大,采暖能耗增加	建筑群体方向平方值增大,制冷能耗增加
风向投射角	风向投射角增大,热舒适水平下降	风向投射角增大,热舒适水平提升	风向投射角增大,采暖能耗降低	无
建筑平均高度	建筑平均高度增大,热舒适水平下降	建筑平均高度增大,热舒适水平提升	无	建筑平均高度增大,制冷能耗降低
最大建筑高度	最大建筑高度增大,热舒适水平下降	最大建筑高度增大,热舒适水平提升	无	最大建筑高度增大,制冷能耗降低
建筑高度起伏度	建筑高度起伏度增大,热舒适水平下降	无	无	建筑高度起伏度增大,制冷能耗降低
建筑高度离散度	无	无	无	建筑高度离散度增大,制冷能耗降低

综上分析,当住区形态要素综合作用时,对冬、夏两季微气候以及建筑采暖、制冷能耗的影响有利有弊,无法直接确定要素取值。需要以住区微气候与建筑节能综合性能作为综合优化目标进行权衡判断,从而根据设计要求基于综合优化目标得出最优的要素组合,因此城市住区形态综合优化具有可行性与必要性。

8.1.3 综合优化算法的选择

1.智能优化算法的选择

随着计算机智能技术的快速发展,现今最优化问题普遍利用计算机辅助完成,通过将复杂抽象的问题转化为优化设计数学模型,采用智能优化算法进行求解,并得到满足某些最优性能的参数值组合。智能优化算法一般受自然界生物系统中自适应优化现象的启发,模拟生物个体依赖自身本能,通过进化寻求在种群中优化生存状态的行为。近几十年来,一些智能优化算法相继被提出和研究,如蚁群优化算法、粒子群优化算法、人工免疫算法、人工鱼群算法、模拟退火算法等,这些算法为一些传统优化技术难以处理的组合优化问题提供了切实可行的解决方案。此外,每种方法的模拟机理本质、适用范围和特点有所不同,以下对几种常用的智能优化算法进行简要的比较分析,见表8.5。

表 8.5　常用智能优化算法的基本思想与特点

智能优化算法	基本思想	特点
蚁群优化算法	模拟蚂蚁群体协作行为,利用个体之间信息传递与相互协作来实现路径优化,寻求最优解	具有较高的鲁棒性、灵活性和寻求较优解的能力;但存在搜索速度慢,易出现停滞现象等问题
粒子群优化算法	模拟鸟群的觅食行为,通过协调个体经验与群体经验,不断更新速度与位置,追随当前最优粒子,在空间中搜索最优解	具有结构简单、运行效率高、收敛速度快、需要调节参数较少和易于实现在复杂环境中求解优化问题等优点
人工免疫算法	模拟生物免疫系统中抗体与抗原之间的相互作用和刺激,求解优化问题	具有较强的搜索能力和学习记忆能力,能够有效地求解目标函数的大部分局部峰值;但是耗时长、效率低
人工鱼群算法	模拟鱼群觅食和生存活动,通过构造人工鱼个体模型,记录个体状态,确定行为方法、自适应选择行为来寻求全局最优解	具有全局搜索能力强、对初值不敏感、鲁棒性强、易实现等优点;但具有后期收敛慢、搜索精度偏低等不足
模拟退火算法	基于固体退火原理,加温固体,使其内能增大,粒子变为无序状态,再进行冷却,粒子逐渐有序,至常温时内能最小,粒子达到基态	具有较高的通用性、鲁棒性和灵活性,以及避免局部最优陷阱的能力;但参数难以控制,易出现耗时长或全局搜索性能偏低的现象

本研究的优化问题针对的是住区形态方案的设计阶段,以改善住区微气候与降低建筑能耗为目标,在住区形态设计参数阈值范围中寻求最优解,所涉及的影响参数和优化目标较少。通过对比几种常用的智能优化算法发现,粒子群优化算法具有结构简单、运行效率高、收敛速度快、需要调整参数较少和易于实现等特点,目前已在多个领域的优化设计问题中得到广泛应用。因此,综合本书的优化问题与粒子群优化算法的特点,最终选取粒子群优化算法对严寒地区城市住区形态优化设计模型的建构及应用展开研究。

2. 粒子群优化算法概述

粒子群优化算法是基于种群的迭代搜索算法,最初源于对鸟群觅食行为的研究。在求解优化问题时,每个问题的解被看作空间中的一只鸟(即粒子),每个粒子都有一个被优化函数决定的适应度值,以及有相应的速度和位置,粒子们不断追随当前最优粒子在解空间中进行寻优搜索。粒子群优化算法首先在一个 n 维的目标搜索空间中初始化一群随机粒子,每个粒子的位置代表一个优化问题的候选解,将其带入适应度函数(即目标函数)计算每个粒子的适应度值,并根据适应度值衡量粒子的优劣。每个粒子的速度决定了其在空间中运动的方向和速率。在每一次迭代过程中,粒子根据自身的经验和群体的经验,通过跟踪个体极值和全局极值来更新自己的速度和位置,并在此过程中搜索更优解的区域。以此方法,种群中粒子进行逐代搜索、逐渐收敛后得到最优解。本节利用标准粒子群优化算法,基于住区形态要素的变化范围进行优化计算,寻求优化目标的最优值,以及相应的住区形态要素值的组合。

下面针对本书研究内容对粒子群优化算法中若干概念进行说明。粒子是粒子群优化算法中最基本的组成元素,在本书中,每个粒子由住区的建筑密度、建筑平均高度、平面围合度等计算变量组成,而种群是由所有粒子构成的群体。

个体极值是指从优化计算开始至当前迭代次数时,单一粒子所经历过的最优位置,即适应度函数的最优值。全局极值是指整个种群从优化计算开始至当前迭代次数时,所获得的适应度函数最优值。以住区微气候质量优化为例,全局极值是指在迭代寻优过程中,至当前迭代次数时,所有住区形态所对应的微气候质量评价的适应度函数最优值。

问题维度由具体优化问题中的计算变量数目决定。以本书研究内容为例,在冬季住区建筑采暖能耗优化问题中,适应度函数中的计算变量包括容积率、建筑密度、平面围合度和建筑群体方向,所以该问题的维度为 4 个维度。

8.2　住区形态优化设计模型构建

根据多目标粒子群优化算法的基本计算流程,本节将构建以住区微气候与建筑节能综合性能优化为目标的住区形态设计模型,并针对计算变量阈值确定、优化算法参数设置、综合优化适应度函数构建、优化计算约束条件限定 4 个流程进行详细解析。

8.2.1　优化模型构建流程

粒子群优化算法实施流程主要包括以下 5 个步骤:① 初始化粒子群;② 计算

粒子的适应度函数值;③ 比较得出个体适应度最优值和全局适应度最优值;④ 更新粒子的速度和位置;⑤ 判断是否满足结束条件,如满足则输出结果,否则返回步骤 ②。粒子群优化算法计算流程如图 8.2 所示。

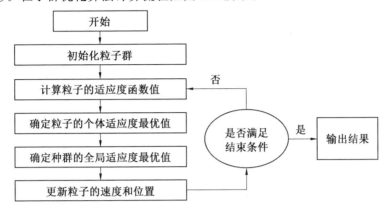

图 8.2　粒子群优化算法计算流程

根据粒子群优化算法的计算流程,制定符合本书的综合优化设计目标的严寒住区形态优化设计模型构建流程,如图 8.3 所示。本书的优化计算主要包括以下几个步骤。

（1）计算变量取值范围确定。

根据住区形态综合优化目标和项目规划设计要求,参考现状调查所得参数取值范围,确定严寒住区形态设计参数的取值范围,即计算变量的阈值范围。

（2）优化算法参数设置。

粒子群在迭代寻优过程中,算法运算速度及粒子运动速度是由种群规模、粒子维度、迭代次数、加速常数、惯性权重等参数决定,因此需根据优化问题进行具体设置。

（3）适应度函数构建。

适应度函数即目标函数,首先将第 3 章、第 4 章得出的冬、夏两季 UTCI 指标值预测模型以及住区建筑采暖、制冷能耗预测模型分别作为单目标适应度函数,进行单目标粒子群计算,求得各函数的最大值与最小值。接下来,根据综合优化设计目标,基于线性加权和法,将多个单目标适应度函数按照相应的权重系数转化成为一个单目标函数,作为多目标粒子群优化算法的多目标适应度函数,即综合优化适应度函数。

（4）优化计算约束条件。

由于城市住区空间的复杂性,住区形态要素之间协同作用、交互影响,因此为保证优化计算结果的正确性与合理性,根据前文对住区空间现状的调查结果,对住区形态要素之间的取值条件进行交互约束限定,以保证粒子能够在合理的变量交互限定范围内寻找出最优解。

(5)综合优化实施。

基于以上步骤,运用软件平台,编制优化计算程序,并执行粒子群优化计算,如满足迭代运算终止条件,则结束优化计算,确定粒子群的最优位置,并输出适应度函数的最优值及对应的计算变量值。

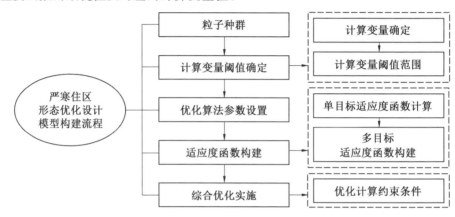

图 8.3 严寒住区形态优化设计模型构建流程

8.2.2 计算变量阈值确定

根据优化设计目标,基于第5、第7章热舒适指标预测模型和建筑能耗预测模型的研究结果,将优化目标相应预测模型中住区形态要素作为优化计算变量。依据项目规划设计要求,结合住区形态要素调查结果,确定计算变量取值范围。由《黑龙江省控制性详细规划编制规范》(DB23/T744—2004)可知,用地控制指标中规定性控制指标为建设项目时必须严格执行的指标,一般包括:用地性质、用地面积、建筑密度、容积率、建筑控制高度(即最大建筑高度)、交通出入口方位、停车泊位及配套公共服务设施。其中,建筑密度、容积率和最大建筑高度属于本书研究范畴,因此在确定优化计算变量取值范围时,须根据具体建设项目对以上3个参数阈值进行限定,并依据以上3个参数阈值范围,结合住区形态要素的调查结果,确定其他参数的取值范围。此外,用地性质和用地面积是基于具体项目设计要求的固定变量,本书不对其进行优化研究。

以寻求住区微气候质量最优为优化目标为例,拟限定建设项目的容积率、建筑密度和最大建筑高度分别不得超过3.0、15%和90 m。首先,根据5.3.4节冬、夏两季 UTCI 指标值预测模型,选取建筑密度、平面围合度、建筑平均高度、风向投射角和建筑群体方向作为优化计算变量。每个粒子则代表一个优化计算变量组合,表示方式如式(8.3)所示。

$$P_i = (\lambda_{b-i}, C_{p-i}, H_{avg-i}, \theta_{w-i}, \theta_{s-i}, D_{bg-i}) \tag{8.3}$$

式中　　P_i——粒子,$P_i \in [a_n, b_n]$,$1 \leqslant n \leqslant 6$,$a_n$ 和 b_n 是向量坐标下限和上限;

　　　　λ_{b-i}——该粒子的建筑密度;

　　　　C_{p-i}——该粒子的平面围合度;

　　　　H_{avg-i}——该粒子的建筑平均高度,m;

　　　　θ_{w-i}——该粒子的冬季风向投射角,(°);

　　　　θ_{s-i}——该粒子的夏季风向投射角,(°);

　　　　D_{bg-i}——该粒子的建筑群体方向,(°)。

其次,确定计算变量取值范围,在限定变量范围内随机产生初始粒子。根据拟建设项目要求确定 3 个规定性控制指标的阈值范围上限,本例将 2.2 节中 3 个控制指标调查结果的最小值作为阈值下限,确定容积率取值范围为 0.9 ~ 3.0,建筑密度为 8% ~ 15%,最大建筑高度为 12 ~ 90 m。虽然容积率和最大建筑高度在该优化目标下未作为计算变量,但为了优化计算结果的合理性,仍需综合容积率、建筑密度、最大建筑高度的阈值对平面围合度和建筑平均高度的取值范围进行限定。此外,建筑群体方向和风向投射角的取值范围根据实际项目要求、地方设计标准以及当地气候条件进行限定,本例中根据 2.2.2 节建筑群体方向调查结果以及 4.4 节微气候模拟参数设置中主导风向设置情况进行限定。由此,各优化计算变量的取值范围如下。

λ_b_Rang = [0.08, 0.15],建筑密度 λ_b 的变化范围;

C_p_Rang = [0.35, 0.74],平面围合度 C_p 的变化范围;

H_{avg}_Rang = [37, 87],建筑平均高度 H_{avg} 的变化范围;

θ_w_Rang = [34, 90],冬季风向投射角 θ_w 的变化范围;

θ_s_Rang = [1.5, 78.5],夏季风向投射角 θ_s 的变化范围;

D_{bg}_Rang = [-47, 56],建筑群体方向 D_{bg} 的变化范围。

8.2.3　优化算法参数设置

粒子群优化算法是通过随机产生的粒子种群进行迭代寻优计算,当满足迭代终止条件时,结束运算并求得最优解。其中,粒子种群规模越大,即粒子数量越多,表明所搜索的空间范围越大,更易发现全局最优解,通常设置为 20 ~ 50。本书为了提升优化结果的精度和稳定性,将种群规模设置为 500。此外,本书综合考虑了优化模型计算精度和运算时间,将最大迭代次数设置为 3 000。迭代运算终止条件为运算次数达到 3 000 代或连续 1 000 代最优个体不变。

此外,种群中每个粒子都有自身的速度和位置,粒子 i 的速度和位置可分别表示为 $v_i = [v_{i1}, v_{i2}, \cdots, v_{iD}]$ 和 $x_i = [x_{i1}, x_{i2}, \cdots, x_{id}]$,其中 d 为问题维度。此外,第 k 次迭代时,粒子 i 的第 d 维速度和位置的更新值分别如式(8.4)和式(8.5)所示。

$$v_{id}^{k+1} = wv_{id}^k + c_1 r_1 (p_{id}^k - x_{id}^k) + c_2 r_2 (p_{gd}^k - x_{id}^k) \tag{8.4}$$

$$x_{id}^{k+1} = x_{id}^k + v_{id}^{k+1} \tag{8.5}$$

根据优化问题的不同,对于公式中参数设置也不同,本书中的参数设置情况如下。

(1) 惯性权重(w)。

惯性权重通常情况下在 $0.1 \sim 0.9$ 之间,用于描述当前粒子对上一代粒子速度的继承情况。根据不同优化问题,调整惯性权重,从而平衡算法的收敛和探索能力。在本书中,初始惯性权重和最终惯性权重分别设置为 0.9 和 0.4,在全部代数的 3/4 左右位置之后,惯性权重不再变化。惯性权重的表达式如式(8.6)。

$$w = w_{\max} - t_{\mathrm{cur}} \frac{w_{\max} - w_{\min}}{t_{\max}} \tag{8.6}$$

式中　　$w_{\max}$——最大惯性权重;

　　　　$w_{\min}$——最小惯性权重;

　　　　t_{cur}——当前迭代次数;

　　　　$t_{\max}$——算法总迭代次数。

(2) 加速常数(c_1、c_2)。

加速常数也称为学习因子,其中 c_1 和 c_2 分别用于调节向个体极值和全局极值方向飞行的最大步长。c_1 和 c_2 过小会导致粒子远离目标的区域,而过大则会导致粒子越过目标区域。为了平衡个体经验和群体经验的影响力,本书将 c_1 和 c_2 均设置为 2。

(3) 随机函数(r_1、r_2)。

随机函数用于增加粒子运动的随机性,为 $0 \sim 1$ 之间的随机数。

8.2.4 优化适应度函数构建

1. 单目标适应度函数构建

本节基于标准粒子群优化算法,分别以冬季住区微气候质量、夏季住区微气候质量、冬季住区建筑采暖能耗、夏季住区建筑制冷能耗作为单目标,分别对其适应度函数的最大值与最小值进行计算,为后文多目标适应度函数构建提供数据支撑。

（1）适应度函数确定。

根据 5.3.4 节冬、夏两季热舒适指标预测模型结果可知,UTCI 的多元回归模型拟合优度较高,因此选取 UTCI 指标作为衡量住区微气候质量的量化指标。根据 5.3 节、7.2 节和 7.3 节的研究结果,分别将基于住区形态要素的冬、夏两季住区 UTCI 指标预测模型,以及住区单位建筑面积采暖、制冷能耗预测模型作为单目标适应度函数。由于本书以哈尔滨市为例,因此分别将冬、夏两季风向投射角用哈尔滨市最热月（7 月份）与最冷月（1 月份）典型风向与建筑群体方向的夹角进行表示。根据 4.4.2 节对 CSWD 典型气象年数据中 1 月和 7 月逐时风向发生频率进行统计可知,1 月和 7 月的典型风向分别为西和西南西,因此冬季风向投射角表示为 $\theta_w = 90 - |D_{bg}|$,夏季风向投射角表示为 $\theta_s = |22.5 + D_{bg}|$。各单目标适应度函数如式(8.7)～(8.10)所示。

$$\mathrm{UTCI}_{(w)} = 35.51 \cdot \lambda_b^2 + 4.87 \cdot C_p^3 - 3.96 \times 10^{-7} \cdot H_{avg}^3 -$$
$$1.59 \times 10^{-6} \cdot (90 - |D_{bg}|)^3 + 1.23 \times 10^{-3} \cdot D_{bg}^2 - 25.76 \tag{8.7}$$

$$\mathrm{UTCI}_{(S)} = 2.61 \cdot \lambda_b^3 + 0.96 \cdot C_p - 2.37 \times 10^{-2} \cdot H_{avg} -$$
$$2.9 \times 10^{-2} \cdot |22.5 + D_{bg}| - 7.84 \times 10^{-5} \cdot D_{bg}^2 + 27.08 \tag{8.8}$$

$$E_{heating} = -0.16 \cdot Far^3 - 139.89 \cdot \lambda_b^2 - 4.55 \cdot C_p^3 +$$
$$6.87 \times 10^{-3} \cdot D_{bg}^2 + 708.76 \tag{8.9}$$

$$E_{cooling} = -24.75 \cdot \ln(\lambda_b) + 13.66 \cdot C_p - 1.13 \cdot H_{avg} -$$
$$0.59 \cdot H_{std} + 4.77 \times 10^{-3} \cdot D_{bg}^2 + 168.43 \tag{8.10}$$

（2）适应度函数值计算。

根据标准粒子群优化算法的计算步骤,使用 Matlab 软件编制各单目标粒子群计算程序并执行自动运算。

根据 Matlab 的运算结果,冬季住区 UTCI$_{(w)}$ 极值随迭代次数的变化如图 8.4 所示,冬季住区 UTCI$_{(w)}$ 极值与相应的住区形态要素计算结果见表 8.6。通过迭代计算结果可看出,冬季住区 UTCI$_{(w)}$ 的最大值（最优结果）为 −13.83 ℃,输出的住区形态要素组合为建筑密度为 35%,平面围合度为 92%,建筑平均高度为 18 m,建筑群体方向为 56°;UTCI$_{(w)}$ 的最小值为 −26.87 ℃,输出的住区形态要素组合为建筑密度为 8%,平面围合度为 35%,建筑平均高度为 99 m,建筑群体方向为 0°。

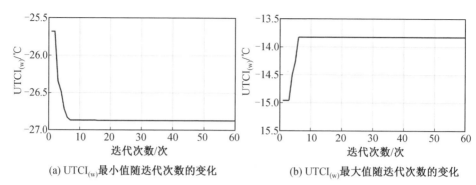

(a) UTCI$_{(w)}$最小值随迭代次数的变化　　　(b) UTCI$_{(w)}$最大值随迭代次数的变化

图 8.4　冬季住区 UTCI$_{(w)}$ 极值随迭代次数的变化

表 8.6　冬季住区 UTCI$_{(w)}$ 极值与相应的住区形态要素计算结果

住区形态要素				极值计算结果 /℃	
建筑密度	平面围合度	建筑平均高度/m	建筑群体方向/(°)	最大值	最小值
0.35	0.92	18	56	−13.83	—
0.08	0.35	99	0	—	−26.87

夏季住区 UTCI$_{(S)}$ 极值随迭代次数的变化如图 8.5 所示,夏季住区 UTCI$_{(S)}$ 极值与相应的住区形态要素计算结果见表 8.7。通过迭代计算结果可知,夏季住区 UTCI$_{(S)}$ 的最小值(最优结果)为22.55 ℃,输出的住区形态要素组合为建筑密度为8%,平面围合度为35%,建筑群体方向为56°,建筑平均高度为99 m;UTCI$_{(S)}$ 的最大值为 27.63 ℃,输出的住区形态要素组合为建筑密度为30%,平面围合度为84%,建筑群体方向为−22.5°,建筑平均高度为12 m。

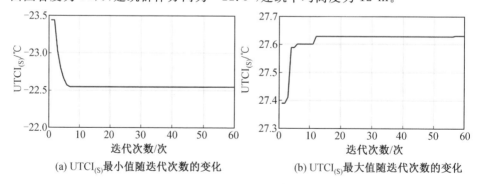

(a) UTCI$_{(S)}$最小值随迭代次数的变化　　　(b) UTCI$_{(S)}$最大值随迭代次数的变化

图 8.5　夏季住区 UTCI$_{(S)}$ 极值随迭代次数的变化

表 8.7　夏季住区 $UTCI_{(S)}$ 极值与相应的住区形态要素计算结果

住区形态要素				极值计算结果 /℃	
建筑密度	平面围合度	建筑群体方向 /(°)	建筑平均高度 /m	最大值	最小值
0.30	0.84	−22.5	12	27.63	—
0.08	0.35	56	99	—	22.55

冬季住区 $E_{heating}$ 极值随迭代次数的变化如图 8.6 所示,冬季住区 $E_{heating}$ 极值与相应的住区形态要素计算结果见表 8.8。由迭代计算结果可知,$E_{heating}$ 的最小值(最优结果)为 684.57 Wh/m^2,输出的住区形态要素组合为容积率为 2.8,建筑密度为 35%,平面围合度为 92%,建筑群体方向为 0°;$E_{heating}$ 的最大值为 728.19 Wh/m^2,输出的住区形态要素组合为容积率为 1.7,建筑密度为 9%,平面围合度为 35%,建筑群体方向为 56°。

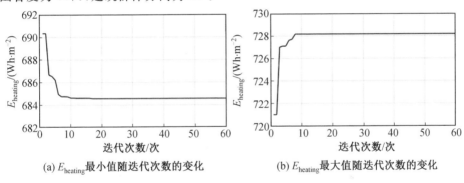

(a) $E_{heating}$ 最小值随迭代次数的变化　　　　(b) $E_{heating}$ 最大值随迭代次数的变化

图 8.6　冬季住区 $E_{heating}$ 极值随迭代次数的变化

表 8.8　冬季住区 $E_{heating}$ 极值与相应的住区形态要素计算结果

住区形态要素				极值计算结果 /$(Wh \cdot m^{-2})$	
容积率	建筑密度	平面围合度	建筑群体方向 /(°)	最大值	最小值
1.7	0.09	0.35	56	728.19	—
2.8	0.35	0.92	0	—	684.57

夏季住区 $E_{cooling}$ 极值随迭代次数的变化如图 8.7 所示,夏季住区 $E_{cooling}$ 极值与相应的住区形态要素计算结果见表 8.9。由迭代计算结果可知,$E_{cooling}$ 的最小值(最优结果)为 95.90 Wh/m^2,输出的住区形态要素组合为建筑密度为 15%,平面围合度为 35%,建筑群体方向为 0°,建筑平均高度为 99 m,建筑高度离散度为 21 m;$E_{cooling}$ 的最大值为 219.91 Wh/m^2,输出的住区形态要素组合为建筑密

度为20%,平面围合度为75%,建筑群体方向为56°,建筑平均高度为12 m,建筑高度离散度为0 m。

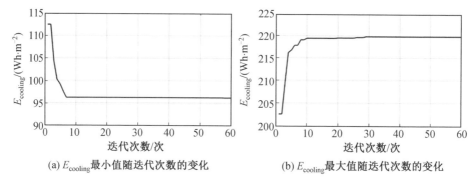

(a) $E_{cooling}$ 最小值随迭代次数的变化　　　　(b) $E_{cooling}$ 最大值随迭代次数的变化

图 8.7　夏季住区 $E_{cooling}$ 极值随迭代次数的变化

表 8.9　夏季住区 $E_{cooling}$ 极值与相应的住区形态要素计算结果

住区形态要素					极值计算结果 /(Wh · m^{-2})	
建筑密度	平面围合度	建筑群体方向 /(°)	建筑平均高度 /m	建筑高度离散度 /m	最大值	最小值
0.20	0.75	56	12	0	219.91	—
0.15	0.35	0	99	21	—	95.90

2. 多目标适应度函数构建

多目标优化是将多个需要参与优化的单目标转化为一个总目标后进行的综合优化。线性加权和法是最常用的方法之一,其基本思想是根据各单目标的重要性程度赋予相应的权重系数后,将其线性组合成为一个总目标函数。本节将针对住区冬、夏两季微气候质量与建筑采暖、制冷能耗的多目标综合评价(即住区微气候与建筑节能综合性能评价)构建多目标适应度函数。

首先,为了归纳统一各单目标评价值的统计分布性,以及使不同量纲的微气候质量与能耗的评价值具有可比较性,需要通过归一化方法对各单目标评价值进行无量纲化处理。本书综合评价采用百分制形式,因此将评价值进行归一化处理后,得出所对应的范围为 0 ~ 100。根据线性插值法计算各单目标评价值的目标函数,计算方法如式(8.11)和式(8.12)所示。其中,式(8.11)为正指标线性差值方法计算公式,正指标表示指标值越大,评价值越大;式(8.12)为逆指标线性差值方法计算公式,逆指标表示指标值越小,评价值越大。

$$y = y_{min} + \frac{y_{max} - y_{min}}{x_{max} - x_{min}}(x - x_{min}) \tag{8.11}$$

$$y = y_{\min} + \frac{y_{\max} - y_{\min}}{x_{\min} - x_{\max}}(x - x_{\max}) \tag{8.12}$$

式中 y——评价值；

$y_{\min}$——最小评价值，取 0；

$y_{\max}$——最大评价值，取 100；

$x_{\min}$ 和 $x_{\max}$——单目标函数客观最小值和最大值，根据 8.2.4 节单目标适应度函数极值计算结果进行设定；

x——单目标适应度函数客观值。

在本书中，夏季住区微气候质量的量化指标（$\text{UTCI}_{(S)}$）、冬季建筑采暖能耗以及夏季建筑制冷能耗均属于逆指标；冬季住区微气候质量的量化指标（$\text{UTCI}_{(W)}$）属于正指标。利用线性插值法对以上指标进行计算，分别得出各单目标评价的函数表达式，如式（8.13）～（8.16）所示。

$$f(\text{UTCI}_{(W)}) = 100(\text{UTCI}_{(W)} + 26.87)/13.04 \tag{8.13}$$

式中 $f(\text{UTCI}_{(W)})$——冬季住区微气候质量评价值。

$$f(\text{UTCI}_{(S)}) = -100(\text{UTCI}_{(S)} - 27.63)/5.08 \tag{8.14}$$

式中 $f(\text{UTCI}_{(S)})$——夏季住区微气候质量评价值。

$$f(E_{\text{heating}}) = -100(E_{\text{heating}} - 728.19)/43.62 \tag{8.15}$$

式中 $f(E_{\text{heating}})$——冬季住区建筑采暖能耗评价值。

$$f(E_{\text{cooling}}) = -100(E_{\text{cooling}} - 219.91)/124.01 \tag{8.16}$$

式中 $f(E_{\text{cooling}})$——夏季住区建筑制冷能耗评价值。

根据 8.1.1 节中基于层次分析法研究求得的各单目标权重系数，采用线性加权和法，建立综合住区微气候质量与建筑节能性能评价的计算公式，如式（8.17）所示。

$$\text{CAV} = 0.33\,f(\text{UTCI}_{(W)}) + 0.20\,f(\text{UTCI}_{(S)}) + 0.42\,f(E_{\text{heating}}) + 0.05\,f(E_{\text{cooling}}) \tag{8.17}$$

式中 CAV——住区微气候与建筑节能综合性能评价值。

将各单目标适应函数带入式（8.17），最终得出以住区形态要素为计算变量的多目标综合性能评价的适应度函数，如式（8.18）所示。

$$\text{CAV} = 224.13 \cdot \lambda_b^2 - 10.28 \cdot \lambda_b^3 + 0.99 \cdot \ln(\lambda_b) - 4.33 \cdot C_p + 16.69 \cdot C_p^3 +$$
$$0.14 \cdot H_{\text{avg}} - 1 \times 10^{-6} \cdot H_{\text{avg}}^3 + 2.4 \times 10^{-2} \cdot H_{\text{std}} + 0.15 \cdot \text{Far}^3 -$$
$$3.37 \times 10^{-3} \cdot D_{\text{bg}}^2 - 4.02 \times 10^{-6} \cdot (90 - |D_{\text{bg}}|)^3 + 0.11 \cdot |22.5 + D_{\text{bg}}| + 27.78 \tag{8.18}$$

8.2.5 优化计算约束条件

根据8.2.4节住区微气候与建筑节能综合性能评价适应度函数可知,参与综合优化的计算变量包括:容积率、建筑密度、平面围合度、建筑平均高度、建筑高度离散度和建筑群体方向。其中,建筑群体方向主要受实际项目要求、地方设计标准以及当地气候条件的影响,不与其他计算变量之间进行约束限定。因此,根据2.2节住区形态调查结果,对容积率、建筑密度、平面围合度、建筑平均高度、建筑高度离散度之间进行 Spearman 相关性分析,进而在优化计算中对具有显著相关性的计算变量之间的取值条件进行约束限定。

表8.10 为计算变量之间的 Spearman 相关性分析结果。5 个计算变量之间均存在显著的相关性,因此在优化计算中分别基于容积率、建筑密度和建筑平均高度的分布特征对其他计算变量取值限制区间进行划分,以保证粒子能够在合理的变量交互限定范围内寻找最优解。

表 8.10 计算变量之间的 Spearman 相关性分析结果

变量	Far	λ_b	C_p	H_{avg}	H_{std}
Far	1.000	—	—	—	—
λ_b	-0.394^{**}	1.000	—	—	—
C_p	-0.251^{**}	0.781^{**}	1.000	—	—
H_{avg}	0.848^{**}	-0.785^{**}	-0.568^{**}	1.000	—
H_{std}	0.283^{**}	-0.475^{**}	-0.481^{**}	0.489^{**}	1.000

注:** 表示 $p < 0.01$。

容积率与建筑密度、建筑平均高度、平面围合度、建筑高度离散度之间的关系以及限制区间划分如图8.8所示。容积率对建筑密度、建筑平均高度、平面围合度、建筑高度离散度的取值约束条件见表8.11。

建筑密度与容积率、建筑平均高度、平面围合度、建筑高度离散度之间的关系以及限制区间划分如图8.9所示。建筑密度对容积率、建筑平均高度、平面围合度、建筑高度离散度的取值约束条件见表8.12。

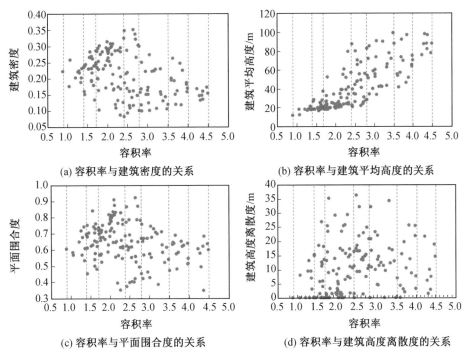

(a) 容积率与建筑密度的关系　　　(b) 容积率与建筑平均高度的关系

(c) 容积率与平面围合度的关系　　　(d) 容积率与建筑高度离散度的关系

图 8.8　容积率与建筑密度、建筑平均高度、平面围合度、
建筑高度离散度之间的关系及限制区间划分

表 8.11　容积率对建筑密度、建筑平均高度、平面围合度、建筑高度离散度的取值约束条件

容积率	建筑密度	建筑平均高度 /m	平面围合度	建筑高度离散度 /m
$0.9 \leqslant \mathrm{Far} \leqslant 1.4$	$0.18 \leqslant \lambda_b \leqslant 0.26$	$12 \leqslant H_{avg} \leqslant 22$	$0.53 \leqslant C_p \leqslant 0.74$	$0 \leqslant H_{std} \leqslant 13$
$1.4 < \mathrm{Far} \leqslant 1.7$	$0.13 \leqslant \lambda_b \leqslant 0.28$	$17 \leqslant H_{avg} \leqslant 38$	$0.45 \leqslant C_p \leqslant 0.84$	$0 \leqslant H_{std} \leqslant 27$
$1.7 < \mathrm{Far} \leqslant 2.4$	$0.09 \leqslant \lambda_b \leqslant 0.31$	$18 \leqslant H_{avg} \leqslant 79$	$0.35 \leqslant C_p \leqslant 0.91$	$0 \leqslant H_{std} \leqslant 35$
$2.4 < \mathrm{Far} \leqslant 2.8$	$0.08 \leqslant \lambda_b \leqslant 0.35$	$24 \leqslant H_{avg} \leqslant 66$	$0.37 \leqslant C_p \leqslant 0.92$	$0 \leqslant H_{std} \leqslant 36$
$2.8 < \mathrm{Far} \leqslant 3.5$	$0.10 \leqslant \lambda_b \leqslant 0.30$	$28 \leqslant H_{avg} \leqslant 99$	$0.38 \leqslant C_p \leqslant 0.76$	$0 \leqslant H_{std} \leqslant 34$
$3.5 < \mathrm{Far} \leqslant 4.0$	$0.12 \leqslant \lambda_b \leqslant 0.26$	$41 \leqslant H_{avg} \leqslant 97$	$0.47 \leqslant C_p \leqslant 0.69$	$0 \leqslant H_{std} \leqslant 26$
$4.0 < \mathrm{Far} \leqslant 4.5$	$0.13 \leqslant \lambda_b \leqslant 0.17$	$75 \leqslant H_{avg} \leqslant 98$	$0.35 \leqslant C_p \leqslant 0.68$	$1 \leqslant H_{std} \leqslant 22$

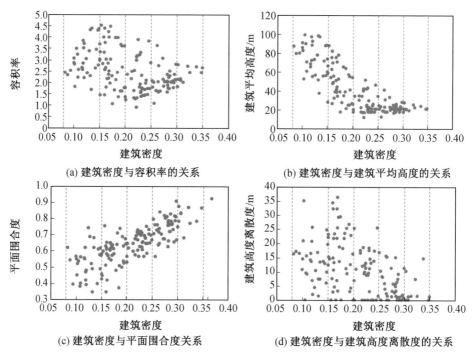

图 8.9　建筑密度与容积率、建筑平均高度、平面围合度、
建筑高度离散度之间的关系及限制区间划分

表 8.12　建筑密度对容积率、建筑平均高度、平面围合度、建筑高度离散度的取值约束条件

建筑密度	容积率	建筑平均 高度 /m	平面围合度	建筑高度 离散度 /m
$0.08 \leqslant \lambda_b \leqslant 0.15$	$1.7 \leqslant \mathrm{Far} \leqslant 4.4$	$38 \leqslant H_{\mathrm{avg}} \leqslant 99$	$0.35 \leqslant C_p \leqslant 0.74$	$0 \leqslant H_{\mathrm{std}} \leqslant 35$
$0.15 < \lambda_b \leqslant 0.20$	$1.1 \leqslant \mathrm{Far} \leqslant 4.5$	$18 \leqslant H_{\mathrm{avg}} \leqslant 88$	$0.35 \leqslant C_p \leqslant 0.76$	$0 \leqslant H_{\mathrm{std}} \leqslant 36$
$0.20 < \lambda_b \leqslant 0.25$	$0.9 \leqslant \mathrm{Far} \leqslant 3.9$	$12 \leqslant H_{\mathrm{avg}} \leqslant 51$	$0.53 \leqslant C_p \leqslant 0.75$	$0 \leqslant H_{\mathrm{std}} \leqslant 26$
$0.25 < \lambda_b \leqslant 0.30$	$1.1 \leqslant \mathrm{Far} \leqslant 3.6$	$12 \leqslant H_{\mathrm{avg}} \leqslant 41$	$0.57 \leqslant C_p \leqslant 0.91$	$0 \leqslant H_{\mathrm{std}} \leqslant 17$
$0.30 < \lambda_b \leqslant 0.35$	$1.8 \leqslant \mathrm{Far} \leqslant 2.8$	$18 \leqslant H_{\mathrm{avg}} \leqslant 27$	$0.68 \leqslant C_p \leqslant 0.92$	$0 \leqslant H_{\mathrm{std}} \leqslant 15$

　　建筑平均高度与容积率、建筑密度、平面围合度、建筑高度离散度之间的关系及限制区间划分如图 8.10 所示。建筑平均高度对容积率、建筑密度、平面围合度、建筑高度离散度的取值约束条件见表 8.13。

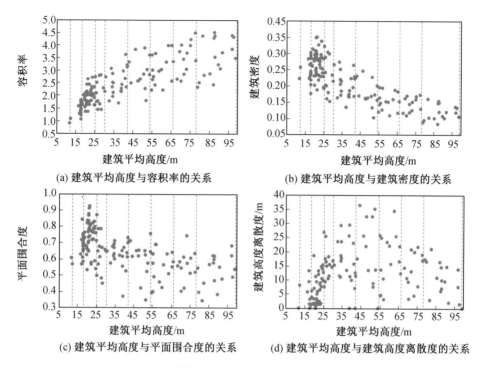

(a) 建筑平均高度与容积率的关系　　(b) 建筑平均高度与建筑密度的关系

(c) 建筑平均高度与平面围合度的关系　(d) 建筑平均高度与建筑高度离散度的关系

图 8.10　建筑平均高度与容积率、建筑密度、平面围合度、
建筑高度离散度之间的关系及限制区间划分

表 8.13　建筑平均高度对容积率、建筑密度、平面围合度、建筑高度离散度的取值约束条件

建筑平均高度 /m	容积率	建筑密度	平面围合度	建筑高度离散度 /m
$12 \leqslant H_{avg} \leqslant 18$	$0.9 \leqslant Far \leqslant 1.8$	$0.18 \leqslant \lambda_b \leqslant 0.30$	$0.57 \leqslant C_p \leqslant 0.84$	$0 \leqslant H_{std} \leqslant 13$
$18 < H_{avg} \leqslant 25$	$1.4 \leqslant Far \leqslant 2.7$	$0.19 \leqslant \lambda_b \leqslant 0.35$	$0.53 \leqslant C_p \leqslant 0.92$	$0 \leqslant H_{std} \leqslant 18$
$25 < H_{avg} < 30$	$1.4 \leqslant Far \leqslant 2.8$	$0.15 \leqslant \lambda_b \leqslant 0.32$	$0.45 \leqslant C_p \leqslant 0.87$	$7 \leqslant H_{std} \leqslant 27$
$30 \leqslant H_{avg} \leqslant 42$	$1.7 \leqslant Far \leqslant 3.6$	$0.13 \leqslant \lambda_b \leqslant 0.27$	$0.37 \leqslant C_p \leqslant 0.71$	$0 \leqslant H_{std} \leqslant 29$
$42 < H_{avg} \leqslant 54$	$1.8 \leqslant Far \leqslant 3.9$	$0.10 \leqslant \lambda_b \leqslant 0.25$	$0.35 \leqslant C_p \leqslant 0.76$	$0 \leqslant H_{std} \leqslant 36$
$54 < H_{avg} \leqslant 66$	$2.2 \leqslant Far \leqslant 4.0$	$0.11 \leqslant \lambda_b \leqslant 0.19$	$0.39 \leqslant C_p \leqslant 0.69$	$3 \leqslant H_{std} \leqslant 34$
$66 < H_{avg} \leqslant 78$	$2.6 \leqslant Far \leqslant 4.5$	$0.11 \leqslant \lambda_b \leqslant 0.17$	$0.40 \leqslant C_p \leqslant 0.74$	$3 \leqslant H_{std} \leqslant 22$
$78 < H_{avg} \leqslant 99$	$2.3 \leqslant Far \leqslant 4.5$	$0.08 \leqslant \lambda_b \leqslant 0.16$	$0.35 \leqslant C_p \leqslant 0.68$	$0 \leqslant H_{std} \leqslant 21$

8.3 住区形态优化设计模型应用

依据 8.2 节住区形态优化设计模型构建流程,运用 Matlab 软件编制多目标粒子群优化计算程序,对计算案例执行优化计算并对计算结果进行解析,以验证优化设计模型的可行性。

8.3.1 优化计算程序编制

根据住区形态优化设计模型构建流程,运用 Matlab 软件编制多目标粒子群优化计算程序,主要确定计算变量阈值、设置优化算法参数、编写适应度函数、限定计算约束条件,执行优化计算并输出计算结果。Matlab 软件优化计算工作流程如图 8.11 所示。

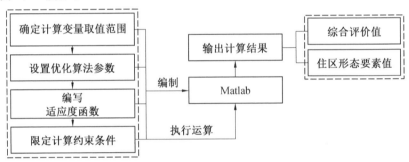

图 8.11 Matlab 软件优化计算工作流程

本节通过具体算例对住区微气候与建筑节能综合性能优化计算的工作流程展开分析。先分别对第 5、第 7 章中 156 个住区案例的通用热气候指数平均值和单位建筑面积采暖、制冷能耗的模拟结果进行无量纲化处理,并进行加权和计算,以此得到各住区案例的综合评价值,再从中选取评价值相对较低的住区案例作为算例进行研究。住区算例用地面积为 74 066 m^2,最大建筑高度为 33 m。优化算例住区形态要素与综合评价值见表 8.14,优化算例住区空间布局示意图如图 8.12 所示。

表 8.14　　优化算例住区形态要素与综合评价值

容积率	建筑密度 /%	平面围合度 /%	建筑平均高度 /m	建筑群体方向 /(°)	建筑高度 离散度/m	综合 评价值
1.46	21.6	53	21	—10	7	35.53

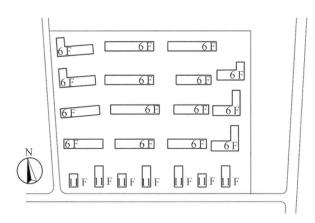

图 8.12　　优化算例住区空间布局示意图

下面以该住区算例综合优化为例,对 Matlab 编程软件编制的多目标粒子群优化计算程序进行具体说明。多目标粒子群优化算法代码详见附录 3。

(1)确定优化目标并选取计算变量。

根据优化设计要求,确定综合优化设计目标,并选取相应的住区形态要素作为优化计算变量。该算例优化目标为住区微气候与建筑节能综合性能,依据多目标适应度函数确定的计算变量分别为容积率、建筑密度、平面围合度、建筑平均高度、建筑高度离散度和建筑群体方向。

(2)确定计算变量阈值并设置优化算法参数。

在 Matlab 编辑器中输入计算变量(即住区形态要素)阈值范围,并设置优化算法参数,包括最大迭代次数、种群粒子数量、加速常数、惯性权重等。

为了使算例优化计算结果符合现今规划设计要求,结合《城市居住区规划设计标准》(GB 50180—2018)对计算变量阈值范围进行限定。首先,根据用地面积规模和住宅建筑平均层数类别划分,确定该住区算例属于居住街坊用地的多层 Ⅱ 类。其次,根据上述标准对居住街坊多层 Ⅱ 类的用地与建筑控制指标的相关规定,确定住区算例的容积率取值范围为 1.5～1.7,建筑平均高度取值范围为 21～27 m(7～9 层),建筑密度最大值为 25%,最大建筑高度为 36 m。在此基础上,结合 2.2 节住区形态调查结果,根据容积率取值范围确定建筑密度的阈值下限为 13%,并基于容积率、建筑密度及最大建筑高度的阈值范围综合考虑,确定平面围合度和建筑高度离散度的取值范围分别为 53%～76% 和 0～9 m。此外,《严寒和寒冷地区居住建筑节能设计标准》(JGJ 26—2018) 中指出,严寒地区居住建筑的最佳朝向为南偏东 30°～南偏西 30°,因此将建筑群体方向取值范围设定为 −30°～30°。该住区算例综合优化计算变量取值如下。

Far_Rang＝[1.5,1.7],容积率 Far 的变化范围;

λ_b_Rang＝[0.13,0.25],建筑密度 λ_b 的变化范围;

C_p_Rang＝[0.53,0.76],平面围合度 C_p 的变化范围;

H_{avg}_Rang＝[21,27],建筑平均高度 H_{avg} 的变化范围;

H_{std}_Rang＝[0,9],建筑高度离散度 H_{std} 的变化范围;

D_{bg}_Rang＝[−30,30],建筑群体方向 D_{bg} 的变化范围。

优化算法参数根据 8.2.3 节参数设置结果进行设置。在 Matlab 编辑器中,计算变量与参数设置如图 8.13 所示。

图 8.13　计算变量与参数设置

（3）编写适应度函数并限定计算约束条件。

根据综合优化目标，在 Matlab 编辑器中输入多目标适应度函数，如式（8.18）所示。并基于 8.2.5 节计算变量间取值条件的交互限制，限定优化计算约束条件。

（4）执行运算并输出计算结果。

在 Matlab 操作界面运行粒子群优化计算程序，并在计算过程中可通过 Matlab 图形窗口观察逐代计算结果，如图 8.14 所示。当满足迭代运算终止条件时，优化计算自动停止，并在 Matlab 命令行窗口输出计算结果，即综合评价值（适应度函数计算结果）与相应住区形态要素值（计算变量计算结果），如图 8.15 所示。

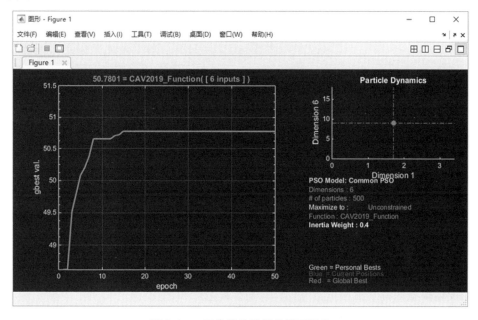

图 8.14　逐代优化计算结果可视化

图 8.15　执行运算并输出计算结果

8.3.2　优化计算结果解析

通过对住区算例进行优化计算,得出住区微气候与建筑节能综合性能评价最优值及最优化参数组合。同时,对计算结果进行解析,以验证住区形态综合优化设计模型的科学性与可行性。

运用 Matlab 对算例执行综合优化计算,得出住区微气候与建筑节能综合性能评价最优值随迭代次数的变化,如图 8.16 所示。住区算例综合优化计算结果见表 8.15。通过与住区算例原始评价值进行对比发现,通过优化计算,住区微气候与建筑节能综合性能得到显著提升。

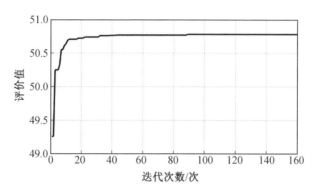

图 8.16　住区微气候与建筑节能综合性能评价最优值随迭代次数的变化

表 8.15　住区算例综合优化计算结果

容积率	建筑密度 /%	平面围合度 /%	建筑平均高度 /m	建筑群体方向 /(°)	建筑高度 离散度 /m	综合 评价值
1.7	25	75	27	24	9	50.78

通过将住区形态要素优化结果与住区算例进行对比发现,建筑密度和平面围合度分别增大至 25% 和 75%。根据前文住区形态要素对微气候和建筑能耗的影响研究可知,在此范围内随着建筑密度和平面围合度的增大,冬季热舒适水平随之提升,采暖能耗随之降低,但夏季热舒适水平有所下降且制冷能耗增加。由于冬季微气候质量与建筑采暖能耗的权重占比相对较大,因此优化计算结果较为合理。

当容积率增大至 1.7,根据前文研究结果可知,容积率对住区微气候不存在显著影响,但在此变化范围内,随着容积率增大,建筑采暖与制冷能耗均有所下降。因此该优化计算结果较为合理。

当建筑平均高度增大至 27 m,根据前文研究结果可知,随着建筑平均高度的增加,冬季室外热舒适水平下降,夏季热舒适水平提升且建筑制冷能耗降低。虽然冬季微气候质量权重占比相对加大,但由前文住区形态要素敏感性分析结果可知,建筑平均高度对冬季室外热舒适水平影响程度较低,对夏季热舒适以及建筑制冷能耗的影响程度较高。因此,该优化计算结果相对合理。

当建筑高度离散度增大至 9 m,变化相对较小。根据前文建筑高度离散度与微气候及建筑能耗的量化关系研究结果可知,其仅对建筑制冷能耗具有显著影响,且呈负相关,因此,该优化计算结果合理。

当建筑群体方向变化至 24°,即南偏东 24°,根据前文建筑群体方向对微气候及建筑能耗的影响研究可知,随着建筑群体方向偏至东、西向,冬、夏两季室外热舒适水平有所提升,且建筑制冷与采暖能耗上升。由于微气候质量总体权重占比较大,因此优化计算结果相对合理。并且该计算结果与《民用建筑绿色设计规范》(JGJ/T 229—2010)确定的哈尔滨市最佳朝向范围(南偏东 $15°\sim20°$)较为接近。

根据住区形态要素优化计算结果,对算例住区形态进行优化设计。优化设计在遵照以上住区形态要素计算结果基础上,保持原用地面积、地块形状不变,并控制最大建筑高度不超过 36 m。优化设计方案空间布局示意图如图 8.17 所示。

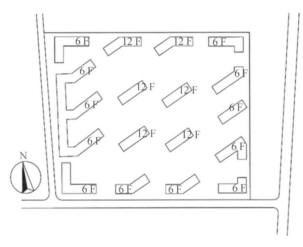

图 8.17 优化设计方案空间布局示意图

为验证优化设计方案的住区微气候与建筑节能综合性能,对优化设计方案的冬、夏两季微气候和建筑采暖制冷能耗进行模拟计算。根据式(8.13)~(8.17),对优化设计方案的 $UTCI_{(w)}$ 与 $UTCI_{(S)}$ 以及 $E_{heating}$ 与 $E_{cooling}$ 结果进行无量纲化处理,同时进行加权和计算,得到了其综合性能评价值。表 8.16 给出了优化设计方案模拟结果与综合评价值。

表 8.16 优化设计方案模拟结果与综合评价值

$UTCI_{(w)}$ /℃	$UTCI_{(S)}$ /℃	$E_{heating}$ /(Wh·m^{-2})	$E_{cooling}$ /(Wh·m^{-2})	综合评价值
−21.06	25.83	701.23	185.14	49.15

由优化设计方案综合评价值的结果可知,依据住区形态要素优化计算结果对住区算例进行优化设计后,优化设计方案的住区微气候与建筑节能综合性能

评价值与多目标粒子群计算结果相近,且明显优于原住区算例。

综上分析,以住区微气候与建筑节能综合性能优化为目标的住区形态设计模型具有可操作性,优化计算结果具有合理性,并且能够为严寒地区城市住区规划与建筑设计提供科学的参考依据。

8.4　本 章 小 结

本章基于第 5 章与第 7 章的研究结论,采用粒子群优化算法,构建以住区微气候与建筑节能综合性能优化为目标的严寒地区城市住区形态设计模型,同时运用 Matlab 编程软件实现运算及结果输出,并结合算例应用验证了优化模型的可行性。

(1)确定住区微气候与建筑节能综合性能优化为目标,并利用层次分析法得出各单目标所占权重。根据前文住区形态对微气候及建筑能耗影响的研究结果,阐明住区形态综合优化的可行性。此外,通过对多种智能优化算法的适用范围及特点进行比较,确定采用粒子群优化算法作为多目标综合优化计算方法。

(2)基于粒子群优化算法,构建以综合性能优化为目标的住区形态设计模型,并针对计算变量阈值确定、优化算法参数设置、综合适应度函数构建、优化计算约束条件限定等流程进行详细解析。

(3)基于计算案例对住区形态优化设计模型进行应用。运用 Matlab 软件完成优化计算程序编制,实现优化运算及结果输出,并通过对优化结果进行解析,验证了优化设计模型的可操作性、优化计算结果的合理性以及为严寒地区城市住区综合性能提升及空间形态优化设计提供参考的可行性。

参 考 文 献

[1] LAHARIYA C. State of world population 2007: unleashing the potential of urban growth[J]. Indian Pediatrics, 2008, 45(6):481-482.

[2] 国家统计局. 中华人民共和国 2021 年国民经济和社会发展统计公报[EB/OL]. (2022－02－28)[2022－03－19]. http://www.stats.gov.cn/sj/zxfb/202302/t20230203_1901393.html.

[3] 张妍,黄志龙. 中国城市化水平和速度的再考察[J]. 城市发展研究,2010,17(11):7-12.

[4] 周俭. 城市住宅区规划原理[M]. 上海:同济大学出版社,1999.

[5] 周一星,曹广忠. 改革开放 20 年来的中国城市化进程[J]. 城市规划,1999,23(12):6.

[6] 陈一峰. 居住区形态的控制研究[J]. 住区,2015(3):14.

[7] World Health Organization. The world health report 2008 — primary health care (now more than ever)[EB/OL]. (2008－10－14)[2020－01－17]. https://iris.who.int/handle/10665/43949.

[8] National Aeronautics and Space Administration. Goddard institute for space studies. GISS surface temperature analysis (v4)[DB/OL]. (2019－09－14)[2020－01－07]. https://data.giss.nasa.gov/gistemp/.

[9] WANG Y J, WANG A Q, ZHAI J Q, et al. Tens of thousands additional deaths annually in cities of China between 1.5 ℃ and 2.0 ℃ warming[J]. Nature Communications, 2019, 10(1):1-7.

［10］Intergovernmental Panel on Climate Change. Climate change 2014：mitigation of climate change［M］. Oxford：Cambridge University Press，2015.

［11］LOPEZ A D，MATHERS C D，EZZATI M，et al. Global burden of disease and risk factors［M］. Oxford：Oxford University Press，2006.

［12］KOPPE C，JENDRITZKY G，KOVATS S，et al. Heat－waves：risks and responses［R］. Copenhagen：World Health Organization Regional Office for Europe，2004.

［13］SCHAER C，VIDALE P L，LUETHI D，et al. The role of increasing temperature variability in European summer heatwaves［J］. Nature，2004，427(6972)：332-336.

［14］谈建国. 气候变暖、城市热岛与高温热浪及其健康影响研究［D］. 南京：南京信息工程大学，2008.

［15］HASSI J，RYTKÖNEN M，KOTANIEMI J，et al. Impacts of cold climate on human heat balance，performance and health in circumpolar areas［J］. International Journal of Circumpolar Health，2012，64(5)：459-467.

［16］ANALITIS A，KATSOUYANNI K，BIGGERI A，et al. Effects of cold weather on mortality：results from 15 European cities within the PHEWE project［J］. American Journal of Epidemiology，2008，168(12)：1397-1408.

［17］LAI D Y，GUO D H，HOU Y F，et al. Studies of outdoor thermal comfort in northern China［J］. Building and Environment，2014，77：110-118.

［18］ABDEL-GHANY A M，AL-HELAL I M，SHADY M R. Human thermal comfort and heat stress in an outdoor urban arid environment：a case study［J］. Advances in Meteorology，2013，2013：1-7.

［19］CARLESTAM G. Studier av utomhusaktiviteter med automatisk kamera［R］. Stockholm：Rapport frånbyggforskningen，1968.

［20］NIKOLOPOULOU M，LYKOUDIS S. Use of outdoor spaces and microclimate in a Mediterranean urban area［J］. Building and Environment，2006，42(10)：3691-3707.

［21］THORSSON S，LINDQVIST M，LINDQVIST S. Thermal bioclimatic

conditions and patterns of behaviour in an urban park in Göteborg, Sweden[J]. International Journal of Biometeorology, 2004, 48 (3): 149-156.

[22] ELIASSON I, KNEZ I, WESTERBERG U, et al. Climate and behaviour in a Nordic city[J]. Landscape and Urban Planning, 2007, 82 (1-2): 72-84.

[23] SHOOSHTARIAN S, RIDLEY I. The effect of physical and psychological environments on the users thermal perceptions of educational urban precincts[J]. Building and Environment, 2016, 115 (4):182-198.

[24] 中华人民共和国住房和城乡建设部. 城市居住区热环境设计标准:JGJ 286—2013[S]. 北京:中国建筑工业出版社,2014.

[25] NEJAT P, JOMEHZADEH F, TAHERI M M, et al. A global review of energy consumption, CO_2 emissions and policy in the residential sector (with an overview of the top ten CO_2 emitting countries)[J]. Renewable and Sustainable Energy Reviews, 2015, 43:843-862.

[26] 中华人民共和国住房和城乡建设部. 居住建筑节能检测标准:JGJ/T 132—2009[S]. 北京:中国建筑工业出版社,2010.

[27] UN-HABITAT. State of the world's cities 2008/2009: harmonious cities [M]. London: Routledge, 2008.

[28] MITCHELL G. Urban development, form and energy use in buildings: a review for the solutions project[J/OL]. Leeds, 2005[2019－05－15]. http: // www. suburbansolutions. ac. uk/DocumentManager/secure0/ Urban development, form and energy use in buildings. pdf.

[29] 蔡伟光. 中国建筑能耗研究报告(2020)[R]. 上海:中国建筑节能协会,2020.

[30] 中华人民共和国住房和城乡建设部,中国建筑科学研究院. 严寒和寒冷地区居住建筑节能设计标准:JGJ 26－2018[S]. 北京:中国建筑工业出版社, 2018.

[31] HOWARD B, PARSHALL L, THOMPSON J, et al. Spatial distribution of urban building energy consumption by end use[J]. Energy and Buildings, 2011, 45:141-151.

[32] 吴巍,宋彦,洪再生,等. 居住社区形态对住宅能耗影响研究——以宁波市

为例[J]. 城市发展研究,2018,25(1):15-20,28.

[33] 胡姗,燕达,崔莹. 不同建筑空间形态对住宅建筑能耗的影响[J]. 建筑科学,2015,31(10):117-123,145.

[34] 王纪武,李王鸣,葛坚. 城市住区能耗与控规指标研究[J]. 城市发展研究,2013,20(2):105-109.

[35] 陈嘉梁,李铮伟,王信,等. 基于能耗调研的北方小区形态优化策略研究[J]. 建筑节能,2018,46(10):8-14.

[36] RATTI C, BAKER N, STEEMERS K. Energy consumption and urban texture[J]. Energy and Buildings, 2004, 37(7):762-776.

[37] RODE P, KEIM C, ROBAZZA G, et al. Cities and energy: urban morphology and residential heat-energy demand[J]. Environment and Planning B: Planning and Design, 2014, 41(1):138-162.

[38] ARNFIELD A. Street design and urban canyon solar access[J]. Energy and Buildings, 1990, 14:117-131.

[39] 张伟,郜志,丁沃沃. 室外热舒适性指标的研究进展[J]. 环境与健康杂志,2015,32(9):6.

[40] 刘念雄,秦佑国. 建筑热环境[M]. 北京:清华大学出版社,2016.

[41] SANAIEIAN H, TENPIERIK M, VAN DEN LINDEN K, et al. Review of the impact of urban block form on thermal performance, solar access and ventilation[J]. Renewable and Sustainable Energy Reviews, 2014, 38:551-560.

[42] BOSSELMANN P, FLORES J, GRAY W, et al. Sun, wind and comfort: a study of open spaces and sidewalks in four downtown areas[M]. Berkeley: University of California, 1984.

[43] NAKAMURA Y, OKE T R. Wind, temperature and stability conditions in an east-west oriented urban canyon[J]. Atmospheric Environment, 1988, 22(12):2691-2700.

[44] ELIASSON I. Urban climate related to street geometry[D]. Sweden: University of Gothenburg, 1993.

[45] SANTAMOURIS M, PAPANIKOLAOU N, KORONAKIS I, et al. Thermal and air flow characteristics in a deep pedestrian canyon under hot weather conditions [J]. Atmospheric Environment, 1999, 33(27):4503-4521.

［46］ CORONEL J F，ÁLVAREZ S. Experimental work and analysis of confined urban spaces［J］. Solar Energy，2001，70(3)：263-273.

［47］ EMMANUEL R，JOHANSSON E. Influence of urban morphology and sea breeze on hot humid microclimate：the case of Colombo，Sri Lanka ［J］. Climate Research，2006，30(3)：189-200.

［48］ BLENNOW K，PERSSON P. Modelling local-scale frost variations using mobile temperature measurements with a GIS［J］. Agricultural and Forest Meteorology，1998，89(1)：59-71.

［49］ MEIR I A，PEARLMUTTER D，ETZION Y. On the microclimatic behavior of two semi-enclosed attached courtyards in a hot dry region［J］. Building and Environment，1995，30(4)：563-572.

［50］ BOURBIA F，AWBI H B. Building cluster and shading in urban canyon for hot dry climate part 2：shading simulations［J］. Renewable Energy，2004，29(2)：291-301.

［51］ ANDREOU E. The effect of urban layout，street geometry and orientation on shading conditions in urban canyons in the Mediterranean ［J］. Renewable Energy，2014，63(1)：587-596.

［52］ MIDDEL A，HÄB K，BRAZEL A J，et al. Impact of urban form and design on mid-afternoon microclimate in Phoenix Local Climate Zones［J］. Landscape and Urban Planning，2014，122(2)：16-28.

［53］ ADEB Q，R D O. Effect of asymmetrical street aspect ratios on microclimates in hot，humid regions［J］. International Journal of Biometeorology，2015，59(6)：657-677.

［54］ LINDBERG F，GRIMMOND C S B. Nature of vegetation and building morphology characteristics across a city：influence on shadow patterns and mean radiant temperatures in London［J］. Urban Ecosystems，2011，14(4)：617-634.

［55］ YEZIORO A，CAPELUTO I G，SHAVIV E. Design guidelines for appropriate insolation of urban squares［J］. Renewable Energy，2005，31(7)：1011-1023.

［56］ BÜTTNER K. Physikalische bioklimatologie：probleme und methoden ［M］. Wiesbaden：Akademische Verlag，1938.

［57］ POTCHTER O，COHEN P，LIN T P，et al. Outdoor human thermal

perception in various climates: a comprehensive review of approaches, methods and quantification[J]. Science of the Total Environment, 2018, 631-632:390-406.

[58] FANGER P O. Thermal comfort, analysis and application in environmental engineering[M]. New York: McGrew-Hill, 1972.

[59] NIKOLOPOULOU M, BAKER N, Steemers K. Thermal comfort in outdoor urban spaces: understanding the human parameter[J]. Solar Energy, 2001, 70(3):227-235.

[60] BECKER S, POTCHTER O, YAAKOV Y. Calculated and observed human thermal sensation in an extremely hot and dry climate[J]. Energy and Buildings, 2003, 35(8):747-756.

[61] CHENG V, NG E, CHAN C, et al. Outdoor thermal comfort study in a sub-tropical climate: a longitudinal study based in Hong Kong[J]. International Journal of Biometeorology, 2012, 56(1):43-56.

[62] GAGGE A P. An effective temperature scale based on a simple model of human physiological regulatory response[J]. ASHRAE Transactions, 1971, 77:247-262.

[63] GAGGE A P, FOBELETS A P, BERGULND L G. A Standard predictive indexs of human response to the thermal environment [J]. ASHRAE Transactions, 1986, 92(9):709-731.

[64] MAYER H, HÖPPE P. Thermal comfort of man in different urban environments[J]. Theoretical and Applied Climatology, 1987, 38(1):43-49.

[65] HÖPPE P. The physiological equivalent temperature a universal index for the biometeorological assessment of the thermal environment [J]. International Journal of Biometeorology, 1999, 43(2):71-75.

[66] LIN T P. Thermal perception, adaptation and attendance in a public square in hot and humid regions[J]. Building and Environment, 2009, 44(10):2017-2026.

[67] THORSSON S. Thermal comfort and outdoor activity in Japanese urban public places[J]. Environment and Behavior, 2007, 39(5):660-684.

[68] OSCZEVSKI R, BLUESTEIN M. The new wind chill equivalent temperature chart[J]. Bulletin of the American Meteorological Society, 2005, 86(10):1453-1458.

[69] STEEMERS K, BAKER N, CROWTHER D, et al. City texture and microclimate[J]. Urban Design Studies, 1997, 3:25-50.

[70] BELDING H S, HATCH T F. Index for evaluating heat stress in terms of resulting physiological strains [J]. Heating, Piping and Air Conditioning, 1955, 27(8):129-136.

[71] THOM E C. The discomfort index[J]. Weatherwise, 1959, 12(2): 57-61.

[72] STEADMAN R G. The assessment of sultriness. Part I: a temperature-humidity index based on human physiology and clothing science[J]. Journal of Applied Meteorology, 1979, 18(7):861-873.

[73] ROTHFUSZ L P. The heat index "equation" (or, more than you ever wanted to know about heat index) [R]. Fort Worth: Scientific Services Division, 1990.

[74] JOHANSSON E. Influence of urban geometry on outdoor thermal comfort in a hot dry climate: a study in Fez, Morocco[J]. Building and Environment, 2006, 41(10):1326-1338.

[75] KRUGER E L, MINELLA F O, Rasia F. Impact of urban geometry on outdoor thermal comfort and air quality from field measurements in Curitiba, Brazil[J]. Building and Environment, 2011, 46(3):621-634.

[76] ALI-TOUDERT F, MAYER H. Thermal comfort in an east-west oriented street canyon in Freiburg (Germany) under hot summer conditions[J]. Theoretical and Applied Climatology, 2007, 87(1-4):223-237.

[77] CARFAN A C, GALVANI E, NERY J T. Study of thermal comfort in the city of São Paulo using ENVI—met model[J]. Investigaciones Geográficas, 2012, 78:34-47.

[78] HUANG H, OOKA R, KATO S. Urban thermal environment measurements and numerical simulation for an actual complex urban area covering a large district heating and cooling system in summer[J]. Atmospheric Environment, 2005, 39(34):6362-6375.

[79] PERINI K, MAGLIOCCO A. Effects of vegetation, urban density, building height, and atmospheric conditions on local temperatures and thermal comfort[J]. Urban Forestry and Urban Greening, 2014, 13(3): 495-506.

[80] THORSSON S, LINDBERG F, BJÖRKLUND J, et al. Potential changes in outdoor thermal comfort conditions in Gothenburg, Sweden due to climate change: the influence of urban geometry[J]. International Journal of Climatology, 2011, 31(2):324-335.

[81] ALI-TOUDERT F, MAYER H. Numerical study on the effects of aspect ratio and orientation of an urban street canyon on outdoor thermal comfort in hot and dry climate[J]. Building and Environment, 2005, 41(2): 94-108.

[82] TALEGHANI M, KLEEREKOPER L, TENPIERIK M, et al. Outdoor thermal comfort within five different urban forms in the Netherlands[J]. Building and Environment, 2015, 83:65-78.

[83] HWANG R L, LIN T P, Matzarakis A. Seasonal effects of urban street shading on long-term outdoor thermal comfort [J]. Building and Environment, 2011, 46(4):863-870.

[84] MARTINELLI L, MATZARAKIS A. Influence of height/width proportions on the thermal comfort of courtyard typology for Italian climate zones[J]. Sustainable Cities and Society, 2017, 29:97-106.

[85] NASROLLAHI N, HATAMI M, KHASTAR S R, et al. Numerical evaluation of thermal comfort in traditional courtyards to develop new microclimate design in a hot and dry climate[J]. Sustainable Cities and Society, 2017, 35:449-467.

[86] MÜLLER N, KUTTLER W, BARLAG A B. Counteracting urban climate change: adaptation measures and their effect on thermal comfort[J]. Theoretical and Applied Climatology, 2014, 115(1-2):243-257.

[87] JENKS M, EILZABETH B, KATIE W. Achieving sustainable urban form [M]. London: Taylor & Francis, 2000.

[88] BAKER N, STEEMERS K. Energy and environment in architecture: a technical design guide[M]. London: Taylor & Francis, 2003.

[89] TERECI A, OZKAN S T E, EICKER U. Energy benchmarking for residential buildings[J]. Energy and Buildings, 2013, 60:92-99.

[90] SHAHRESTANI M, YAO R, LUO Z, et al. A field study of urban microclimates in London[J]. Renewable Energy, 2015, 73:3-9.

[91] KOLOKOTRONI M, GIANNITSARIS I, WATKINS R. The effect of

the London urban heat island on building summer cooling demand and night ventilation strategies[J]. Solar Energy, 2005, 80(4):383-392.

[92] ASSIMAKOPOULOS M N, MIHALAKAKOU G, FLOCAS H A. Simulating the thermal behaviour of a building during summer period in the urban environment[J]. Renewable Energy, 2007, 32(11):1805-1816.

[93] SANTAMOURIS M, PAPANIKOLAOU N, LIVADA I, et al. On the impact of urban climate on the energy consumption of buildings[J]. Solar Energy, 2001, 70(3):201-216.

[94] KRÜGER E L, PEARLMUTTER D. The effect of urban evaporation on building energy demand in an arid environment[J]. Energy and Buildings, 2008, 40(11):2090-2098.

[95] WONG N H, JUSUF S K, SYAFII N I, et al. Evaluation of the impact of the surrounding urban morphology on building energy consumption[J]. Solar Energy, 2010, 85(1):57-71.

[96] HAN S G, MUN S H, HUH J H. Changes of the micro-climate and building cooling load due to the green effect of a restored stream in Seoul, Korea[J]. Proceedings of Building Simulation,2007:1221-1228.

[97] OXIZIDIS S, DUDEK A V, PAPADOPOULOS A M. A computational method to assess the impact of urban climate on buildings using modeled climatic data[J]. Energy and Buildings, 2007, 40(3):215-223.

[98] BOUYER J, INARD C, MUSY M. Microclimatic coupling as a solution to improve building energy simulation in an urban context[J]. Energy and Buildings, 2011, 43(7):1549-1559.

[99] ZHANG A, BOKEL R, DOBBELSTEEN A V D , et al. An integrated school and schoolyard design method for summer thermal comfort and energy efficiency in northern China[J]. Building and Environment, 2017, 124:369-387.

[100] KESTEN D, TERECI A, STRZALKA A M, et al. A method to quantify the energy performance in urban quarters[J]. HVAC & R Research, 2011, 18(1-2):100-111.

[101] 张顺尧,陈易. 基于城市微气候测析的建筑外部空间围合度研究——以上海市大连路总部研发集聚区国歌广场为例[J]. 华东师范大学学报(自然科学版),2016,(6):1-26.

[102] 李琼. 湿热地区规划设计因子对组团微气候的影响研究[D]. 广州:华南理工大学,2009.

[103] 刘琳. 城市局地尺度热环境时空特性分析及热舒适评价研究[D]. 哈尔滨:哈尔滨工业大学,2018.

[104] 赵敬源,刘加平. 城市街谷热环境数值模拟及规划设计对策[J]. 建筑学报,2007(3):37-39.

[105] 金建伟. 街区尺度室外热环境三维数值模拟研究[D]. 杭州:浙江大学,2010.

[106] 王振. 夏热冬冷地区基于城市微气候的街区层峡气候适应性设计策略研究[D]. 武汉:华中科技大学,2008.

[107] 杨峰,钱锋,刘少瑜. 高层居住区规划设计策略的室外热环境效应实测和数值模拟评估[J]. 建筑科学,2013,29(12):28-34,92.

[108] 龚晨,汪新. 建筑布局对住宅小区风环境的影响研究[J]. 建筑科学,2014,30(7):6-12.

[109] 周雪帆. 城市空间形态对主城区气候影响研究——以武汉夏季为例[D]. 武汉:华中科技大学,2013.

[110] LIU Z, JIN Y, JIN H. The effects of different space forms in residential areas on outdoor thermal comfort in severe cold regions of china[J]. International Journal of Environmental Research and Public Health,2019,16(20):3960.

[111] 杨树红. 基于人体热舒适的北京住区公共空间设计研究[D]. 北京:北京工业大学,2010.

[112] ZHOU Z, CHEN H, DENG Q, et al. A field study of thermal comfort in outdoor and semi-outdoor environments in a humid subtropical climate city[J]. Journal of Asian Architecture and Building Engineering,2013,12(1):73-79.

[113] XI T, LI Q, MOCHIDA A, et al. Study on the outdoor thermal environment and thermal comfort around campus clusters in subtropical urban areas[J]. Building and Environment,2012,52:162-170.

[114] 陈卓伦. 绿化体系对湿热地区建筑组团室外热环境影响研究[D]. 广州:华南理工大学,2010.

[115] 王一,栾沛君. 室外公共空间夏季热舒适性评价研究——以上海当代大中型住宅区为例[J]. 住宅科技,2016,36(11):52-57.

[116] 王频. 湿热地区城市中央商务区热环境优化研究[D]. 广州:华南理工大学,2015.

[117] 李悦. 上海中心城典型街区空间形态与微气候环境模拟分析[D]. 上海:华东师范大学,2018.

[118] 殷晨欢. 干热地区基于热舒适需求的街区空间布局与自动寻优初探[D]. 南京:东南大学,2018.

[119] 王艺. 基于热舒适的城市公共空间布局优化方法初探——以湿热地区为例[D]. 南京:东南大学,2018.

[120] 林波荣. 绿化对室外热环境影响的研究[D]. 北京:清华大学,2004.

[121] LI C, SONG Y, KAZA N. Urban form and household electricity consumption: a multilevel study[J]. Energy and Buildings, 2018, 158: 181-193.

[122] 田喆. 城市热岛效应分析及其对建筑空调采暖能耗影响的研究[D]. 天津:天津大学,2005.

[123] 杨小山. 室外微气候对建筑空调能耗影响的模拟方法研究[D]. 广州:华南理工大学,2012.

[124] 黄媛. 夏热冬冷地区基于节能的气候适应性街区城市设计方法论研究[D]. 武汉:华中科技大学,2010.

[125] 中国建筑科学研究院,中华人民共和国建设部. 建筑气候区划标准:GB 50178—1993[S]. 北京:中国计划出版社,1994.

[126] 中华人民共和国住房和城乡建设部,中国建筑科学研究院. 民用建筑热工设计规范:GB 50176—2016[S]. 北京:中国建筑工业出版社,2016.

[127] 徐一大,吴明伟. 从住区规划到社区规划[J]. 城市规划汇刊,2002,(4): 54-55,59-80.

[128] 刘华钢. 广州城郊大型住区的形成及其影响[J]. 城市规划汇刊,2003, (5):77-80,97.

[129] 赵蔚,赵民. 从居住区规划到社区规划[J]. 城市规划汇刊,2002,(6):68-71,80.

[130] 中华人民共和国建设部,中国城市规划设计院. 城市规划基本术语标准: GB/T 50280—98[S]. 北京:中国建筑工业出版社,1998.

[131] 中华人民共和国住房和城乡建设部,中国城市规划设计院. 城市居住区规划设计标准:GB 50180—2018[S]. 北京:中国建筑工业出版社,2018.

[132] 包明. 当代我国城市居住区空间形态的演进[D]. 天津:天津大学,2012.

[133] 周鹏. 城市居住空间形态测度与评价——以武汉市为例[D]. 武汉:武汉大学,2015.

[134] 黑龙江省建设厅,哈尔滨市城市规划设计院. 黑龙江省控制性详细规划编制规范:GB23/T 744—2004[S]. 哈尔滨:黑龙江省建设厅,2004.

[135] 哈尔滨市城市规划局. 哈尔滨市建筑容积率及相关内容管理规定[EB/OL]. https://wenku.baidu.com/view/00a2191ac67da26925c52cc58bd63186bdeb925a.html.

[136] 江军廷. 地块尺度及用地边界对城市形态的影响[D]. 上海:同济大学,2007.

[137] 康泽恩. 城镇平面格局分析:诺森伯兰郡安尼克案例研究[M]. 宋峰,许立言,侯安阳,等译. 北京:中国建筑工业出版社,2011.

[138] 赵芹. 城市居住地块形态特征研究与表述——以南京为例[D]. 南京:南京大学,2015.

[139] 中华人民共和国住房和城乡建设部,国家市场监督管理总局. 民用建筑设计统一标准:GB 50352—2019[S]. 北京:中国建筑工业出版社,2005.

[140] 邓述平,王仲谷. 居住区规划设计资料集[M]. 北京:中国建筑工业出版社,1996.

[141] 龙瀛,沈振江,毛其智. 地块方向:表征城市形态的新指标[J]. 规划师,2010,26(4):25-29.

[142] 中华人民共和国住房和城乡建设部,中国建筑科学研究院. 民用建筑绿色设计规范:JGJ/T 229—2010[S]. 北京:中国建筑工业出版社,2011.

[143] 杨俊宴,张涛,傅秀章. 城市中心风环境与空间形态耦合机理及优化[D]. 南京:东南大学,2015.

[144] 钱舒皓. 城市中心区声环境与空间形态耦合研究——以南京新街口为例[D]. 南京:东南大学,2015.

[145] 周钰. 街道界面形态的量化研究[D]. 天津:天津大学,2012.

[146] 石峰. 度尺构形——对街道空间尺度的研究[D]. 上海:上海交通大学,2005.

[147] 沈磊,孙洪刚. 效率与活力——现代城市街道结构[M]. 北京:中国建筑工业出版社,2007.

[148] 中华人民共和国住房和城乡建设部,中国建筑设计研究院. 住宅设计规范:GB 50096—2011[S]. 北京:中国建筑工业出版社,2011.

[149] 国家气象信息中心. 气候背景[DB/OL]. [2019-6-19]. http://data.

cma. cn/.

[150] 张欣宇. 东北严寒地区村庄物理环境优化设计研究[D]. 哈尔滨:哈尔滨工业大学,2017.

[151] 中国气象局气象信息中心气象资料室,清华大学建筑技术科学系. 中国建筑热环境分析专用气象数据集[M]. 北京:中国建筑工业出版社,2005.

[152] 张晴原,杨洪兴. 建筑用标准气象数据手册[M]. 北京:中国建筑工业出版社,2012.

[153] International Organization for Standardization. Ergonomics of the thermal environment-Determination and interpretation of cold stress when using required clothing insulation(IREQ)and local cooling effects：ISO 11079—2007[S]. Switzerland：International Organization Standardization,2007.

[154] AVRAHAM S,RICHARD D D,DE DEAR R. Inconsistencies in the "new" windchill chart at low wind speeds[J]. Journal of Applied Meteorology and Climatology,2006,45(5)：787-790.

[155] MURAKAWA S, SEKINE T, NARITA K, et al. Study of the effects of a river on the thermal environment in an urban area[J]. Energy and Buildings, 1991, 16(3/4)：993-1001.

[156] 李维臻. 寒冷地区城市居住区冬季室外热环境研究 [D]. 西安:西安建筑科技大学,2015.

[157] 麻连东. 基于微气候调节的哈尔滨多层住区建筑布局优化研究 [D]. 哈尔滨：哈尔滨工业大学, 2015.

[158] 刘加平. 城市环境物理[M]. 北京:中国建筑工业出版社,2011.

[159] 刘蔚巍. 人体热舒适客观评价指标研究[D]. 上海:上海交通大学,2007.

[160] KRUGER E,PEARLMUTTER D,RASIA F. Evaluating the impact of canyon geometry and orientation on cooling loads in a high-mass building in a hot dry environment[J]. Applied Energy,2010,87(6):2068-2078.

[161] 朱颖心. 建筑环境学[M].2 版. 北京:中国建筑工业出版社,2005.

[162] KNEZ I, THORSSON S. Thermal, emotional and perceptual evaluations of a park: cross-cultural and environmental attitude comparisons[J]. Building and Environment, 2007, 43(9):1483-1490.

[163] THORSSON S, LINDBERG F, ELIASSON I, et al. Different methods for estimating the mean radiant temperature in an outdoor urban setting

[J]. International Journal of Climatology：a Journal of the Royal Meteorological Society，2007，27(14)：1983-1993.

[164] HÖPPE P. The physiological equivalent temperature-a universal index for the biometeorological assessment of the thermal environment[J]. International Journal of Biometeorology，1999，43(2)：71-75.

[165] POTCHTER O，COHEN P，LIN T P，et al. Outdoor human thermal perception in various climates：a comprehensive review of approaches，methods and quantification[J]. Science of the Total Environment，2018，631：390-406.

[166] MANSOURI D M R，ALI B，TAGHI T. Assessment of bioclimatic comfort conditions based on physiologically equivalent temperature (PET) using the RayMan model in Iran[J]. Central European Journal of Geosciences，2013，5(1)：53-60.

[167] ANDREAS M，FRANK R，HELMUT M. Modelling radiation fluxes in simple and complex environments-application of the RayMan model[J]. International Journal of Biometeorology，2007，51(4)：323-334.

[168] LIN T P，MATZARAKIS A，HWANG R L. Shading effect on long-term outdoor thermal comfort[J]. Building and Environment，2010，45 (1)：213-221.

[169] XU M，HONG B，JIANG R，et al. Outdoor thermal comfort of shaded spaces in an urban park in the cold region of China[J]. Building and Environment，2019，155：408-420.

[170] 孟庆林，王频，李琼. 城市热环境评价方法[J]. 中国园林，2014，30(12)：13-16.

[171] OKE T R. Boundary layer climates：2nd edition [M]. London Routledge，1987.

[172] 李坤明. 湿热地区城市居住区热环境舒适性评价及其优化设计研究[D]. 广州：华南理工大学，2017.

[173] HUTTNER S. Further development and application of the 3D microclimate simulation ENVI-met[D]. Mainz：Johannes Gutenberg-Universität in Mainz，2012.

[174] MELLOR G L，YAMADA T. A hierarchy of turbulence closure models for planetary boundary layers[J]. Journal of the Atmospheric Sciences，

1974，31(7):1791-1806.

[175] MELLOR G L，YAMADA T. Development of a turbulence closure model for geophysical fluid problems[J]. Reviews of Geophysics，1982，20(4):851-875.

[176] WONG N H，JUSUF S K，WIN A A L，et al. Environmental study of the impact of greenery in an institutional campus in the tropics[J]. Building and Environment，2007，42(8):2949-2970.

[177] FAHMY M，SHARPLES S. On the development of an urban passive thermal comfort system in Cairo，Egypt[J]. Building and Environment，2009，44(9):1907-1916.

[178] CHOW W T L，POPE R L，MARTIN C A，et al. Observing and modeling the nocturnal park cool island of an arid city: horizontal and vertical impacts[J]. Theoretical and Applied Climatology，2011，103(1-2):197-211.

[179] NG E，CHEN L，WANG Y，et al. A study on the cooling effects of greening in a high-density city: an experience from Hong Kong[J]. Building and Environment，2012，47:256-271.

[180] SRIVANIT M，HOKAO K. Evaluating the cooling effects of greening for improving the outdoor thermal environment at an institutional campus in the summer[J]. Building and Environment，2013，66:158-172.

[181] BRUSE M，FLEER H. Simulating surface – plant – air interactions inside urban environments with a three dimensional numerical model[J]. Environmental Modelling & Software，1998，13(3-4):373-384.

[182] WANIA A，BRUSE M，BLOND N，et al. Analysing the influence of different street vegetation on traffic-induced particle dispersion using microscale simulations[J]. Journal of Environmental Management，2011，94(1):91-101.

[183] EMMANUEL R，ROSENLUND H，JOHANSSON E. Urban shading-a design option for the tropics? A study in Colombo，Sri Lanka[J]. International Journal of Climatology，2007，27(14):1995-2004.

[184] CHOW W T L，BRAZEL A J. Assessing xeriscaping as a sustainable heat island mitigation approach for a desert city[J]. Building and Environment，

2012，47(1)：170-181.

[185] HUTTNER, S. Further development and application of the 3D microclimate simulation ENVI－met[D]. Mainz：Mainz University，2012.

[186] ZHANG A, BOKEL R, DOBBELSTEEN A V D, et al. An integrated school and schoolyard design method for summer thermal comfort and energy efficiency in northern China[J]. Building and Environment，2017，124：369-387.

[187] 薛思寒. 基于气候适应性的岭南庭园空间要素布局模式研究[D]. 广州：华南理工大学，2016.

[188] JIN H, LIU Z, JIN Y, et al. The effects of residential area building layout on outdoor wind environment at the pedestrian level in severe cold regions of China[J]. Sustainability，2017，9(12)：2310.

[189] PATRICK C, ASHISH S, MARK P, et al. Chicago's heat island and climate change：bridging the scales via dynamical downscaling[J]. Journal of Applied Meteorology and Climatology，2015，54(7)：1430-1448.

[190] ENVI-met. Nesting grids[EB/OL]. (2018－07－29). http://www.envi-met. info/doku. php？id＝kb：nesting.

[191] ENVI-met. Configuration file-basic settiings[EB/OL]. (2017－11－10). http://www. envi-met. info/doku. php？id＝basic_settings.

[192] 刘玉英,李宇凡,谢今范,等. 东北高空湿度变化特征及其与地面气温和降水的关系[J]. 地理科学,2016,36(4)：628-636.

[193] 高慧,翁宁泉,孙刚,等. 我国不同区域高空温度和相对湿度的分布特征[J]. 大气与环境光学学报,2012,7(2)：101-107.

[194] 郭艳君,丁一汇. 1958～2005年中国高空大气比湿变化[J]. 大气科学,2014,38(1)：1-12.

[195] 王晓巍. 北方季节性冻土的冻融规律分析及水文特性模拟[D]. 哈尔滨：东北农业大学,2010.

[196] 张慧智,史学正,于东升,等. 中国土壤温度的空间预测研究[J]. 土壤学报,2009,46(1)：1-8.

[197] 张慧智,史学正,于东升,等. 中国土壤温度的季节性变化及其区域分异研究[J]. 土壤学报,2009,46(2)：227-234.

[198] 范爱武,刘伟,王崇琦. 不同环境条件下土壤温度日变化的计算模拟[J]. 太阳能学报,2003,24(2)：167-171.

[199] 张文君,周天军,宇如聪. 中国土壤湿度的分布与变化 I. 多种资料间的比较[J]. 大气科学,2008,32(3):581-597.

[200] WIERINGA J. Representativeness of wind observations at airports[J]. Bulletin of the American Meteorological Society,1980,61(9):962-971.

[201] 中华人民共和国住房和城乡建设部. 城市道路工程设计规范:CJJ 37—2012[S]. 北京:中国建筑工业出版社,1990.

[202] WILLMOTT J C. On the validation of models[J]. Physical Geography,1981,2(2):184-194.

[203] WILLMOTT C J. Some comments on the evaluation of model performance[J]. Bulletin of the American Meteorological Society,1982,63(11):1309-1313.

[204] 陈沛霖. 空调负荷计算理论与方法[M]. 上海:同济大学出版社,1987.

[205] KALOGIROU S A. Generation of typical meteorological year (TMY-2) for Nicosia, Cyprus [J]. Renewable Energy,2003,28(15):2317-2334.

[206] SKEIKER K, GHANI B A. A software tool for the creation of a typical meteorological year[J]. Renewable Energy,2008,34(3):544-554.

[207] HALL I J, PRAIRIE R, ANDERSON H. Generation of typical meteorological years for 26 SOLMET stations[M]. California:Sandia National Laboratories,1978.

[208] MARION W, URBAN K. Users manual for TMY2s:derived from the 1961—1990 national solar radiation data base[R]. Golden, CO, United States:National Renewable Energy Laboratory,1995.

[209] WONG W L, NGAN K H. Selection of an "example weather year" for Hong Kong[J]. Energy and Buildings,1993,19(4):313-316.

[210] YANG L, LAM J C, LIU J. Analysis of typical meteorological years in different climates of China[J]. Energy Conversion and Management,2006,48(2):654-668.

[211] PISSIMANIS D, KARRAS G, NOTARIDOU V, et al. The generation of a "typical meteorological year" for the city of Athens[J]. Solar Energy,1988,40(5):405-411.

[212] JIANG Y. Generation of typical meteorological year for different climates of China[J]. Energy,2010,35(5):1946-1953.

［213］中华人民共和国住房和城乡建设部,中国建筑科学院.绿色建筑评价标准:GB/T 50378—2019[S].北京:中国建筑工业出版社,2019.

［214］BOTTEMA M. A method for optimization of wind discomfort criteria[J]. Building and Environment,2000,35(1):1-18.

［215］SOLIGO M J,IRWIN P A,WILLIAMS C J,et al. A comprehensive assessment of pedestrian comfort including thermal effects[J]. Journal of Wind Engineering and Industrial Aerodynamics,1998,77:753-766.

［216］BLOCKEN B. Pedestrian wind environment around buildings:literature review and practical examples[J]. Journal of Building Physics,2004,28(2):107-159.

［217］希缪,斯坎伦.风对结构的作用:风工程导论[M].刘尚培,项海帆,谢霁明,译.上海:同济大学出版社,1992.

［218］KUBOTA T,MIURA M,TOMINAGA Y,et al. Wind tunnel tests on the relationship between building density and pedestrian-level wind velocity:development of guidelines for realizing acceptable wind environment in residential neighborhoods[J]. Building and Environment,2007,43(10):1699-1708.

［219］王政,魏莉.利用SPSS软件实现药学实验中正交设计的方差分析[J].数理医药学杂志,2014,27(1):99-102.

［220］李新欣.室内购物街天然光环境性能优化研究[D].哈尔滨:哈尔滨工业大学,2018.

［221］郭红霞.相关系数及其应用[J].武警工程大学学报,2010,26(2):3-5.

［222］卢纹岱,朱红兵.SPSS统计分析[M].5版.北京:电子工业出版社,2015.

［223］JENDRITZKY G,DE DEAR R,HAVENITH G. UTCI—why another thermal index[J]. International Journal of Biometeorology,2012,56(3):421-428.

［224］GONZALEZ R R,NISHI Y,GAGGE A P. Experimental evaluation of standard effective temperature a new biometeorological index of man's thermal discomfort[J]. International Journal of Biometeorology,1974,18(1):1-15.

［225］YAGLOU C P,MINAED D. Control of heat casualties at military training centers[J]. Arch. Indust. Health,1957,16(4):302-316.

［226］黄建华,张慧.人与热环境[M].北京:科学出版社,2011.

[227] 邵腾. 东北严寒地区乡村民居节能优化研究[D]. 哈尔滨:哈尔滨工业大学,2018.

[228] 房涛. 天津地区零能耗住宅设计研究[D]. 天津:天津大学,2012.

[229] CRAWLEY D B, LAWRIE L K, WINKELMANN F C, et al. EnergyPlus: creating a new-generation building energy simulation program[J]. Energy and Buildings, 2001, 33(4):319-331.

[230] 张海滨. 寒冷地区居住建筑体型设计参数与建筑节能的定量关系研究[D]. 天津:天津大学,2012.

[231] EnergyPlus. Engineering reference: the reference to EnergyPlus calculations[R/OL]. (2015-05-07) [2018-06-29]. https://energyplus.net/sites/default/files/pdfs_v8.3.0/Engineering Reference.pdf.

[232] 杨小山,赵立华,BRUSE M,等. 城市微气候模拟数据在建筑能耗计算中的应用[J]. 太阳能学报,2015,36(6):1344-1351.

[233] 中华人民共和国住房和城乡建设部. 民用建筑室内热湿环境评价标准:GB/T 50785—2012[S]. 北京:中国建筑工业出版社,2012.

[234] 中华人民共和国住房和城乡建设部,中国建筑设计研究院. 民用建筑节水设计标准:GB 50555—2010[S]. 北京:中国建筑工业出版社,2010.

[235] 邓光蔚,燕达,安晶晶,等. 住宅集中生活热水系统现状调研及能耗模型研究[J]. 给水排水,2014,50(7):149-157.

[236] 中华人民共和国住房和城乡建设部,中国建筑科学研究院. 建筑照明设计标准:GB 50034—2013[S]. 北京:中国建筑工业出版社,2014.

[237] 黑龙江省住房和城乡建设厅,哈尔滨工业大学. 黑龙江省居住建筑65%节能设计标准:DB 23/1270—2018[S]. 北京:中国标准出版社,2018.

[238] 中国国家标准化管理委员会. 房间空气调节器能效限定值及能效等级:GB 12021.3—2019[S]. 北京:中国标准出版社,2010.

[239] TALEGHANI M, TENPIERIK M, DOBBELSTEEN A V D, et al. Energy use impact of and thermal comfort in different urban block types in the Netherlands[J]. Energy and Buildings, 2013, 67:166-175.

[240] 苏艳娇. 基于遗传算法的建筑节能多目标优化[D]. 深圳:深圳大学,2017.

[241] 李登峰. 模糊多目标多人决策与对策[M]. 北京:国防工业出版社,2003.

[242] 金菊良,魏一鸣,丁晶. 基于改进层次分析法的模糊综合评价模型[J]. 水利学报,2004,3:65-70.

［243］许树柏.实用决策方法：层次分析法原理［M］.天津：天津大学出版社，1988.

［244］刘靖旭，谭跃进，蔡怀平.多属性决策中的线性组合赋权方法研究［J］.国防科技大学学报，2005，27（4）：121-124.

［245］苏为华.多指标综合评价理论与方法问题研究［D］.厦门：厦门大学，2000.

［246］史冬岩，滕晓艳，钟宇光，等.现代设计理论和方法［M］.北京：北京航空航天大学出版社，2016.

［247］黄璐，段中兴.城市地铁光环境模糊综合评价方法研究［J］.计算机工程与应用，2014，50（16）：221-225.

［248］哈尔滨工业大学.黑龙江省民用建筑节能设计标准实施细则：DB23/T120—2001［S］.哈尔滨：哈尔滨工业大学出版社，2001.

［249］全国能源基础与管理标准化技术委员会.综合能耗计算通则：GB/T 2589—2020［S］.北京：中国标准出版社，2008.

［250］介婧，徐新黎.智能粒子群优化计算：控制方法、协同策略及优化应用［M］.北京：科学出版社，2016.

［251］王大将，蔡瑞英，徐新伟.群智能优化算法研究［J］.电脑知识与技术，2010，6（21）：5845-5846.

［252］薛洪波，伦淑娴.粒子群算法在多目标优化中的应用综述［J］.渤海大学学报（自然科学版），2009，30（3）：265-269.

［253］赵巍.商业建筑中庭声光环境优化设计研究［D］.哈尔滨：哈尔滨工业大学，2016.

［254］KENNEDY J. Particle swarm optimization［M］. New York：Springer，2011.

［255］徐佳，李绍军，王惠，等.基于最大最小适应度函数的多目标粒子群算法［J］.计算机与数字工程，2006，34（8）：31-34.

［256］曲红，吴娟.基于动态多目标粒子群优化算法的资源受限研发项目进度［J］.系统工程，2007，25（9）：98-102.

［257］SHI Y，EBERHART R. A modified particle swarm optimizer［C］// IEEE world congress on computational intelligence. 1998 IEEE international conference on evolutionary computation proceedings. Alaska：IEEE，1998：69-73.

［258］毕大强，彭子顺，郜客存，等.粒子群优化算法及其在电力电子控制中的应用［M］.北京：科学出版社，2016.

［259］陈有川，张军民，齐慧峰，等.城市居住区规划设计规范图解［M］.北京：机械工业出版社，2010.

名 词 索 引

附　录

附录1　研究样本空间布局示意图

河松小区(二期)	河松小区(三期)	华鸿·金色柏林	学府花园
枫蓝国际	翠海花园	安隆小区	绿水小区
常盛源小区	爱建润园	海富御园	天然家园
上和城	鸿朗花园	和谐家园	四季芳洲

中财雅典城	巴黎第五区	龙跃金水湾	太阳城国际花园
田园新城	海富山水文园(一期)	罗马公元	轩辕花园小区
海富禧园	远大中央公园	东都公园-西区	东方玫瑰园
恒大御景湾	北环俊景	睿城	鸿景兴园
溪畔嘉园小区	银河小区	和苑	宜居新家园

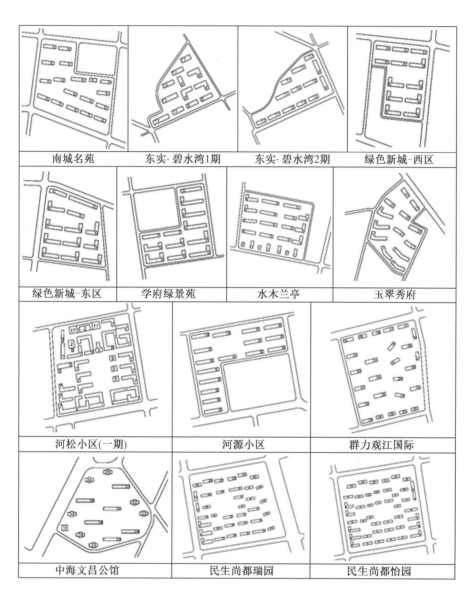

南城名苑	东实·碧水湾1期	东实·碧水湾2期	绿色新城-西区
绿色新城-东区	学府绿景苑	水木兰亭	玉翠秀府
河松小区(一期)	河源小区	群力观江国际	
中海文昌公馆	民生尚都瑞园	民生尚都怡园	

欧洲新城	美晨嘉园	漫步巴黎
宜居家园	大正苍江	颐和园
天鹅湾	上和园著	盛世香湾
世贸蓝屿	世贸都柏林	湖畔绿色家园
永安城	星耀南城	奥林小镇

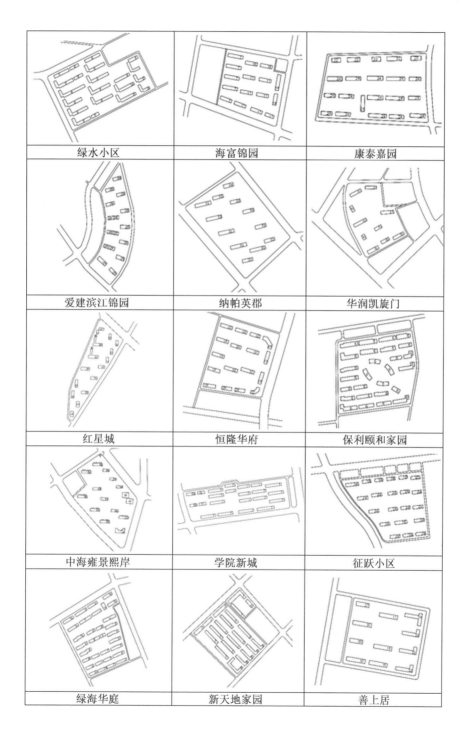

绿水小区	海富锦园	康泰嘉园
爱建滨江锦园	纳帕英郡	华润凯旋门
红星城	恒隆华府	保利颐和家园
中海雍景熙岸	学院新城	征跃小区
绿海华庭	新天地家园	善上居

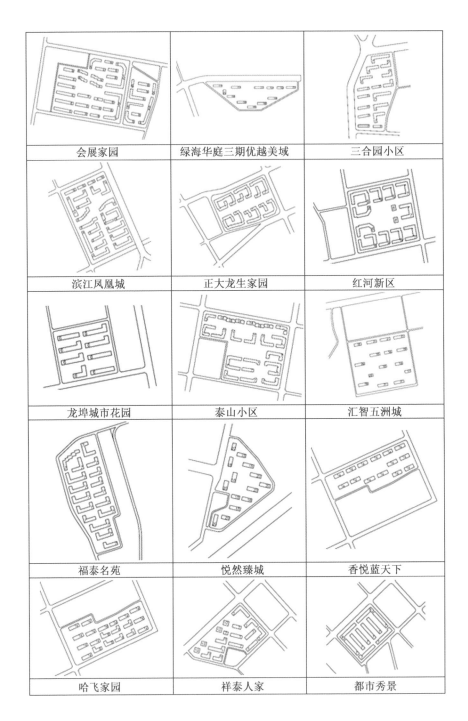

会展家园	绿海华庭三期优越美域	三合园小区
滨江凤凰城	正大龙生家园	红河新区
龙埠城市花园	泰山小区	汇智五洲城
福泰名苑	悦然臻城	香悦蓝天下
哈飞家园	祥泰人家	都市秀景

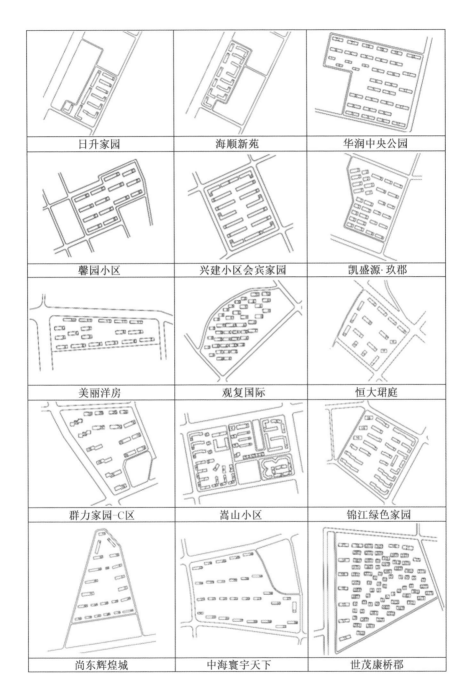

日升家园	海顺新苑	华润中央公园
馨园小区	兴建小区会宾家园	凯盛源·玖郡
美丽洋房	观复国际	恒大珺庭
群力家园-C区	嵩山小区	锦江绿色家园
尚东辉煌城	中海寰宇天下	世茂康桥郡

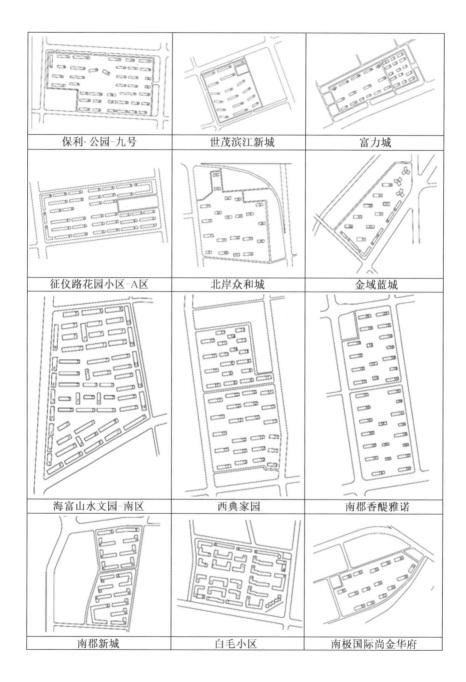

保利·公园-九号	世茂滨江新城	富力城
征仪路花园小区-A区	北岸众和城	金域蓝城
海富山水文园-南区	西典家园	南郡香醍雅诺
南郡新城	白毛小区	南极国际尚金华府

保障华庭小区	药六嘉园	丽兹·江畔
香林名苑	置信澜悦东方	梧桐郡
阳光绿景	金泰湖滨绿茵	宇光万和城
南郡豪庭	民生尚都祥园	恒大帝景

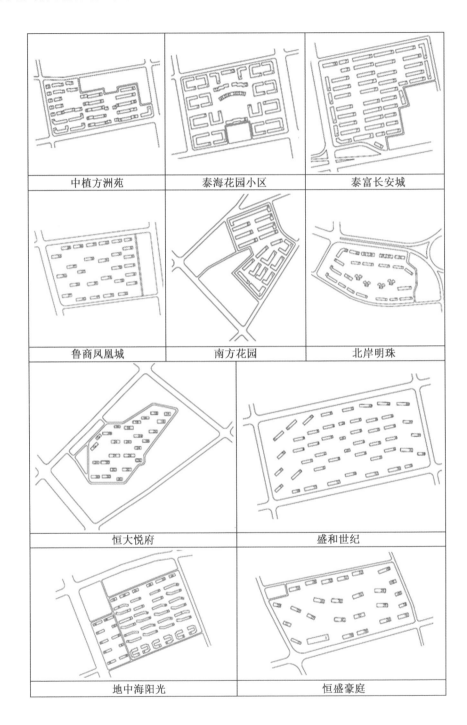

中植方洲苑	泰海花园小区	泰富长安城
鲁商凤凰城	南方花园	北岸明珠
恒大悦府	盛和世纪	
地中海阳光	恒盛豪庭	

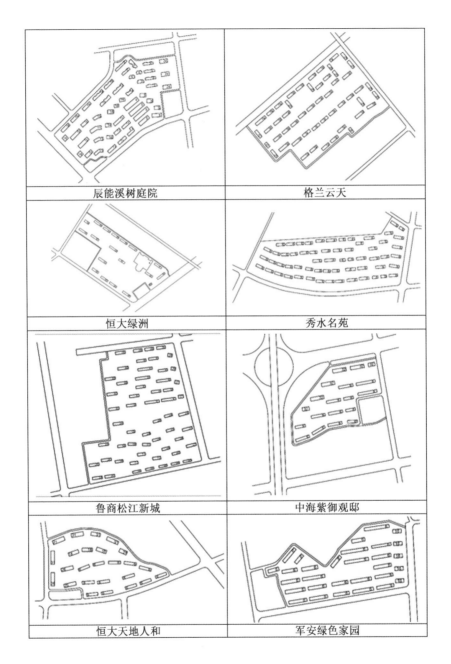

辰能溪树庭院

格兰云天

恒大绿洲

秀水名苑

鲁商松江新城

中海紫御观邸

恒大天地人和

军安绿色家园

华远水木清华	海富第五大道
中天·富城	群力家园-BK区

附录2　气象数据文件处理方法

（1）将需要处理的 CSWD 中哈尔滨市典型气象年数据的 EPW 格式文件以 EXCEL 方式打开，并利用 EXCEL 表格对气象数据文件格式进行调整，如附图 1 所示。

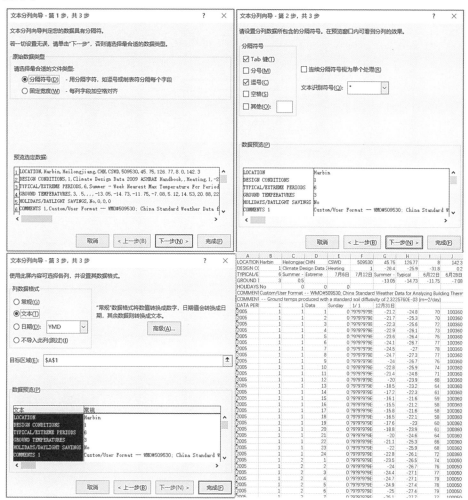

附图 1　气象数据文件格式调整

（2）在 EXCEL 电子表格中，对典型计算日的干球温度、相对湿度、风速与风向数据进行修改，将其替换为相应住区研究案例微气候逐时模拟结果。

（3）运用 EditPad Lite 文本编辑软件将数据替换完成后的 EPW 格式文件打开，将文件中的空格及特殊符号替换为英文状态下的逗号"，"，本书中以"♯"表示；将原始典型气象年数据的 EPW 格式文件用 EditPad Lite 文本编辑软件打开，复制其头文件并对新的 EPW 格式文件的头文件进行替换。

附录3　多目标粒子群优化算法代码

```
clear
%设定参数的取值范围
Far_range=[1.5,1.7];        %容积率
Ab_range=[0.13,0.25];       %建筑密度
Cp_range=[0.53,0.76];       %平面围合度
Dbg_range=[-30,30];         %建筑群体方向
Havg_range=[21,27];         %建筑平均高度
Hstd_range=[0,9];           %建筑高度离散度
VarRange = [Far_range;Ab_range;Cp_range;Dbg_range;Havg_range;Hstd_
range];
mv = 0.2 * (VarRange(:,2)-VarRange(:,1));
D=6;
minmax=1;


%设置粒子群优化算法参数
P(1)=1;
P(2)=3000;
P(3)=500;
P(4)=2;
P(5)=2;
P(6)=0.9;
P(7)=0.4;
P(8)=2000;
P(9)=1e-25;
P(10)=1000;
P(11)=NaN;
P(12)=0;
P(13)=0;
```

%调用 PSO 核心模块

```
pso_Trelea_vectorized('CAV2019_Function',D,mv,VarRange,minmax,P)
```

%求解最大值

```
function z=CAV2019_Function(in)
nn=size(in);
Far=in(:,1);
Ab=in(:,2);
Cp=in(:,3);
Dbg=in(:,4);
Havg=in(:,5);
Hstd=in(:,6);
nx=nn(1);
for i=1:nx
```

%多目标适应度函数

```
temp=224.13 * (Ab(i)^2)-10.28 * (Ab(i)^3)+0.99 * log(Ab(i))-4.33 *
Cp(i) + 16.69 * (Cp(i)^3) + 0.14 * Havg(i) - 1 * 0.000001 * (Havg(i)^3)
+ 0.024 * Hstd(i) +0.15 * (Far(i)^3) +0.11 * abs(22.5+Dbg(i))-4.02 *
0.000001 * ((90-abs(Dbg(i)))^3)-0.00337 * (Dbg(i)^2)+27.78;
```

%添加优化计算约束条件1

```
        if Ab(i)<=0.15
            if Cp(i)>0.74
                temp=-inf;
            else
                if Havg(i)<38
                    temp=-inf;
                else
                    if Hstd(i)>35
                        temp=-inf;
                    else
                        if (Far(i)<1.7||Far(i)>4.4)
```

```
                temp=-inf;
            end
        end
    end
end
elseif (Ab(i)>0.15 && Ab(i)<=0.2)
    if Cp(i)>0.76
        temp=-inf;
    else
        if (Havg(i)<18 || Havg(i)>88)
            temp=-inf;
        else
            if Far(i)<1.1
                temp=-inf;
            end
        end
    end
elseif (Ab(i)>0.2 && Ab(i)<=0.25)
    if (Cp(i)<0.53||Cp(i)>0.75)
        temp=-inf;
    else
        if (Havg(i)<12 || Havg(i)>51)
            temp=-inf;
        else
            if Hstd(i)>26
                temp=-inf;
            else
                if Far(i)>3.9
                    temp=-inf;
                end
            end
        end
    end
end
```

```
    elseif (Ab(i)>0.25 && Ab(i)<=0.3)
        if (Cp(i)<0.57||Cp(i)>0.91)
            temp=-inf;
        else
            if (Havg(i)<12 || Havg(i)>41)
                temp=-inf;
            else
                if Hstd(i)>17
                    temp=-inf;
                else
                    if (Far(i)<1.1||Far(i)>3.6)
                        temp=-inf;
                    end
                end
            end
        end
    elseif (Ab(i)>0.3)
        if (Cp(i)<0.68)
            temp=-inf;
        else
            if (Havg(i)<18 || Havg(i)>27)
                temp=-inf;
            else
                if Hstd(i)>15
                    temp=-inf;
                else
                    if (Far(i)<1.8||Far(i)>2.8)
                        temp=-inf;
                    end
                end
            end
        end
    end
```

```
%添加优化计算约束条件2
    if Havg(i)<=18
        if (Far(i)<0.9||Far(i)>1.8)
            temp=-inf;
        else
            if (Ab(i)<0.18||Ab(i)>0.3)
                temp=-inf;
            else
                if Hstd(i)>13
                    temp=-inf;
                else
                    if (Cp(i)<0.57||Cp(i)>0.84)
                        temp=-inf;
                    end
                end
            end
        end
    elseif (Havg(i)>18 && Havg(i)<=25)
        if (Far(i)<1.4||Far(i)>2.7)
            temp=-inf;
        else
            if Ab(i)<0.19
                temp=-inf;
            else
                if Hstd(i)>18
                    temp=-inf;
                else
                    if (Cp(i)<0.53||Cp(i)>0.92)
                        temp=-inf;
                    end
                end
            end
        end
```

```
        end
    elseif (Havg(i)>25 && Havg(i)<30)
        if (Far(i)<1.4||Far(i)>2.8)
            temp=-inf;
        else
            if(Ab(i)<0.15||Ab(i)>0.32)
                temp=-inf;
            else
                if (Hstd(i)<7||Hstd(i)>27)
                    temp=-inf;
                else
                    if (Cp(i)<0.45||Cp(i)>0.87)
                        temp=-inf;
                    end
                end
            end
        end
    elseif (Havg(i)>=30 && Havg(i)<=42)
        if (Far(i)<1.7||Far(i)>3.6)
            temp=-inf;
        else
            if(Ab(i)<0.13||Ab(i)>0.27)
                temp=-inf;
            else
                if Hstd(i)>29
                    temp=-inf;
                else
                    if (Cp(i)<0.37||Cp(i)>0.71)
                        temp=-inf;
                    end
                end
            end
        end
    end
```

```
elseif (Havg(i)>42 && Havg(i)<=54)
    if (Far(i)<1.8||Far(i)>3.9)
        temp=-inf;
    else
        if(Ab(i)<0.10||Ab(i)>0.25)
            temp=-inf;
        else
            if Hstd(i)>36
                temp=-inf;
            else
                if (Cp(i)<0.35||Cp(i)>0.76)
                    temp=-inf;
                end
            end
        end
    end
elseif (Havg(i)>54 && Havg(i)<=66)
    if (Far(i)<2.2||Far(i)>4.0)
        temp=-inf;
    else
        if(Ab(i)<0.11||Ab(i)>0.19)
            temp=-inf;
        else
            if (Hstd(i)<3||Hstd(i)>34)
                temp=-inf;
            else
                if (Cp(i)<0.39||Cp(i)>0.69)
                    temp=-inf;
                end
            end
        end
    end
elseif (Havg(i)>66 && Havg(i)<=78)
```

```
        if (Far(i)<2.6||Far(i)>4.5)
            temp=-inf;
        else
            if(Ab(i)<0.11||Ab(i)>0.17)
                temp=-inf;
            else
                if (Hstd(i)<3||Hstd(i)>22)
                    temp=-inf;
                else
                    if (Cp(i)<0.40||Cp(i)>0.74)
                        temp=-inf;
                    end
                end
            end
        end
    elseif (Havg(i)>78 && Havg(i)<=99)
        if (Far(i)<2.3||Far(i)>4.5)
            temp=-inf;
        else
            if Ab(i)>0.16
                temp=-inf;
            else
                if Hstd(i)>21
                    temp=-inf;
                else
                    if (Cp(i)<0.35||Cp(i)>0.68)
                        temp=-inf;
                    end
                end
            end
        end
    end
end
```

％添加优化计算约束条件 3

```
    if Far(i)<=1.4
        if (Ab(i)<0.18||Ab(i)>0.26)
            temp=-inf;
        else
            if Hstd(i)>13
                temp=-inf;
            else
                if (Havg(i)<12 || Havg(i)>22)
                    temp=-inf;
                else
                    if (Cp(i)<0.53||Cp(i)>0.74)
                        temp=-inf;
                    end
                end
            end
        end
    elseif (Far(i)>1.4 && Far(i)<=1.7)
        if (Ab(i)<0.13||Ab(i)>0.28)
            temp=-inf;
        else
            if Hstd(i)>27
                temp=-inf;
            else
                if (Havg(i)<17 || Havg(i)>38)
                    temp=-inf;
                else
                    if (Cp(i)<0.45||Cp(i)>0.84)
                        temp=-inf;
                    end
                end
            end
        end
    end
```

```
            elseif (Far(i)>1.7 && Far(i)<=2.4)
                if (Ab(i)<0.09||Ab(i)>0.31)
                    temp=-inf;
                else
                    if Hstd(i)>35
                        temp=-inf;
                    else
                        if (Havg(i)<18 || Havg(i)>79)
                            temp=-inf;
                        else
                            if (Cp(i)<0.35||Cp(i)>0.91)
                                temp=-inf;
                            end
                        end
                    end
                end
            elseif (Far(i)>2.4 && Far(i)<=2.8)
                if (Ab(i)<0.08||Ab(i)>0.35)
                    temp=-inf;
                else
                    if Hstd(i)>36
                        temp=-inf;
                    else
                        if (Havg(i)<24 || Havg(i)>66)
                            temp=-inf;
                        else
                            if Cp(i)<0.37
                                temp=-inf;
                            end
                        end
                    end
                end
            elseif (Far(i)>2.8 && Far(i)<=3.5)
```

```
    if (Ab(i)<0.10||Ab(i)>0.30)
        temp=-inf;
    else
        if Hstd(i)>34
            temp=-inf;
        else
            if Havg(i)<28
                temp=-inf;
            else
                if (Cp(i)<0.38||Cp(i)>0.76)
                    temp=-inf;
                end
            end
        end
    end
elseif (Far(i)>3.5 && Far(i)<=4.0)
    if (Ab(i)<0.12||Ab(i)>0.26)
        temp=-inf;
    else
        if Hstd(i)>26
            temp=-inf;
        else
            if (Havg(i)<41 || Havg(i)>97)
                temp=-inf;
            else
                if (Cp(i)<0.47||Cp(i)>0.69)
                    temp=-inf;
                end
            end
        end
    end
elseif (Far(i)>4.0 && Far(i)<=4.5)
    if (Ab(i)<0.13||Ab(i)>0.17)
```

```
                temp=-inf;
        else
            if (Hstd(i)<1||Hstd(i)>22)
                temp=-inf;
            else
                if (Havg(i)<75 || Havg(i)>98)
                    temp=-inf;
                else
                    if (Cp(i)<0.35||Cp(i)>0.68)
                        temp=-inf;
                    end
                end
            end
        end
    end



        z(i,:) = temp;
    end
```

附录4　部分彩图

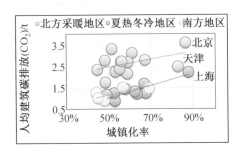

图 1.2　城镇人均建筑碳排放与城镇化率的比较

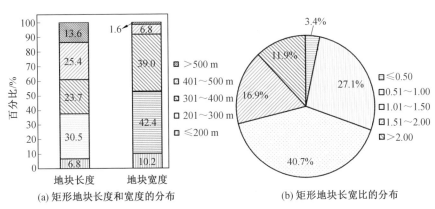

(a) 矩形地块长度和宽度的分布　　　　　(b) 矩形地块长宽比的分布

图 2.4　矩形地块长度、宽度和长宽比的分布

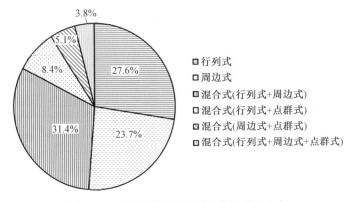

图 2.6　不同建筑群体平面组合形式的分布

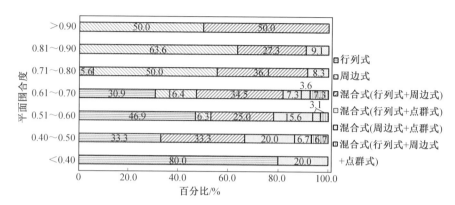

图 2.12　不同平面围合度范围内各建筑群体平面组合形式的比例

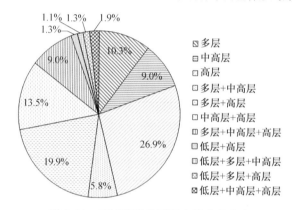

图 2.14　不同建筑类型组合形式的分布

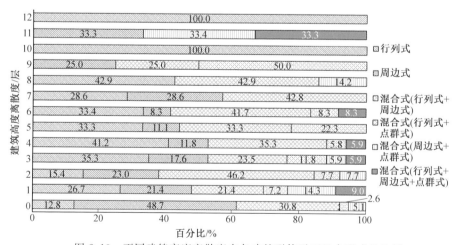

图 2.19　不同建筑高度离散度中各建筑群体平面组合形式的比例

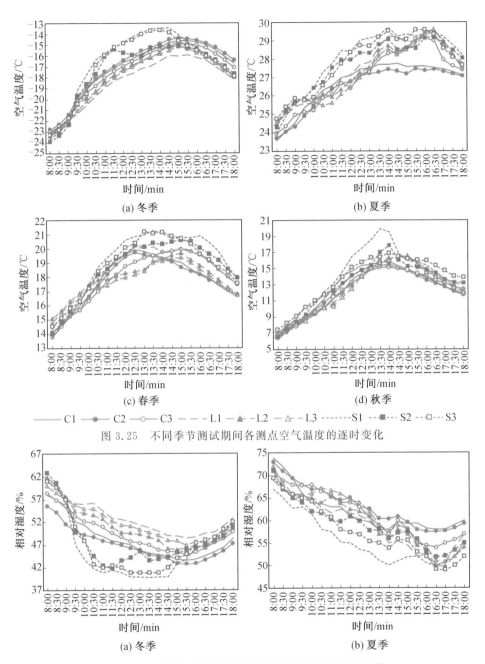

图 3.25 不同季节测试期间各测点空气温度的逐时变化

图 3.27 不同季节测试期间各测点相对湿度的逐时变化

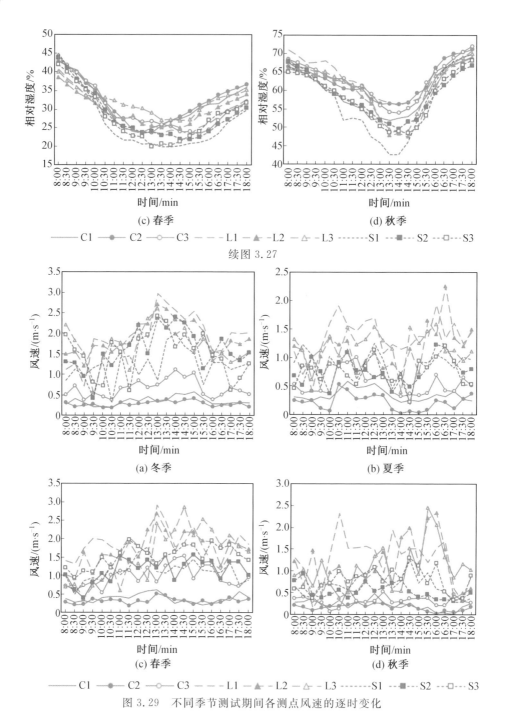

续图 3.27

(c) 春季   (d) 秋季

—— C1   —●— C2   —○— C3   – – L1   —▲— L2   –△– L3   ······ S1   —■— S2   —□— S3

(a) 冬季   (b) 夏季

(c) 春季   (d) 秋季

—— C1   —●— C2   —○— C3   – – L1   —▲— L2   –△– L3   ······ S1   —■— S2   —□— S3

图 3.29 不同季节测试期间各测点风速的逐时变化

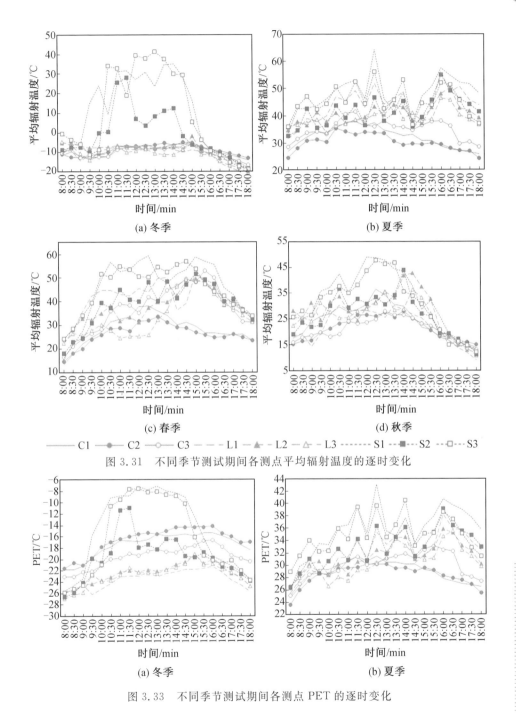

图 3.31 不同季节测试期间各测点平均辐射温度的逐时变化

图 3.33 不同季节测试期间各测点 PET 的逐时变化

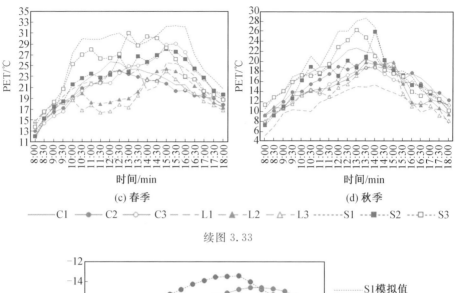

(c) 春季　　　　　　　　　　　　　　(d) 秋季

———C1　—●—C2　—○—C3　— — L1　—▲—L2　—△—L3　·······S1　—■—S2　—□—S3

续图 3.33

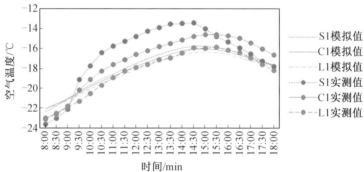

图 4.3　冬季各测点行人高度处空气温度实测值与模拟值的逐时变化

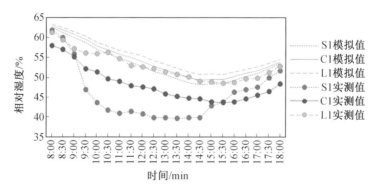

图 4.5　冬季各测点行人高度处相对湿度实测值与模拟值的逐时变化

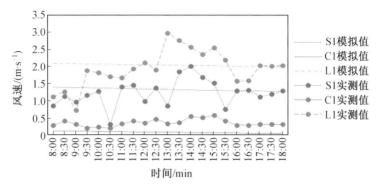

图 4.7　冬季各测点行人高度处风速实测值与模拟值的逐时变化

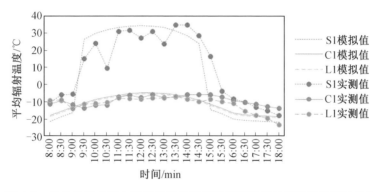

图 4.9　冬季各测点行人高度处平均辐射温度实测值与模拟值的逐时变化

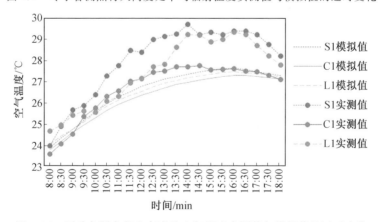

图 4.11　夏季各测点行人高度处空气温度实测值与模拟值的逐时变化

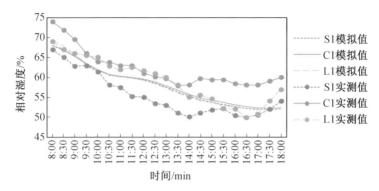

图 4.13　夏季各测点行人高度处相对湿度实测值与模拟值的逐时变化

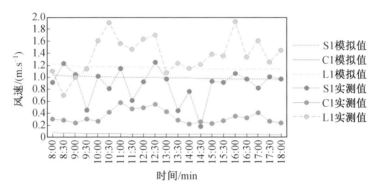

图 4.15　夏季各测点行人高度处风速实测值与模拟值的逐时变化

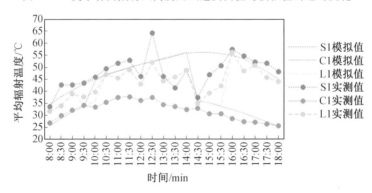

图 4.17　夏季各测点行人高度处平均辐射温度实测值与模拟值的逐时变化